U0322311

When Time Began

当时间开始

［美］撒迦利亚·西琴　著
（Zecharia Sitchin）

宋易　译

THE EARTH CHRONICLES

地球编年史

V

第五部

江苏凤凰文艺出版社
JIANGSU PHOENIX LITERATURE AND ART PUBLISHING LTD

图书在版编目（CIP）数据

当时间开始 / (美) 撒迦利亚·西琴
(Zecharia Sitchin) 著；宋易译. — 南京：江苏凤凰
文艺出版社，2019.7
（地球编年史）
ISBN 978-7-5594-3410-4

Ⅰ.①当… Ⅱ.①撒… ②宋… Ⅲ.①时间学—普及
读物 Ⅳ.①P19-49

中国版本图书馆CIP数据核字（2019）第040261号

江苏省版权局著作权合同登记：图字10-2019-397号
THE EARTH CHRONICLES V: WHEN TIME BEGAN by ZECHARIA SITCHIN
Copyright: © 1993 BY ZECHARIA SITCHIN
This edition arranged with INNER TRADITIONS, BEAR & CO.
through BIG APPLE AGENCY, INC., LABUAN, MALAYSIA.
Simplified Chinese edition copyright:
© 2010 Chongqing Shang Shu Culture Media Co., Ltd
All rights reserved.

书　　　名　当时间开始

著　　　者　［美］撒迦利亚·西琴

译　　　者　宋　易

责 任 编 辑　孙金荣

特 约 编 辑　王广云

出 版 统 筹　孙小野

封 面 设 计　金臧文化·车球

出 版 发 行　江苏凤凰文艺出版社

出版社地址　南京市中央路165号，邮编：210009

出版社网址　http://www.jswenyi.com

印　　　刷　三河市金元印装有限公司

开　　　本　700毫米×1000毫米　1/16

印　　　张　24

字　　　数　327千字

版　　　次　2019年7月第1版　2019年7月第1次印刷

标 准 书 号　ISBN 978-7-5594-3410-4

定　　　价　55.00元

（江苏凤凰文艺版图书凡印刷、装订错误可随时向承印厂调换）

在本书中，西琴超越了自己。他紧紧攫住了一个令人吃惊的天文单位，再将其浓缩在这本书中，让我们在极小的篇幅中穿越古今。

——《锐评》(*Critical Review*)

令人震惊……令人信服……

——《书目》(*Booklist*)

※ 史前巨石阵为什么要重建，并在公元前2100年和公元前2000年时重新排列——这与当时发生在苏美尔令人震惊的事实有着怎样的联系？

※ 在巴西的重大发现证实，人类在这一地区竟已生活了超过32000年！而它与大洋彼岸的文明全然无关吗？

※ 是什么东西连接着位于马丘比丘的三窗神庙，以及苏美尔和大不列颠的古代建筑？

※ 神圣时间、天时间和地球时间——过去和未来果真是被这三个周期所指引？是它们推动了地球历史的车轮？

揭示了外星诸神刻写在石头上的字迹。

——《阿斯塔拉之声》(*Voice of Astara*)

这位饱学之士冷静、艰苦的工作又一次造成了狂热的轰动效果。他对古代文本的解读真诚而令人信服，具有深厚的意涵，毋庸置疑，是一项显著的成果。

——《伍斯特晚报》(*Worcester Evening News*)

中译本总序

《地球编年史》系列修订本终于和大家见面了！

十年前，这套被翻译为30多种语言的全球畅销书，在第一本发行30周年之后引入中国，引起了广大读者的兴趣。而这套书的再次出版，我相信会再一次掀起一股有关人类文明起源的探索热潮。

对一个读者——至少是我本人——来说，这可能是有史以来最伟大、最具说服力而且也最陌生的关于太阳系与人类历史的知识体系。它是如此恢宏、奇诡、壮丽，使我首次意识到，人类在终于有机会和能力追寻人类起源的真相时，才发现事实竟然比想象或幻想更加不可思议。而此前，人类也许并不知道，其实我们一直就置身于创造的奇迹之中，或者，我们本身就是一个被创造的奇迹。

应该说，大多数对人类进化及其文明有兴趣的人都将对这个系列的图书保持一种开放的态度。同样，对《圣经》故事以及大洪水之前的历史感兴趣的人，也可能会持有同样的阅读姿态。你是否思考过，为什么我们这个物种是地球上唯一的高智能物种？你是否想过，为什么从古代的哲人到现代的科学家，都无法完全回答我们从哪儿来？或者你是否知道，为什么希腊词语anthropos（人类）的意思是"总是仰望的生物"？甚至连earth（大地、地球）一词都是源于古代苏美尔的e.ri.du，而这个词的本义竟是"遥远的家"！

——其实，撒迦利亚·西琴在《地球编年史》系列图书中回答的远不止这些。

西琴是现今能真正读懂苏美尔楔形文字的少数学者之一。作为一位当代伟大的研究者，他既利用了现代科学的技术，又从古代文献中窥知了那些一度处于隐匿状态的"神圣知识"。而这些神圣的知识所包含的内容，正是："我们是谁"，"我们从哪儿来"，甚至"我们往何处去"。

在他看来，人类种族是呈跳跃式发展的，而导致这一切的是30万年前的一批星际旅行者。他们在《圣经》中被称为"纳菲力姆"（中文通行版《圣经》中将其误译为"伟人"或"巨人"），在苏美尔文献中被称为"阿努纳奇"。与《圣经》中所记载的神话式历史不同，他通过分析苏美尔、巴比伦、亚述文献和希伯来原本《圣经》，替我们详细再现了太阳系、地球和人类这一种族及其文明的起源与发展历程。

西琴发现，借助现代科学手段得来的天文资料，竟与古代神话或古代文明的天文观有着惊人的相似。令人震惊的是，数千年前的苏美尔文明的天文观甚至是近代文明所远远不及的。哪怕是现在，虽然天文学家已经发现了"第十二个天体"尼比鲁的迹象，但却无法证明它的实际存在；而位于人类文明之源的古代苏美尔，却早就有了尼比鲁的详细资料。《地球编年史》充当了现代科学和古代文献之间的桥梁，在现代科学技术和古代神话及天文学的帮助下，西琴向我们全面诠释了太阳系、地球以及人类的历史。

西琴的另一个重要成果是发现真正的人类只有30万年的历史，而非之前认为的有上百万年历史。而这是基于他对最古老文献的研读、对最古老遗址的考察，以及对天文知识的超凡掌握。借助强有力的证据，他向全世界证明，人类的出现是缘于星际淘金者阿努纳奇的需求。人类是诸神的造物，这一点在《地球编年史》中有着完美的科学解释。

不过，这套旷世之作的重点并不仅仅止于此。

在《地球编年史》中，我们能看到古代各文明神话中对"神圣周期"的理解竟然出奇地一致。与这个周期相关的正是太阳系的第十二名成员，被称为"谜之行星"的尼比鲁，即阿努纳奇的家园。所谓的"末日"——如一万多年前的大洪水——是尼比鲁与地球持续地周期性接近的结果，而人类文明就是在这一次次的"末日"中走向未来。

在我看来，《地球编年史》是一部记录地球和地球文明的史书，它传递给我们的，不仅仅是思想和观点那么简单。它是一本集合了最新发现和最古老证据的严肃的历史书。而对未来，撒迦利亚·西琴同样有着科学的预测。按照古代神话中"神圣周期"的推算，以及最新的天文学研究成果，有迹象表明，一次巨大的事件就快发生了。凡是接触过各古代神话的读者都应该不会遗忘，诸神曾向我们许诺："我们还会回来。"那么，如果他们真的以某种身份存在的话，人类与造物者的再一次相会，将是在未来的哪一年、哪一天呢？

我不禁想起17世纪英国语言学家约翰·威尔金斯(John Wilkins)创造的一个词：everness，他用它来更有力地表达"永恒"之意。而阿根廷诗人豪尔赫·路易斯·博尔赫斯(Jorge Luis Borges)以此为名，写下了一首杰出的十四行诗，仿佛是在与西琴所关注的领域相呼应：

> 不存在的唯有一样，那就是遗忘。
>
> 上帝保留了金属，也保留了矿渣，
>
> 并在他预言的记忆里寄托了
>
> 将有的和已有的月亮。
>
> 万物存在于此刻。你的脸
>
> 在一日的晨昏之间，在镜中
>
> 留下了数以千计的反影，
>
> 它们仍将留在镜中。

万物都是这包罗万象的水晶的

一部分，属于这记忆，宇宙；

它艰难的过道没有尽头

当你走过，门纷纷关上；

只有在日落的另一边

你才能看见那些原型与光辉。

从《地球编年史》的第一部《第十二个天体》的出版，到第七部《完结日：审判与回归的预言》的出版，西琴耗时达30年。而他在这30年间所做出的成果，对于全人类来讲，价值都是无法估量的。

我们期待着一个有关地球和人类起源与文明新的探索热潮，将随着《地球编年史》系列修订本的出版再次出现。

宋易

2019年5月20日于成都

前言

太初之始，地球人就开始放眼他们头顶的天空。他们是如此敬畏和着迷。作为在地球上存在的生物，他们似乎也认识到了天国的道路：群星的位置、日月的更替，以及地球在倾斜中的旋转。但是，这一切都是怎么开始，又将怎样结束呢？并且，在这两者之间，究竟还会发生些什么？

天国与大地在地平线交会。千载以下，在这个交会点，人类看见夜晚的群星在朝阳的光芒下让路给白昼，于是地平线就被认为是分割昼夜的所在，亦即昼夜平分点。正是从这一点开始，人类在历法的帮助下，计算着地球的时间。

为了识别过于浩瀚的、布满繁星的天国，天被人为地分割成了12个部分，也就是黄道十二宫。然而，千年之后，这些"恒星"似乎不是那么恒定不动的。而且，春分和秋分的那一天，以及新年的那一天，它们似乎会从一个黄道宫移至另一个黄道宫；于是，"天时间"被加到"地球时间"里——这表明了一个新纪元的开始，或者说，开启了一个新的时代。

当我们站在一个新时代的门槛上，当春分日的日出占据着宝瓶宫，而非之前2000年的双鱼宫的时候，这种改变是否预示着许许多多难以逆料的世间境况：善或恶，一个开始或一个结束——再不然根本就没有任何改变？

温故才能知新，因为人类自开始计算"地球时间"之日，就已经同时在体验"天时间"了——人类早已迎来了新时代的降临。只是，对我们目前关于时间的科学来说，这个新时代本身，就是向我们提出的一个重大课题。

撒迦利亚·西琴

2006年10月于纽约

大事件年表

时间	事件
公元前 3100 年	埃利都的白庙建成。
公元前 4000 年	马丘比丘的巨石遗迹建成。
公元前 4000 年	卡拉萨萨亚建成。
公元前 3800 年	阿努和他的妻子安图造访地球，同时去了的的喀喀湖南岸寻找新的冶金中心，最后从普玛彭古的港口离开。
公元前 3800 年	苏美尔人就可以鉴别出黄道年代，不仅仅是名字和形象，还有它们的岁差周期。
公元前 3100 年左右	修建了位于太阳城的分点太阳殿，那时王权才刚刚进入埃及。
公元前 2900 年—公元前 2800 年	史前巨石阵一期。
公元前 2850 年	美思利姆统治着基什，这是尼努尔塔为苏美尔人建立王权的地方。
公元前 2700 年之前	基什最早的神庙打下地基。
公元前 2650 年	法老王左塞在塞加拉（孟菲斯之南）修建了第一座金字塔。
约公元前 2500 年	奥尔梅克人跟随透特横穿大西洋抵达墨西哥。
公元前 2295 年	马杜克离开巴比伦，先去了矿井之地。随后奈格尔违背了自己的诺言，进入了禁区基角拉，移去了这座房间的"光芒"，于是如马杜克所警告过的，"白昼变为了黑暗"，灾难降临到了巴比伦和它的人民身上。
公元前 2200 年	西尔布利山墓群和纽格莱奇古墓建成。
公元前 2100 年左右	修建了卡纳克的阿蒙拉的至点神庙。
公元前 2100 年—公元前 2000 年	史前巨石阵二期、三期。
公元前 1900 年左右	史前巨石阵彻底完工。
公元前 1500 年	迈锡尼人修建了由一圈石头环绕着的埋葬坑，逐渐演变成了在土堆下的呈圆圈形的墓群。

公元 70 年	罗马人于耶路撒冷修建第二神殿。
公元 325 年	罗马皇帝康斯坦丁大帝采用基督教,召开教会理事会,结束了对犹太历法的依赖,基督教才仅仅开始作为犹太教的另一个宗派,变为分开的宗教。
公元 1474 年	来自佛罗伦萨的保罗·德尔·波佐·托斯卡内利在大西洋上向西航行到达存在的海岸,早于哥伦布。
公元 1543 年	"哥白尼革命"。
公元 1582 年	教皇格里高利十三世采用通用历法为基督历法,被称为公历,1 月 1 日变为一年的开始。

目录

第一章

时间之轮

据说早期基督教会最伟大的思想家，罗马的迦太基（公元354—430年）主教——融合《新约》和柏拉图的希腊哲学的巨匠，人称希波的奥古斯丁——被问过这样一个问题："时间是什么？"他的回答是："如果没有人这么问我，我倒知道它是什么；如果要向询问者解释它是什么的话，我就不知道了。"

时间对地球及地球上的万物而言是必不可少的，对我们每一个人而言又是独特的：我们通过自己的经验和观察，从出生一直到死去，这就是我们每一个人的时间。

虽然我们不知道时间究竟是什么，但我们却懂得了如何去测量时间。我们用"年"来计算我们的生命长短，而年只是将"轨道"换了一个词，因为这的确就是地球上的"年"的意思：一年是地球围绕太阳转一圈，走完一个完整轨道的时间。

我们不知道什么是时间，但我们对它的测量方法让我们开始想象：我们能活得更长吗，我们的生命周期能变得与众不同吗，我们能活在另一个拥有更长的一"年"的行星上吗？我们能在一颗"上百万年为一年的行星"上成为不朽吗？事实上，埃及法老们相信，他们可以拥有一个永恒的来生。而这是不是让他们在"上百万年为一年的行星"上加入众神的行列?

的确,"在那儿",是否有一颗行星,甚至更多,生命能够在其上进化发展——或者只有我们的行星,只有地球上的生命才可以?而我们,地球人,则只有永世孤独——或者,法老们其实很明白自己在文献中提到的是什么?

"仰望天际,细数繁星。"在达成约定之后,耶和华对亚伯拉罕这么说。在记忆都无法触及的年代,人类仰望着天空,想象着是否有另一个人,在另一个行星上,看着同一片天际。从逻辑和数学上讲,的确有这么个可能;但直到1991年,天文学家们才第一次发现,在宇宙的其他地方,的确有着环绕恒星的行星。

这第一次发现,是在1991年7月,被证明并不是完全正确的,这是由一支英国天文学团队公布的。基于五年的观测,他们指出,有一颗快速旋转的恒星是地球10倍大小的"类行星体",而这颗恒星是脉冲星1829-10。脉冲星被认为是恒星因各种原因坍缩后的密度极大的核心,它们发疯似的旋转,在有规律的爆裂中发出放射性能量脉冲,每秒有很多次。这样的脉冲可以被脉冲望远镜监测到;通过这样的周期性波动,天文学家们猜测,一颗行星每六个月围绕脉冲星1829-10运行一周,才可以制造这样的波动。

当事实被发现之后,这些英国天文学家在几个月之后承认,他们的推测是不准确的,为此,他们不能因他们的结论而证明在三万光年外的这颗脉冲星拥有一颗行星伴随。然而,在那个时候,有另一支美国团队,在另一个近得多的脉冲星附近发现了相似的现象,这颗脉冲星被识别为PSR1257+12——一颗离我们只有1300光年的坍缩后的"太阳"。天文学家们估算,它的爆炸是在10亿年之前;而且非常确定,它的确拥有两个,也有可能是三个行星。确定的两颗行星的绕"日"轨道离"太阳"的距离,如同水星轨道距离我们的太阳的距离;而有可能存在的第三颗行星,有着和地球差不多的绕日轨道。

"这个发现证明行星系统是可以在不同的条件和环境下存在的,"约翰·罗伯·维尔福特在1992年1月9日的《纽约时报》上如是写道："科学家们说，要让环绕脉冲星的行星孕育生命，这是最不可能的。然而这样的发现却鼓舞着天文学家，他们要开启的是在宇宙中对外星高智慧生命的信号进行系统的勘察。"

那么，法老们是正确的吗？

在法老和那些金字塔文献很久之前，人类已知的最早的一个古代文明，拥有了一套先进宇宙进化论。6000年以前，在古代苏美尔，人们已经知道了20世纪90年代天文学家们将发现的事物。它不仅有我们太阳系的真实构成（包括最远的行星）和属性，同时还提到，宇宙中有着其他的太阳系，它们的恒星（"太阳"）会坍缩和爆炸，它们的行星会被甩掉——而生命，通过此种方式会从一个星系被带到另一个星系。这是一个被记录了的、详细的宇宙论。

有一部很长的文献，记载在七块碑刻上，叫作《创世史诗》，以其开头语《伊奴玛·伊立什》而闻名，它曾在新年庆典中被公开朗诵。庆典从尼散月第一天开始，而这一天与春天的第一天恰好重合。

文献描绘出了我们太阳系的形成过程，其中描写了太阳（"阿普苏"）和它的信使水星（"穆木"）是如何最早被一颗古行星提亚马特加入的；而太阳和提亚马特又是如何生出金星火星（"拉哈姆"和"拉赫姆"）这一对的；接着又生出了在提亚马特之后的木星和土星（"基莎"和"安莎"），还有天王星和海王星（"阿努"和"努迪穆德"），后两者是直到1781年和1846年才分别被现代天文学家发现的，而它们在数千年之前就被苏美尔人知道并描述了出来。当这些新出现的"天神"聚在一起互相推挤的时候，其中一些就有了卫星。提亚马特，位于这个不稳定的行星系统的中部，被拉扯出了一个卫星；其中之一的"金古"，不断变大最终自己成了一颗行星。现代天文学家对一颗行星能拥有如此多卫星的可能性一无所知，直到伽利略在1609年通过天文望远镜发现了木星的四颗最大的卫星；但苏美尔人却在数千年之前就意识到了这样的现象。

在这个不稳定的太阳系之中，按照有着数千年历史的《创世史诗》的说法，出现了一个来自外层空间的入侵者——另一颗行星；它不是因阿普苏而生的，而是属于其他的星系，被甩开后漫游于太空。在现代天文学家们得知脉冲星和坍缩星几千年前，苏美尔的宇宙论就已经提到了其他恒星的坍缩和爆炸，以及被甩开的行星。因此，《伊奴玛·伊立什》陈述道，一颗像这样的流放行星，到达了我们太阳系的外围，开始向中部进发（见图1）。

它经过较外层的行星时，导致了很多改变，它们的成因至今都困扰着现代天文学家们——比如天王星向一侧倾斜，还有海王星的最大卫星，特里同（海卫一）的逆行轨道，以及是什么力量导致冥王星从它原本的卫星位置移动到一个奇怪的轨道上成为行星。这颗入侵者越是接近太阳系的中心，就越是在撞向提亚马特的轨道上前进了一步，其结果就造成了一次"天体战争"。在一系列的撞击中，这颗入侵者的卫星重复地撞进了提亚马特的体内，这颗古行星被撕裂成了两半。其中一半被撞得粉碎，成了火星和木星之间的小行星带以及彗星；另一半，虽然伤痕累累，但至少是完整的，它被抛进了一个新的轨道，成了一

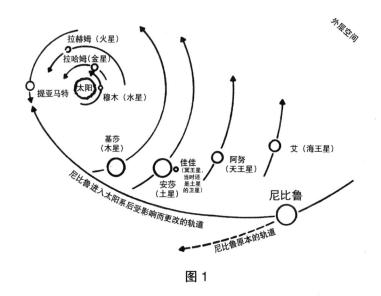

图 1

颗行星。后来这颗行星被人类称为地球（苏美尔语中称其为"KI"）。与它一起变轨的还有提亚马特最大的卫星，也就是我们的月球。而这颗入侵行星自己也拥有了恒定的绕日轨道，成了我们星系的第十二个天体（太阳、月亮、九大行星和它）。苏美尔人称其为尼比鲁——"十字行星"。巴比伦人为了弘扬自己的神马杜克，而将其命名为"马杜克"。古代史诗声称，正是在这次天体战争中，尼比鲁将从其他地方带来的"生命之种"传播到了地球上。

哲学家和科学家审视着这个宇宙，并提供了各种现代宇宙观，而最后都无可避免地开始了对时间这一概念的探讨。时间自己就是一种尺度吗，它会是宇宙内唯一真实的尺度吗？时间只能向前吗，还是可以倒退？现在，是过去的结束还是未来的开始？如果真的是这样，那么它是否有一个尽头？如果宇宙一直就这么存在着，没有开端也没有结局，那么时间也是没有开头没有结尾的吗——或者宇宙确实有着某种开始，也许就是许多天文物理学家所推测的大爆炸，那么是在那个时间，出现了时间吗？

拥有惊人准确性的宇宙观的苏美尔人同样相信有这么一个开始（由此推出，也有一个不可改变的结局）。很清楚的是，他们认为时间是一种测量工具，是用自己的脚步来丈量这宇宙的史诗。因为古代的《创世史诗》的开头语，第一个单词，伊奴玛，意思是"当……的时候"：

> 当在高处的时候，天国还没有被命名，
>
> 在其之下，坚实的大地（地球）还没有被命名。

要设想出一个太初阶段是需要大量的科学理念的，当时"只存在着虚无，太初的阿普苏，他们的创造者，穆木和提亚马特"——地球还没有形成；并指出创造地球的"大爆炸"并不是创造宇宙的那一个，甚至还不是太阳系诞生时的某一次，而是天体战争。是在那之后，地球的时间才开始的——在那一刻，提亚马特的一半成了小行星带，地球被甩到了属于自己的新轨道上，并开始了年复一年的对时间的测量。

这个科学观点，是古代宇宙观、宗教和数学的重点，除了《创世史诗》之外，还在很多其他苏美尔文献中出现过。被学者们当作《恩基和世界秩序》的"神话"，实际上是恩基的自传文献。这位苏美尔的科学之神，描述了地球时钟的第一个嘀嗒声：

那是天国与地球分离之时，

那是天国与地球分离之时……

另一部文献——其中的内容常常出现在苏美尔泥板上——通过列出许多在这重大事件之前还没有出现的进化和文明状态来传达"开端"这个观念。而在那之前，文献上说，"人类这个名字还没被叫过"，"那些有用的东西还没有被造出来"。所有的这些事情都是在"天国从地球上被移走之后，在地球和天国分离之后"。

当然，不要因为在埃及信仰中找到相同的时间起源观念而感到惊讶。我们能在《金字塔文本》（编号1466）中读到对万物之始的这样的描述：

当时天国还不存在，

当时人类还不存在，

当诸神还未出生，

当死亡还不存在……

这样的认识，在古代世界得到了广泛认同，它是起源于苏美尔宇宙观的。希伯来《圣经》中《创世记》的开头语也有着相似的共鸣：

在最开始的时候

神创造了天国和地球。

而地球还没有形象

虚无和黑暗在其表面，

主的风吹拂着它的水域。

现在很肯定的是，《圣经》中的创世神话是基于美索不达米亚故事的，诸如《伊奴玛·伊立什》，在"深渊"代表提亚马特的情况下，"风"在苏美尔语中就代表着"卫星"，而"天国"，被形容为"打造出的手镯"，就是小行星带。然而，《圣经》中更为清楚地说明，"开端"之时，地球还远没有形成；《圣经》版本仅仅是从当地球从天国分裂出来这一点开始提取的美索不达米亚的宇宙起源论，而作为提亚马特分裂的结果之一，小行星带也形成了。

对地球来讲，时间就开始于天体战争。

※

美索不达米亚的创世故事，开始于我们太阳系的形成以及在行星轨道还没有稳定下来、尼比鲁／马杜克出现的时候。它的结束（这被认为是该归功于尼比鲁／马杜克）是在各行星（"天神"）甚至是它们的卫星，接受了各自被赐予的位置（"站点"）、轨道（"命运"）并开始运转，形成我们现在的太阳系的大概外貌之时。确实，当一颗巨行星的轨道围绕着其他所有的行星，它"横穿天空并审视着区域"，这被他们认为是太阳系变得稳定的原因：

他建立了尼比鲁的站点，

来确定他们天上的束带，

这样没有谁会出轨或不够格……

他为行星们建立他们的

神圣天域，

他将他们在各自的路上抓紧，

来确定他们的路线。

由此，《伊奴玛·伊立什》（第五个碑刻上的第65行）陈述道，"他创造了天国和地球"——与《创世记》中所用的文字非常相似。

天体战争将提亚马特从古太阳系中除名了，将其中一半抛到了一个新轨道上成为地球，并将月球保留了下来，作为新太阳系重要的一员；将冥王星分割出来，放入了一个独立轨道；尼比鲁也加入太阳系成为新天体秩序中的第12位成员。对地球和其上的居民而言，这些就是确定时间的事件。

直到今天，曾在苏美尔科学和日常生活中扮演着关键角色的数字12（与太阳系有12个成员符合）过了数千年仍然伴随着我们。他们将"天"（从日落到日落）分割为12个，这在现在的一天24小时和12小时制的时钟中保留了下来。一年12个月至今还被我们使用着，就像我们仍然使用着黄道带的12星座一样。这个带天属性的数字还有其他多种表示，如以色列的12部落和耶稣的12门徒。

苏美尔的数学系统是60进制的，基于60而不是公制中的100（在后者中1米等于100厘米）。在60进制的优点之中，有一点是它能等分到12份。60进制系统靠6和10的不断相乘来继续：由6开始，用10乘以6(6×10=60)，再乘以6就得到了360——苏美尔人用来表示圆的这个数字至今都还在几何学和天文学中使用着。然后，再乘以10，就得到了一个SAR（《第十二个天体》里面是SHAR，"统治者，主"的意思），也就是3600，它用一个大圆来表述，以此类推。

SAR，3600 个地球年，是尼比鲁绕日轨道的周期；尼比鲁上的任何事物，都只使用尼比鲁时间。按照苏美尔人的说法，在尼比鲁上的确还有其他的高智能生物，比地球上的原始人进化得好得多。苏美尔人叫他们阿努纳奇，字面上的意思就是"从天国到地球上来的"。苏美尔文献反复提到阿努纳奇是在很古老的时候从尼比鲁到地球来的；而当他们到达的时候，他们不是按照地球的时间计算，而是基于尼比鲁的轨道来计算的。这种神圣时间的单位，神的年份，叫作 SAR。

苏美尔国王列表的文献，描述了阿努纳奇在地球上的第一批殖民地，还列出了大洪水之前的 10 位阿努纳奇领袖。按照文献中的说法，从第一次登陆到大洪水来临，一共经历了 120 个 SAR 也就是尼比鲁绕日 120 次，这等同于 432000 个地球年。正是这第 120 次的运行，让尼比鲁的引力拖动了南极的冰层使其滑进南部海域，导致了巨大的潮汐波，淹没了整个地球——这就是上古的大洪水，苏美尔文献要比《圣经》中的记载早了太久太久并详细得多。

传说和古代记载给了 432000 这个数字一种循环的意义，在《哈姆雷特的磨坊》一书中，桑德拉纳和冯·德克德寻找着"神话与科学交会的一点"，得出"432000 是来自古代的一个具有重大意义的数字"。他们所举的例子是瓦尔哈拉殿堂的日耳曼神话和挪威神话，瓦尔哈拉殿堂是神话中杀戮武士居住的地方，在审判日的那一天，他们将从瓦尔哈拉殿堂的大门中出来，站在神奥丁或是沃登的这一边，与巨人们作战。他们将通过瓦尔哈拉殿堂的 540 道门出来；每个门都会出来 800 名武士。桑德拉纳和冯德克德指出，所有这些武士英雄的总数是 432000。"这个数字，"他们继续说道，"肯定有一个非常古老的含义，因为它同时还是 Rigveda 的音节的数目。"Rigveda 是梵语中的"神圣经书"，记载了印欧民族的诸神和英雄的故事。两位作者写道，这 432000 "回到最本初的面貌 10800，是 Rigveda 中的总共的节数，而每一节则有 40 个音节（10800×40=432000）"。

印度传统中很明确地将 432000 这个数字与地球和人类所经历的（由旬或年代）联系了起来。每一个大由旬被分为了 4 个由旬或年代，它们递减的长度都是对 432000 的某种表示：第一个 4 倍时代（4×432000=1728000 年）是黄金时代，然后是属于知识的 3 倍时代（3×432000=1296000 年），接下来的是 2 倍时代，这是献祭的年代（2×432000=864000 年）；最后是我们现在的年代，纷争时代，这个时代只会持续 432000 年。总的来说，这些印度的传统包含着 10 个 432000 年，对应着前大洪水时代的 10 位统治者，但它将总时间的跨度扩大到了 4320000 年。

更远一点说，这样基于 432000 的天文数字在印度宗教和传统中被认为是一"劫"，表达主神梵天王的"天"。它被精确地确定为是一个包含着 1200 万个"神圣年"的年代。每一个神圣年依次等同于 360 个地球年。因此，"主梵天王的一天"等同于 4320000000 个地球年——这个数值跨度与我们现代对于太阳系年龄的估算极为近似——用 360 和 12 相乘则可以得到 4320 这个数目。

然而，4320000000 是一个千倍的大由旬——阿拉伯数学家阿布·雷韩·阿尔-比鲁尼在 11 世纪指出，一劫包含着 1000 个周期的大由旬。人们由此可以指出，在主梵天的眼中，1000 个循环只是一天，用来解释印度天体历法的数学方式。这句话让我们想起《赞美诗》中是如何用令人惊讶的语句来叙述《圣经》中上帝的神圣日的：

> 在你的眼中，一千年，
> 如逝去的一日，流走了。

这个陈述仅仅是被传统地看作对上帝永恒的象征。但鉴于《赞美诗》中大量的苏美尔痕迹（如同希伯来《圣经》中的其他各章节一样），我们认为，这很可能是一个精准的数学公式——这个公式同样也存在于印度传统中。

实际上印度传统是由从里海岸边来的"雅利安"移民传到印度次大陆的，他们是小亚细亚（现在的土耳其）的赫梯和幼发拉底河的胡里安人的近亲，苏美尔文明和传统也是通过他们才得以传到印欧民族。雅利安人的移民被认为发生在公元前第二个千年，而《吠陀经》也显示，它不是"源于人类"，它由一个属于诸神的极早的年代组成。到现在，各种各样的《吠陀经》的版本和由它们而引申出的各种文学作品，被非"吠陀梵语"（早期梵语的一种）的《往世书》和两首伟大的史诗故事《摩诃婆罗多》和《罗摩衍那》所扩大了。在其中，由 3600 年而延伸出来的年代周期仍占有主导地位；由此，按照印度教护持神的说法："奎师那将从大地分离的那一天，将成为迦梨时代的第一天；它将持续 36 万个凡世之年。"这是一种对迦梨由旬概念的认识，它包含 100 个神圣年的"黎明"，这等同于 36000 个地球年或"尘世"年，这个时代本身（1000 个神圣年，等同于 36 万个地球年），和一个由最后 100 个神圣年组成的"黄昏"（36000 个尘世年）组成，一共是 1200 个神圣年，也就是 432000 个地球年。

这种相信每 432000 年为一个神圣循环（也就是尼比鲁 120 次绕日轨道，每一次周期为 3600 个地球年）的普遍信仰，让人们猜测他们是仅仅用算术，还是以某种我们无法得知的方法，得到了阿努纳奇的天文知识。我们在《地球编年史》的第一部《第十二个天体》上提出过，大洪水是一场全球性的灾难，而它被阿努纳奇预见。它是尼比鲁接近时强大的引力作用导致南极冰层脱落所引发的。这次事件在 13000 年前导致了最后一个冰河时代的突然结束，并由此被记录为地球上的周期循环，如同一种大型的地理和气候的剧变。

这种地质年代的变化，在对地球表面和海底沉淀物的研究中都有证明。这最后一个地质年代，被称为更新世，开始于 2500000 年前并结束于大洪水；这段时间内，原始人进化，阿努纳奇来到了地球，然后人类——智人出现了。更新世是一次大约 430000 年的周期，这在海洋沉淀物中得到了证明。按照由辛辛那提大学的玛德琳·布里斯金带队的一组地理学家所进行的严肃的研究表明，海平面的改变和深海气候的记录，显示出一个"430000 年的准周期循环"。这样的一种循环周期与重视由于地球倾斜、岁差（轨道的轻微延迟）和一些反常现象（椭圆轨道形状）所导致的气候调节的天文理论刚好一致。在 20 世纪 20 年代勾勒出这个理论轮廓的米鲁丁·米兰科维奇指出，这个周期是 413000 年。它以及后来的布里斯金循环，都与 432000 年为周期的苏美尔循环极为一致，而后者是源于尼比鲁的影响：轨道汇集、干扰和气候循环。

神圣年代的"神话"由此来说似乎是基于科学事实的。

古代文献中有着时间的原理的特征，包括《圣经》和苏美尔文献。它们不仅仅提到了开始这个点——"开端"。创世的过程立刻就被连接到了时间的度量，而这种度量反过来又被连接到了确定的天体运动上。提亚马特的毁灭以及接下来的小行星带和地球的创造，按照美索不达米亚版本的说法，需要天主（也就是尼比鲁／马杜克）的两个返程轨道。在《圣经》版本中，这项工作的完成花费了主两个神圣"日"的时间。而令人欣喜的是，哪怕是信奉正统派基督教的人，到现在也同意了它们并不是我们所认识到的日出日落的一天，因为这是在地球存在之前的两"天"（除此之外，他们听着赞美诗中的对主之日的陈述，等同于大约 1000 年）。美索不达米亚版本很清晰地用尼比鲁的经过来测算创世时间或神圣时间，而尼比鲁的轨道一周等同于 3600 个地球年。

在古代的创世故事转变为新出现的地球和发生在其上的进化之前，它还是一个讲述恒星、行星和轨道的故事；而用于计算的时间是神圣时间。然而，一旦当故事焦点变为地球和最终出现的人类的时候，时间的计算方式同样也改变了，成了地球时间，它不仅可以适用于地球这颗行星本身，还能让人类使用和测算：通过日、月、年。

※

当我们考虑这些地球时间的相似元素时，我们应该认识到，它们三者都是对天体运动的认识——周期运动——地球、月球和太阳之间的复合关系导致的。我们现在知道，光明与黑暗的每日更替被我们叫作一日（一共有24个小时），这是地球自转造成的，所以它只有一边能被太阳的光芒照射，而另一边则是黑暗的。我们现在还知道，月亮总是在那个地方，哪怕是在我们看不见的时候，而月亏和月圆并不是因为它会消失，而是基于地－月－日的位置（见图2）。我们也许会看到月球被太阳光芒完全照射到，也会发现它被地球的阴影完全遮住了，或者就是介于二者之间。正是这种三方关系，将月球的实际绕

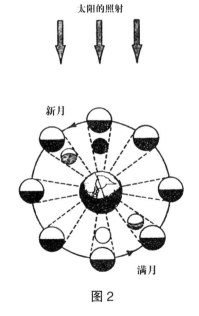

太阳的照射

新月

满月

图2

地轨道周期从 27.3 天（恒星月）延伸到了大约 29.53 天的观测周期（朔望月），而新月和重现现象则带有星历和宗教上的暗示。而年或太阳年，是地球环绕我们的恒星太阳完成一周轨道的时间。

然而，我们对地球时间日、月、年的正确认识并不是自发的，它需要先进的科学知识。至少在不久以前，人们还认为地球是宇宙中心，一切天体（包括太阳、月球）都是围绕地球转动的。从亚历山大的托勒密（公元 2 世纪）到公元 1543 年"哥白尼革命"，都是这么认为的。而尼古拉·哥白尼提出的"日心说"（认为太阳是宇宙中心）中，地球只是环绕它的一颗普通星体，与其他星体并无区别。这个观点在当时是具有爆炸性意义的，它极大地触动了教会观点，以至于他不得不推迟写下他的天文著作《天体运行》。而他的朋友也是一直等到他去世的时候才印刷出版了这本惊世之作，那一天是公元 1543 年 3 月 24 日。

然而，有证据可以证明，在早期苏美尔知识中，的确包含了近似的地月日的关系。《伊奴玛·伊立什》描绘了四种月相，很清晰地解释了它们在天文学上的成因：如在月中的满月是当它"仍然站在太阳对面"（见图 2）。这些运动都要归功于天主（尼比鲁）给予地球和它的卫星月亮的"命运"（轨道），当然，这是天体战争的结果之一：

> 他让其发光的月亮，
>
> 在夜晚仍继续着；
>
> 放在夜里，表示日子。
>
> 他指着它说：
>
> 每月一次，永不终止，形成皇冠的设计。
>
> 在一月的最开始，升起来，
>
> 你要有发光的角来表示 6 天，

在第七天成为新月。

在月中仍然站在太阳对面；

它要在地平线追到你。

接着减少你的皇冠并削弱你的光芒，

在那一刻接近太阳；

然后在第三十天你要站在太阳的反面。

我为你指出了一条命运：跟着这条路。

由此，这篇古代文献指出，是天主"指出了每一日并建立了昼夜的区域"。

（《圣经》和犹太教传统是很值得注意的，其中 24 小时的一天开始于夜晚之前的日落——"是夜晚和清晨，是一天"——同样在美索不达米亚文献中有所表述。在《伊奴玛·伊立什》里，月亮被"放在夜里，标志日子"。）

甚至是这些美索不达米亚文献的浓缩版本，《圣经》（《创世记》1：14）中同样也表述了地球、月球和太阳的三方关系，并把它们应用到了日月年的循环中：

主说：

要有光

在敲打出的天国

来区别这白昼和夜晚；

用它们标识出

日复一日，月复一月，年复一年。

希伯来词语"Mo'edim"，在这里是"月份"的意思，表示的是在新月夜晚要进行的集会礼仪。这是美索不达米亚 – 希伯来历法中从开始以来必不可少的月球轨道阶段。通过列出这两个大光（太阳和月亮）来作为造成日月年的原因，这个古代历法中有着综合的日月属性。经过人类上千年来以制定历法来测量时间的努力，一些人（如同现在的穆斯林）至今仍然只遵循于月球的循环；而其他一些人（如同古代埃及人和西方所使用的公元纪年）则是采用太阳年，很方便地将它们分为 12 个"月"。但在大约 5800 年之前，尼普尔（苏美尔的宗教中心）制定出的历法仍然被犹太人遵循着，它是基于地球和那两个大光的复合关系制定的。描述地球围绕太阳的词，代表"年"的莎拿，是由苏美尔词语莎图发展而来的，这是一个天文学词语，意思是"按照航向，按照轨道"，全称是 Tekufath ha-Shanah——形容一整年的周期的"轮回或年度循环"。

学者们一直被《柔哈尔经》（《显赫书》）困扰着，这是一本亚拉姆 - 希伯来语的经书，是犹太神秘主义文献的中心部分，而这种神秘主义也就是卡巴拉，没有任何错误地解释了在公元 13 世纪，白昼变为夜晚是因为地球的自转。这比哥白尼提出昼夜更替不是因为太阳围绕地球转而是地球自转，早了 250 年左右。《柔哈尔经》陈述道："整个大地旋转着，如球体一般。当一部分向下则另一部分向上。当一部分是光明的时候另一部分则是黑暗。当这里是白昼的时候，那里就是夜晚。"而《柔哈尔经》的源头，是公元 3 世纪的拉比·哈姆努那（拉比的意思是犹太人的学者）！虽然对他尚没有太多的认识，但这位犹太教的大师在中世纪将天文知识传递到基督教的欧洲这件事，至今都被保存在天文文献中，是用希伯来文字记录的，而且配有清晰的插图（见图 3）。的确，托勒密的文献，在西方世界被认为是"天文学大成"，首先是在公元 8 世纪被埃及的阿拉伯征服者保存着，然后通过犹太学者才传播到欧洲人手中；当然，有很多译文版都加以注释，怀疑托勒密的地心说的真实性，它比哥白尼可早了数个世纪。其他一些阿拉伯和希腊天文文献的译文，还有一些独立的著作，都是中古世纪的欧洲人学习天文学的主要渠道。在公元 9 世纪和 10 世纪，犹太

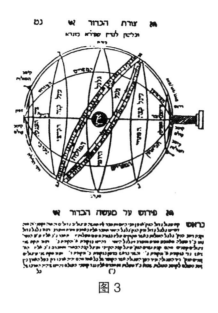

图 3

天文学家们整理了月亮和行星的运行，并估算了它们绕太阳的轨迹和星座的位置。事实上，对这些天文表的编订整理，无论是对欧洲国王还是穆斯林领袖哈里发来说，都是犹太皇家天文学者们的特长。

如此先进的知识，对当时来讲似乎是太过超前了，唯一合理的解释是对影响到《圣经》和整个古代苏美尔的更为早期的尖端知识的继承。的确，卡巴拉字面上的意思就是"被保存的（事物）"，是一代传一代的早期密宗知识。中世纪的犹太教学士的知识能够直接溯源到朱迪亚和巴比伦尼亚的学院，它们评论并保存着圣经资料。犹太法典《塔穆德》，记录了从大约公元前 300 年直到大约公元 500 年的这类资料和评论，其中充满了天文学方面的信息摘录；它们包括了拉比撒母耳的陈述"知道天国的轨迹"，就像他说的是他镇子里的街道一样，还有拉比约书亚的"每 70 年出现的一颗星，它会扰乱水手们"——这与哈雷彗星非常相似，它的周期性出现是每 75 年一次，这在 18 世纪埃德蒙哈雷发现它之前一直都被以为是不知道的。贾布奈的拉比加马列拥有一个管型视觉器具，而他用这个东西来观测恒星和行星——这比望远镜"正式"发明早了 15 个世纪。

犹太历法（也就是尼普尔历法）需要在太阳年和月亮年之间设闰，后者要比前者少 10 天 21 小时 6 分钟和大约 45.5 秒。这个差别等同于是 7/19 个朔望月，因此，解决办法就是，在每 19 个太阳年里加入 7 个朔望月，这样月亮年就可以与太阳年对齐。天文学书中赞扬了雅典天文学家墨东（大约公元前 430 年），是他发现了这 19 年的周期；然而实际上这个知识要回溯到千年以前的古代美索不达米亚。

学者们一直都很困惑，在苏美尔－美索不达米亚神话中，沙马氏（"太阳神"）被描述为是"月神"辛的儿子，并由此成了次等的神。这也许可以在历法中找到解释。亚历山大·马斯哈克在《文明之源》中提出，尼安德特人时代的骨头和石器上的刻字不是装饰，而是原始的月亮历法。

在纯正的月亮历中，如同现在的伊斯兰历法，假期都会在每三年向前滑动大约一个月。尼普尔历法中的假日的周期被设置为与季节相关，就不会允许这样的不断发展的滑动发生：例如，新年必须是春季的第一天。这需要在苏美尔文明的一开始，就要拥有精确的关于地球和月球的运动知识，以及它们与太阳的相互关系和设置闰日或闰月的观念。同样这还需要明白季节是怎么来的。

现在我们知道了，太阳从北到南再回来的年度运动导致了季节变化，这源于地球的轴相对它的绕日轨道平面而言是倾斜的；这种"倾斜"目前是呈 23.5 度。离太阳最远的北方和南方的点，它似乎在那里踌躇不前，然后又回来，那里被称为至点（字面上说，就是"太阳停顿"），这发生在 6 月 21 日和 12 月 22 日。至点的发现同样被归功于墨东和他的同事，雅典天文学家伊克特门。《塔穆德》的丰富的天文学术语已经使用到了 Neti'yah 这个词（由它的动词形式 Natoh 演变而来，意思是"倾斜、偏倒、斜着"），来表示与现代词汇"倾斜"相同的意思。千年以前，《圣经》就认识到了地轴，将昼夜更替归功于一根穿越地球的"线"（《赞美诗》19：5）；还有《约伯记》，提到了地球的构成及它的奥秘，讲到天主为地球创造了一根倾斜的线，也就是我们所说的倾斜的地轴。《约伯记》在讲述倾斜地轴和北极的时候陈述道：

> 他将北方倾斜，越过虚无
>
> 并将大地悬挂在空无之上。

《赞美诗》不仅正确认识到了地球、月球和太阳的相互关系，以及地球围绕自己的倾斜轴转动而导致了日夜和季节，还认识到了最远点，太阳季节性运动的"限制"，也就是我们说的至点：

> 日是你的
>
> 同样，夜是你的；
>
> 是你任命了月亮和太阳。
>
> 是你设置了所有大地的限制，
>
> 由此有冬夏。

如果在各至点上的日出和日落点之间连上线，结果就是这两条线将在观测者的头上方交会，形成一个巨大的划分地球及其上天空的 X，将它们划分为四个部分。在古代就认识到了这样的划分，《圣经》中也有提到："大地的四个角"和"天域的四个角"。这种对大地和天空的划分，看上去就像是环绕在它们的基点上的三角形，于是引发了古代人对"翅膀"的联想。《圣经》中也由此提到"地球的四只翅膀"和"天空的四只翅膀"。

一幅来自公元前第一个千年的巴比伦的地球地图，通过在圆形大地上直接画上四只"翅膀"（见图 4），描绘了这种"大地四角"的概念。

太阳明显地从北到南并回归的运动不仅导致了夏季和冬季这两个明显对

图 4

立的季节，同时还有春秋这两个过渡季节。后者与分点（春分和秋分）有关，当太阳经过地球赤道（一去一回），也就是昼夜平分的时候。在古代美索不达米亚，新年开始于春分日——第一个月的第一天（尼散月"符号被给予的时候"）。甚至是在《出埃及记》的时候，《圣经》(《利未记》第二十三章）颁布新年要在秋分日庆祝，这个月——提斯利月被称为"第七个月"，这反过来说明尼散月是第一个月。在各个例子中，分点的知识，通过新年节日来标志，这很明显可以回溯到苏美尔时代。

太阳年的四分法（两个至点，两个分点）在古代与月球运动整合起来，创造出了已知的第一部正式历法，尼普尔的月亮—太阳历。它被阿卡德人、巴比伦人、亚述人和继承他们的其他民族所使用着并保留至今，成了现在的犹太历法。

对人类而言，地球时间开始于公元前 3760 年。我们之所以知道这个具体时期，是因为在公历的 1992 年，犹太历法是 5752 年。

※

在地球时间和神圣时间之间，还有一个天时间。

自从诺亚走出方舟的那一刻，为了确定这样的洪水末日不会很快再次发生，人类开始与一种观点，即地球的周期性毁灭和重生一同生活。或者这其实不是新观点，而是人们重拾了过去的观点。他们开始在天空中寻找星象暗示，来预知未来的好坏。

希伯来语从美索不达米亚语中得到了 Mazal 这个词，意思是"运气"，即可能是好的也可能是坏的。很少有人认识到这是一个天文词汇。在天文学和占星术还是同一门学科的时候，站在塔庙之上的祭司们追寻着天神们的运行，观看着守着那个夜晚的是黄道带上哪一个星座——阿卡德语中，是 Manzalu。

但其实并不是人类首先将这些庞大数目的星星组织成星系的，也不是人类为这些分布在黄道带上的天体命名和精确定位，并将其分为 12 宫的。这些都是阿努纳奇为了他们自身的需要而做的；人类采用了它作为他们升天的工具，来逃离属于地球生命的死亡。

因为来自有着超长轨道"年"的尼比鲁的某人来到一颗有着快速轨道的行星（地球，阿努纳奇曾叫它是"第七个天体"）上，这颗行星的一年只是他们一年的 1/3600，时间记录成了一个大问题。苏美尔国王列表和其他一些讲述阿努纳奇事务（当然是大洪水之前）的文献可以证明，尼比鲁的 3600 个地球年的一年，是神圣时间的单位。但是他们除了 1：3600，是否还在神圣时间和地球时间之间创制了某种关系呢？

这个问题是由岁差现象提出来的。因为晃动，地球的绕日轨道每年都会轻微放慢；这种延迟在 72 年之中会发展成 1 度。创制一种对黄道带（行星绕日的平面）的划分，将其划分为 12 份——符合组成太阳系的 12 名成员的数量——阿努纳奇发明了黄道十二宫这个概念；每个黄道宫被分配到 30 度，由于每一宫的延迟总共是 2160 年（72×30=2160），而总共的岁差周期是 25920 年（2160×12=25920）。阿努纳奇制定的黄金比例是 6：10，而且 2160 和 3600 还通过 6 乘以 10 再乘以 6 再乘以 10 再乘以 6 等等存在于 60 进制的数学体系中。

"通过一个我发现无人能解的奇迹，"神学家约瑟夫·坎贝尔在 1962 年出版的《神的面罩：东方神话》中写道，"算术在早至公元前 3200 年的时候在苏美尔发展了出来，无论是出于巧合还是出于直觉的引导，它相当符合天体秩序，如同这是它本身所要显露的。"这个"奇迹"，如我们之前所说，就是阿努纳奇所给予的先进知识。

现代天文学，如现代其他科学一样，从苏美尔的"第一次"里借鉴了许多。在它们之中，对我们头上的天空的划分，以及其他所有圆的划分，都是 360 度，是最基本的。雨哥·温科莱认识到了数字 72 是非常基本且必要的，它就像是"天国、历法和神话"之间的纽带。他写道，360 这个基础数字是由天数 72（1 度的岁差运动）乘上人类的 5（人类手掌的 5 根指头）而得出的。他的观点，受限于他所在的年代，没有将他引领到对阿努纳奇这个角色的认识。

发现于美索不达米亚的数千个数表中，有很多都是由天文学数字 12960000 开始，结束于作为 12960000 的第 216000 个部分的数字 60 已经存在的数表。H.V. 希尔普雷奇特在其所著的《宾夕法尼亚大学的巴比伦远征考察》中，研究了来自尼尼微的亚述国王亚述巴尼波的图书馆的上千个数表，他指出 12960000 这个数字是天文学上的，由神秘的 500 大年的周期衍生而来，而这个周期正是一个完整的岁差切换（500×25920=12960000）。他和其他人认为，这种可能是由腊的希帕恰斯在公元前 2 世纪第一个注意到的、毫无疑问的岁差现象，在苏美尔时代就已经知道了。这个数字去掉一个 10 倍就是 1296000，是印度传统中知识时代的长度（432000 这个周期的 3 倍）。这个周期之中的周期，6 与 12（72 年的 1 度黄道带上的切换），6 与 10（2160 与 3600 的比例）还有

432000 到 12960000，由此可能反映的是小的和大的宇宙及天文周期——秘密还没有被揭开，苏美尔的数字仅仅只是提供了对其的一瞥。

作为新年开始的春分日（还有与之相反的秋分日）的选择并不是偶然的，因为地球的倾斜，所以仅仅是这两天，太阳才在赤道与黄道圈的交会点上升起。因为岁差现象——全称是二分点岁差——占据在这个交会点的黄道宫持续向前切换，每 72 年在黄道带上移动 1 度。虽然这个点至今仍然被认为是白羊宫的第一点，但实际上自从大约公元前 60 年开始，我们就处于双鱼宫时代，而且虽然缓慢但很确定的是，我们即将要进入宝瓶宫时代（见图 5）。这样的一个切换——从一个远离中的黄道时代进入另一个黄道时代的改变，是一个新时代的开始。

当地球上的人类带着期盼等待着这样一种改变的时候，有很多人都在猜测着与这样的一次改变一同到来的是什么——是幸福还是剧变，是结束还是新开

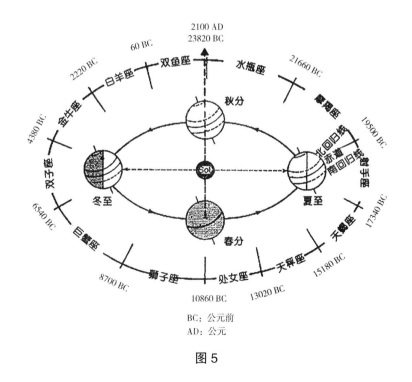

BC：公元前
AD：公元

图 5

始？是地球上旧秩序的终结还是新秩序的开始，也许是天国带来地球的预报？

时间是否只能向前，它同样也可以回去吗？哲学家们曾思考过这个问题。实际上，时间的确会向过去切换，因为这就是岁差现象的精髓：地球绕日轨道的延迟，在大约 2160 年的时候，在春分点的日出不是在下一个黄道宫，而是在前一个……天时间，如我们所指明的那样。这不是按照地球（以及所有的行星）时间的方向逆时针进展的；相反，它反方向运行着，按照的是尼比鲁的轨道方向顺时针运行着。

天时间是回流的，关系到遥远地球上的我们；而因此，在黄道带上，过去即未来。

让我们好好看看我们的过去。

第二章
石制电脑

关于影响到人类和地球的时代循环并不仅仅局限在古世界里。当赫尔南多·柯尔特斯被阿兹特克国王蒙特祖玛作为返回的神祇而邀请的时候，这位国王是带着一个巨大的金盘的。金盘上刻着的是阿兹特克人及他们的墨西哥祖先所相信的周期性时代的符号。这个珍贵的工艺品永久地丢失了：西班牙人将其熔解了，但它的石制复制品已被发现（见图6）。上面有表示现在这个年代或"太

图6

阳"周期的象形符号，意思是第五个。之前的四个全部都毁于自然灾难——水、风、地震、风暴及野生动物破坏。第一个时代是白发巨人时代；第二个时代是黄金时代；第三个时代是红发人时代；还有第四个时代是黑发人时代。也就是在第四时代，墨西哥至高无上的神，羽蛇神到来了。

一路向南，在前哥伦布时代的秘鲁，安第斯人同样认为有着五个"太阳"或时代。第一个时代是维拉可查人时代，他们是白色的带着胡须的神；第二个时代是巨人时代；第三个时代是原始人时代；第四个时代是英雄时代；然后才是第五个时代，也就是当代，是国王时代。在这个时代，印加国王有秩序地排列下来。这些时代的持续时间用千年来测算，而不是万年或百万年。玛雅人留下的奇迹和陵墓上装饰着的"天带"，表示黄道带上的天域的划分；在玛雅废墟和印加都城库斯科（现在是秘鲁南部的一座城市）中出土的工艺品被识别为黄道历法。库斯科这座城市本身，似乎是对南美人熟知黄道十二宫的"石头上的证明书"。这不可避免地指出，对新世界而言，几千年之前的人就通过某种方法掌握了黄道带的划分知识，而他们测量时代是按照天时间，将2160个地球年作为一个单位。

在石头上绘制历法也许对我们而言是很难理解的，但在古代却很符合逻辑。有一部这样的历法，让人们感到十分困惑，它被叫作史前巨石阵。它现在安静地伫立在英格兰的一片被风吹拂的平原上，由巨大的石柱组成。它位于索尔兹伯里的北部，伦敦西南方大概80英里的地方。这个遗迹所留下的神秘气息勾起了一代又一代人的好奇心与想象力，它向历史学家、地理学家和天文学家们提出了挑战。这些巨石所述说的秘密早已消失在了古老时代的迷雾中，而我们相信，时间，是解开它的钥匙。

史前巨石阵被称为"整个不列颠最重要的史前奇迹"。它被 R.J.C. 阿特金森在《史前巨石阵和它的奇迹邻居们》一书中形容成独一无二的，因为"在世界的其他地方，再没有像它一样的"。它使用了不列颠群岛上的超过900个古代巨石、木头，的确是全欧洲最大最复杂的。

然而，在我们看来，这并不是让史前巨石阵成为"独一无二"的唯一原因。同时还有它的建筑时间、在那个时间它被建造的目的，以及它的故事都将是组成我们所说的《地球编年史》的一部分。它是在一个更为广阔的构架中完成的，我们相信，它可以为我们提供一个解释它之所以神秘的答案。

就算是没有去拜访过史前巨石阵的人，也肯定在印刷品或屏幕上看到过这个史前建筑极具冲击性的特征：一对对巨大的垂直的巨石，每一个都有差不多13英尺高，在它们的顶部是一个同样巨大的巨石横梁，连接着顶部，形成一个巨大的独立牌匾，它们围成一组弧形的半圆。这些半圆依次环绕着，成一个巨大的圆圈，如一个稍有间断的戒指。虽然有一些撒森岩（砂岩漂砾，砂岩的一种）"牌匾"和撒森岩圈（这是看它的大小而取名的）丢失或倒塌了，但正是它们创造了"史前巨石阵"这个充满魔术感的词语（见图7）。

在这个巨大的石头指环中，其他稍小的被称为硫酸铜（青石）的石头被放置着，它们形成了一个青石圈（一些人称其为"青石马蹄铁"）。如撒森岩巨石一样，并不是所有的青石圆和半圆（"马蹄铁"）都还在原本的地方。一些已经完全消失了，一些如同倒下的巨人躺在地上。为这个遗址增添神秘气氛的还有一些其他的巨石，它们的昵称（源头尚不可考）都充满了神秘感。它们包括了圣石台，这是一个经过加工的16英尺长的蓝灰色的砂岩石，现在还留下的已

图7

经半毁了。虽然曾经过复原，但这个建筑过去的荣耀和光辉也都衰退了。当然，考古学家们的确可以通过任何证据来将其重建为它们曾经的模样。

他们指出那最外层、有着弯曲横梁连接顶部、曾有过 30 个垂直石柱的那一环，现在只有 17 个保留了下来。在这个撒森岩圈中有着稍小的青石圈（现在尚保存有 29 个）。在第二个青石圈中的是五对巨石牌匾，组成撒森岩马蹄铁；它们在图标上通常被编号为 51-60（横梁石柱的编号是通过将与之相关联的垂直石柱编号上加 100 而得出的，由此架在 51-52 号上的横梁石柱就是 152 号）。

17 个青石（61-72 号）组成了最内层的半圆，它就是所谓的青石马蹄铁；而在这个最内层的组合之中，刚好是整个史前巨石阵的轴心，那里矗立着所谓的圣石台，图 8a 中描绘出了这样的石圈套石圈的假想图。

好像是要强调这些存在的圈形的重要性，这些石圈依次在一个大的圆形框架中。它是一个又深又宽的沟渠，曾挖出的泥土被用作筑堤的材料，它形成了一个完美的圈状包围，环绕着整个史前巨石阵，它的直径有 300 英尺，占这个沟渠大约一半路径的长度，在 20 世纪早些时候被挖掘过，有一部分被重新填上了。这个沟渠的其他部分和升起的堤岸，在千年之中被自然或人为地雕刻过。

这些石圈套石圈用其他方式重复过。离沟渠的内堤几英尺远的地方，有一个由 56 个坑洞组成的圆圈，它们很完美且很深地挖入大地，17 世纪的发现者约翰·奥布里称它们为奥布里坑。考古学家们曾经挖掘过这些坑洞，为了发现能说出这个遗址秘密和它们的修建者的线索和残骸，从此之后用白水泥片堵住了这些坑洞，结果使这些坑洞所组成的完美圆圈凸显了出来——特别是从空中看下去的时候。另外，一些不知是什么时候挖掘的粗糙和不规则的坑洞，形成了两个圆圈，它们环绕在撒森岩圈和青石圈之外，现在被称为 Y 洞和 Z 洞。

还有两块和其他任何石头都不同的石头，被发现在沟渠内层堤岸的对面位置；在奥布里坑洞的稍微偏下的位置（不过很明显不是它们的一部分），与这两块石头等距的地方，有两座圆形土堆，被发现里面有坑洞。研究者们相信，在这些坑洞中同样有着与前两个相近的石头，而这4个——被叫作站点石（现在被编号为91-94）——有着截然不同的目的，特别是当人们用线将它们连起来之后，这4个石块勾勒出了一个很可能是包含着天文学含义的完美矩形。然而另一块巨石——被戏称为杀戮石——所躺倒的地方，在沟渠的一个很宽的开口上，这个开口很明显是用作通往这些同轴的石圈、坑洞和土木工程的出入口的。它倒下的地方很可能已不是它曾经原本所在之地，而且它本身也可能并不是单独一个，就像地上的坑洞所显示的那样。

沟渠的开口相当精确地指向东北方，它指向的（或者说迎接的）是一条堤道，被称为林荫大道。两条平行的带堤沟渠位于林荫大道的两旁，中间留出了宽至30英尺的很明显的道路。它一直向前延伸了1/3英里的路程，然后向北分出了一条道，朝向一个巨大的延伸工程，这个工程被叫作克尔苏斯（是威廉·史塔克利等人为其取的名字，该单词在现代法语和英语中意思是"大学课程"，但实际上威廉等人所说的Cursus是拉丁文，在这里意思是"工程"或"线路"），它的方位与林荫大道成一度的角度；林荫大道的其他的岔路都朝向埃文河。

带着这条林荫大道的史前巨石阵指向东北边（见图8b），这向我们暗示着史前巨石阵修建起来的目的。林荫大道的方向——它非常精确地指向东北方——并不是巧合，因为我们画出一条穿过林荫大道中部的线，同时它还穿过了巨石圈和那些坑洞的中部，形成这整个建筑物的轴线（见图8a）。

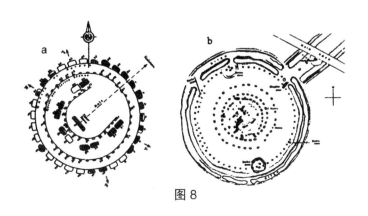

图8

之所以说这条轴线是刻意定向的，是因为有一系列的坑洞向我们指出，曾经有一些标记石是顺着轴线放置的。它们中有一个被叫作踵形石的，至今仍默默地执行着它的建造者们所赋予它的使命，而这无疑是有关天文方面的。

※

说史前巨石阵是一个精心策划修建的天文观测台，而不是一个狂热信仰或迷信的神秘学产物（比如称那块倒下的石头为"杀戮石"，很多人认为那里是用作活人献祭的地方），是不太容易被接受的。事实上，随着我们对更多遗址的考察，以及将它的修建时间不断前移，这种困难还在加剧而不是减少。

一部12世纪报道蒙默思郡（英国威尔士原郡名）的作品，杰弗里的《不列颠列王纪》上说："巨人的指环"是"一个在当时没有任何人能够立起的石阵，它先修建在爱尔兰，用巨人们从非洲带回来的巨石修筑"。就是在这之后，在男巫梅林的建议下，沃尔提根的国王移动了这些巨石并"围绕一座坟墓，将它们重立了起来呈一个圆形，与它们曾经在吉拉劳斯山上的安置方法是一模一样的"。（这个中世纪的传说有一个真实的核心部分，已被现代发现所证实，就是那些源自威尔士西南部普里塞利山脉的青石被用某种方式，通过陆路和水路运输了250英里左右的距离——先是运到离史前巨石阵大约12英里的西北方，可能在那里它们被立为一个早期的圆，然后接着被运到了史前巨石阵本身的位置。）

在17世纪和18世纪，这座石庙被认为是罗马人、希腊人、腓尼基人或德鲁伊人修建的。这些论断的共同点是，它们都将史前巨石阵的修建时间从中世纪向前推移到了公元之初或更早，使这个遗址变得更为古老。在所有的理论当中，联系到德鲁伊的那一个，在当时是最受欢迎的，这尤其是因为威廉·史塔克利的发现，特别是他在1740年出版的《巨石阵，一座给予不列颠德鲁伊的神庙》。德鲁伊是古代凯尔特人的神职人员。按照作为德鲁伊信息的主要来源的朱利叶斯·恺撒的说法，他们会一年一度地在一个圣地聚合，举行秘密仪式。他们提供活人献祭。在他们的工作中，还有教导凯尔特贵族"诸神的力量"、自然科学以及天文学。但是在这个遗址中，考古学家们没有发现任何与公元前的德鲁伊有关的东西，在那个时候凯尔特人也的确来到了这个地方，不过仍然没有提供任何证据，也就是说德鲁伊们并没有在这个"太阳殿"中集会过，甚至他们与这个建筑的修建者（更早时候的）没有丝毫关系。虽然罗马军团就驻扎在离此地不远的地方，但也没有任何证据显示，这个石阵与罗马人有关。然而，一条希腊和腓尼基的线索，反而更有希望。希腊史学家迪奥多罗斯·西库鲁斯（公元前 1 世纪）——与朱利叶斯·恺撒同时代的人——曾到过埃及，写下了多册有关这个古代世界的历史文案。在第一册中他讲述的是埃及人、亚述人、埃塞俄比亚人和希腊人的史前历史，也就是所谓的"神话时代"。他引用了更早期史学家们的话，如阿布迪拉（古代城市名）的赫卡泰俄斯的一本书（现在已经遗失了）上的内容，后者在公元前 300 年的时候陈述道，在一个居住着极北之人的岛上"有一片宏伟壮丽的阿波罗圣域，和一座显赫的球形神庙"。"极北之人"这个希腊词语，意思是说住在吹来北风的遥远北方的人。他们是希腊（也是后来罗马的）神祇阿波罗的崇拜者，而且关于极北之人的传说也由此加入到了与阿波罗和他的孪生姐妹，女神阿尔忒弥斯（月神与狩猎女神）的神话中。如古代人所说，这对双胞胎是由大神宙斯和勒托所生，而勒托是一位泰坦女神。在受孕之后，勒托在地表漫游，寻找一个能躲开宙斯的正妻——狂怒中的赫拉的地方，来安稳地生下她的孩子。阿波罗就是这样与"极北之地"这个概念联系起来的。希腊人和罗马人认为，阿波罗是预言和占卜之神，他坐着他的战车围着黄道转圈。

虽然这些与希腊人有关的神话或传说并没有提供任何科学方面的价值，考古学家们似乎仍然在史前巨石阵的区域内，通过由考古发掘而发现的史前工

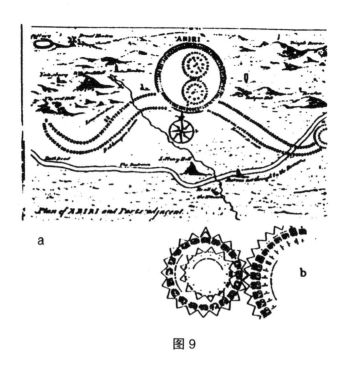

图 9

程、建筑和墓穴中找到了这样的一种联系。这个人造的古代遗迹中包括了大艾弗伯里石圈，它画着与现代钟表类似的图标（见图9a，如威廉·史塔克利所描绘的）或甚至是古代玛雅历法的切合在一起的齿轮（见图9b）。它们同时还包括了被称为克尔苏斯的数公里长的沟渠，还有木质的而非石质的被叫作木桩年历的圈；以及非常显赫的西尔布利山——一座人造的圆锥形山丘，呈精确的圆形，直径为520英尺，是欧洲同类中最大的。

最重要的发现出现在这个地区的墓葬中。而这些墓葬分散在史前巨石阵区域的各个地方。考古学家们在墓葬中找到了青铜短剑、斧头和狼牙棒，金质的饰品，带装饰的陶器和打磨过的石头。这些发现支持了一个考古学观点，就是史前巨石阵的石头被打磨装饰和仔细塑形的方式，受到了克里特（地中海上的一个岛屿）文化和迈锡尼（位于希腊大陆）文化的影响。而且一些在巨石阵中用作连接石块的接合部位，也与曾在迈锡尼城所使用过的很相似。这些现象，让许多考古学家都认为，它与古代希腊文明有关。

这个流派有一位代表是雅克塔·霍克斯，在她的一本关于希腊文明的克里特和迈锡尼起源的书《诸神的黎明》中，就有一章关于史前巨石阵的"陵墓与王国"。

迈锡尼位于希腊大陆的西南部，那里被称作摩里亚半岛（即伯罗奔尼撒半岛，现在被人造的柯林斯运河从希腊大陆上分离开了）。当时它被作为克里特岛上的早期的克里特文明和后来的希腊文明之间的桥梁。在公元前 16 世纪它就已经盛开了文明之花，而且从它国王陵墓中出土的财宝，向人们显露出了它与外界的往来，其中毫无疑问地包含着不列颠。"就在这一刻，当迈锡尼国王变得更为强大的时候，"雅克塔·霍克斯接着写道，"一个虽然更小，但差不多先进的文明出现在了英格兰南部。那里同样有着一个统治着农夫和牧民的勇士贵族，他打算展开兴旺的贸易——并被夺来的奢侈品包围。在这数不尽的财富中有那么几样，一眼就能看出这些贸易头子必然与迈锡尼世界有过往来。"

她补充说，这些东西，并不是多么伟大的奇迹，它们只可能是贸易带来的小货物，或纺织品，它并不是"那独一无二的——撒森岩石圈和盘扁组成的伟大建筑，史前巨石阵"的一部分。

然而，并不是所有的考古发现，都显示出了这些来自早期希腊文化的"影响"。围绕史前巨石阵的陵墓中包含着，例如装饰过的珠子和镀金的琥珀碟，它们是在埃及发展出来的方法而不是希腊。这样的发现提出了一种可能，就是所有这些工艺品都是通过某种方式被运到英格兰的，运输者不是希腊人或埃及人，而有可能是来自地中海的移民。很显然，候选人应该是腓尼基人，他们可是声名显赫的水手，带着用于贸易的工艺品。

有记录提到过，腓尼基人从地中海的港口出发，到达位于英格兰最南部角落的康沃尔，这里离史前巨石阵非常近，他们来这里寻找锡和用软铜制成的坚硬青铜。但这样的贸易连接是否在公元前 1500 年到公元前 500 年的时候就很兴旺，以支持史前巨石阵的策划及修建呢？还是甚至连他们也只是史前巨石阵的造访者，并为之惊叹？当然，要得出这个不太完整的答案，还是得先知道史前巨石阵是在什么时候开始策划并修建的，或者是其他的哪些人修建了它。

在缺乏文字记录和带有地中海诸神壁画或刻字（这在其他地方如克里特、迈锡尼和腓尼基遗址中都有过发现）的情况下，没有人能够稍微肯定地回答这个问题。但当考古学家们在史前巨石阵那里发现刻字的鹿角等物品的时候，这个问题本身就变得没有实际意义了。对它们做的放射性碳年代测定之后，发现这些在沟渠中挖掘出来的古物的年代应该是在公元前 2900 年到公元前 2600 年之间，这至少比来自地中海的移民到达这里要早了一千多年，甚至更久。在奥布里坑洞中找到的一个碳片，经测定后发现是公元前 2200 年的遗物；在石碑附近发现的一个鹿角碎片则是公元前 2280 年与公元前 2060 年之间的产物。而在林荫大道上发现的文物则可以追溯到公元前 2245 年至公元前 2085 年之间。

在如此之早的时候，是谁计划并修建了这座令人震撼的巨石阵？学者们一致认为，直到公元前 3000 年，这个区域都只居住有少部分的农夫和牧民，而他们所使用的工具还是石头做成的。在公元前 2500 年以后的某个时期，才有来自欧洲大陆的新人进驻这个区域，是他们带来了金属（铜和黄金）的知识，使用泥制器皿，并将死者埋葬于圆形土堆中。他们被戏称为钟杯人，因为他们所使用的饮水器具就是这么个形状。在大约公元前 2000 年的时候，青铜才出现在这个地区，而一个更为富足、人口更多的民族——威赛科斯人才开始从事牧场劳动、金属工艺，以及对中欧、西欧和地中海的贸易活动。到了公元前 1500 年，这片原本兴旺繁盛的土地承受了一次突然的衰落，持续了整整 1000 年；而这次衰退肯定也影响到了这个巨石阵。

那些新时期时代的农夫和牧民、钟杯人，甚至是青铜时代的早期的威赛科斯人，是否有能力创建这样的巨石阵？或者他们是否只为这次工程提供劳动力，在其他某些人的先进科技的带领下，用石头来建造一个机械装置？

哪怕是有着鲜明观点、支持迈锡尼说的雅克塔·霍克斯，也不得不承认，"这个圣地，这些巨大的、经过仔细塑形的石块，这迈锡尼的工程，玩转得如同小孩的玩具砖一样，整个史前的欧洲没有能与之争锋的"。考虑到要将迈锡尼人与早期英格兰人联系到一起，她继续提供着她的理论："一些控制着索尔兹伯里平原牧场的本地领主，比如奥德修斯，有着12群牲畜，就有能力和权力将一个来自石器时代的普通圣地扩建为一个由巨石建造的空前的贵族场所。它似乎始终都被认为必定是某个人着手修建了它——处于野心骄傲或宗教情感——但由于整个设计和修建方法对那个岛上来说是那么的先进，所以很明显，一些来自更为文明地区的想法是被采纳过的。"

那么，支持修建这个傲视整个史前欧洲的空前巨物的"更为文明地区"是什么呢？这个答案必须基于史前巨石阵的具体精确的修建时间才能回答。而如果，如科学检测所得出的，它要比迈锡尼人和腓尼基人都早上1000年甚至2000多年的话，那么必然有着一个位于历史源头的"文明地区"。如果史前巨石阵是公元前第三个千年的产物，那么唯一的建筑工人就是苏美尔人和埃及人。当史前巨石阵尚在孕育阶段的时候，苏美尔文明、它的城市、高耸的观测塔、文学和科学，都已经有着千年历史了，而王权也传到埃及数个世纪了。

为了得到一个更好的答案，我们不得不将我们对史前巨石阵现在所知的一切都汇总一遍。

※

史前巨石阵开始修建的时候几乎没有用石头。所有人都认同的一点是，它刚开始是沟渠和堤坝的修建，这是一个周长1050英尺的圆，同它底部一样。它大概12英尺宽，6英尺深，这样一来就要挖出数量可观的泥土（白垩质的土），并用它们来抬高两侧的堤岸。这个环绕的外层之内，是由56个奥布里坑洞组成的圆环。

这个切入地里的圆环的东部部分并没有被挖掘，为进入圆圈的最中心提供了入口。在这个地方曾经有两块伴随在入口两侧的"门石"，现在已经不见了。它们同时还用作是踵形石的聚焦设备，后者立于由此产生的轴线上。这个天然的巨石总共高 20 英尺，其中 4 英尺插入地面，16 英尺直指天空，它是 24 度倾斜着的。在入口开口处的一系列的坑洞，可能是为了容纳可移动的木制标记物的，所以被称为桩洞。最后，四个圆形的站点石被放置为一个完美矩形；如此，巨石阵"一期"完工了——一个挖进地内的圆圈，奥布里坑洞，一根入口轴线，七个大石头和一些木制小工具（如支架、木栓等）。

这个时期的有机物（如之前提到的鹿角）遗物和石制工具，让学者们相信，史前巨石阵一期是在公元前 2900 年到公元前 2600 年之间的某个时候修建的；英国官方将这个日子选在了公元前 2800 年。

无论是谁修建的史前巨石阵一期，也不管是出于什么原因而建，将它的建筑时间放在各个世纪都比较符合要求。在钟杯人占领这片区域的时候，没有任何必要来改变或改进这个巨石阵的布局或规模。然后，大约在公元前 2100 年，刚好在威赛科斯人到来之前（也有可能于同时发生），出现了很多非常奇怪的活动。最主要的一个事件，是将青石增加到了史前巨石阵的组成中，于是出现了史前巨石阵二期。这是史前巨石阵中第一次出现石阵。

不过并没有运输这些青石的方法。它们每一块至少是四吨重，漂洋过海经过陆地和河流的总路程一共是大约 250 英里。直到今天，都不知道他们为什么非要选择这些辉绿岩石块，并花费如此多的努力，直接或在一个临时站点间隔一会儿之后将它们运送到这个地方。无论这条具体路线到底是怎样的，大家都相信，到最后它们的确被运送到了这个地点附近的埃文河上方。这也解释了为什么林荫大道在这个阶段会延伸出两英里，来连接巨石阵和这条河。

至少有 80 个（一些人认为是 82 个）青石被运到了那里。现在可以相信的是，它们之中的 76 个是为那些组成同心圆 Q 和 R 的坑洞准备的，每个圆有 38 个坑洞；这些圆圈似乎曾在它们的西边部分有过开口。

在同一时间有一个单独的更大块头的石块，也就是所谓的圣石台，它被安置在几个圆圈里面，刚好在史前巨石阵的轴线上，面朝东北方向的踵形石。然而当研究人员考察由它们所连接成的直线和其他外层石柱的位置时，他们惊讶地发现，踵形石在第二阶段的时候稍微向东边移了一点（向右，当从整个石阵中心看过去的时候）；与此同时，在踵形石的前面立起了另外两个石柱，它们被放置在一个横排上，以强调这条新的视准线。为了适应这些变化，当时的建筑者填补了部分沟渠，让通往围场的入口向右（东边）放宽了，同样，林荫大道也在相应的部位加宽了。

意外的是，研究人员发现，石阵第二期工程最大的革新并不是加入了青石作为原料，而是加入了一条新的轴线，它比之前的那条轴线稍微偏东了一点。

不像第一期的石阵那样休眠了大约 7 个世纪，石阵的第三期工程紧接着石阵二期在 10 年内就开始动工了。不管是谁在负责赐予这片建筑永恒和不朽，但的确是在这之后，巨大的撒森岩石柱，每一块都重达 40 吨至 50 吨，它们从万宝路丘陵被运到史前巨石阵的位置，之间的距离大概有 20 多英里。普遍认为，在这个时候一共运来了 77 个巨石块。

与运送这上千吨的巨石一样困难，甚至更令人畏惧的是需要用它们来搭积木。这些石块被小心翼翼地打磨成设计中的形状。横梁被赋予了精确的弯曲度，并（通过某种方式）伸出一些固定用的挂钩以将它们卡在事先钻好的石洞中。接着进行的，就是将这些准备好的石块立在一个精确的圆周上，或是成对地安置好，并将制作好的横梁举起来卡在立起的石柱的顶端。而这项工程的难度，被所选位置本身的坡度加大了不少，而至于它到底是如何办到的，至今还没有人真正知道。

在这个时候，这条修正后的轴线随着新立起的两块巨大的门石加入了进来，它替代了之前的轴线。可以相信的是，倒下的杀戮石就是曾经的那两个新门石中的一个。

为了给撒森岩圈和青石马蹄铁（或椭圆）腾出空间，二期工程的两个青石圈不得不被完全拆掉。它们之中有 19 个被用作内层的青石马蹄铁（现在被认为是一个开放的椭圆）的制作原料，还有 59 个，相信被打算安排在 Y 洞群和 Z 洞群上以做成另外两个圆圈，用来围绕撒森岩圈。Y 圈被认为可以容纳 30 个石块，而 Z 圈则可以容纳 29 个。82 个石块中其他的一些石块可能被作为了横梁或者（如约翰 .E. 伍德在《日月及伫立的巨石》中所说）用来完成这个椭圆。然而，Y 圈和 Z 圈，再没有立起来；那些青石则环绕成了一个更大的圆，也就是青石圈，而所用青石的数目还不确定（一些人认为是 60 块）。同样不能确定的是，这个石圈被立起的时间——是立刻还是一两个世纪之后？一些人还相信，那次额外的工程，主要集中在林荫大道上，完成于大约公元前 1100 年。

但无论出于何种目的和动机，我们所看见的史前巨石阵是在公元前 2100 年开始计划修建的，并在接下来的百年中着手实施，最终于公元前 1900 年左右彻底完工。现代科学考察技术在这里证实了埃及学家福林德斯·皮特里爵士的发现——这个发现是在 1880 年，让人大吃一惊，他认为史前巨石阵应该要追溯至公元前 2000 年（是皮特里创制了沿用至今的石块编号系统）。

在对于古代遗址的正常科学研究路线里，考古学家是最早上前线的，然后才是其他学者——人类学家、冶金学家、历史学家、语言学家以及其他科目的专家学者。在史前巨石阵这个案例中，开路人却是天文学家。这倒不是因为这个遗址是在地表上所以不需要谁来挖掘，最重要的是因为从最开始，它似乎就自己证明了，这条从中心出发朝向踵形石穿过林荫大道的轴线，是指向"东北方，当太阳从那里升起的时候，白昼是最长的"（引用威廉·史塔克利的话，

1740 年）——它是指向当太阳从夏至点升起后的天域的（6 月 21 日左右）。史前巨石阵是丈量时间的器具！

在长达两个半世纪的科学研究之后，这样的结论仍然是相当坚挺的。所有人都开始相信史前巨石阵并不是谁的宫殿，当然也不是一陵墓。既不是宫殿也不是陵墓，从本质上讲它应该是一座带有观测功能的神庙，就像美索不达米亚和古代美洲的塔庙（阶梯塔形金字塔）。因为它指向的是夏中的太阳，所以它的确可以被称为太阳殿。

有了这样一个无可置疑的事实依据，就难怪天文学家会继续带领着对史前巨石阵的研究了。在他们之中十分杰出的一位是诺尔曼·洛克耶，他是 20 世纪初的一位天文学家。他在 1901 年的时候领导了一次针对史前巨石阵的广泛的勘察，并在他的巨著《史前巨石阵和其他的不列颠石制奇迹》中提到了夏至点方向。自从这条轴线单独表达出了这个方向，后来的学者们便开始猜测史前巨石阵的额外工程——各种圆圈、椭圆、矩形、标记物是否也象征着其他与夏至点日出等时间周期有关的天文现象。

在早期的关于巨石阵的专题论述中就提及过这些可能。然而直到 1963 年的时候，当塞西尔·A.纽汉发现，在巨石阵的直线中同样还可以发现甚至预测二分点，这些猜想才得到科学证明。

然而，他最为轰动的提议（先是在文章上，然后出现在他 1964 年的书《巨石阵之谜》中）是，史前巨石阵同时还是一座观月台。他的这个结论是基于对 4 个站点石及由它们所组成的矩形（见图 10）的考察上的；他同时还认为无论是谁，试图赋予这个巨石阵这个能力，他都知道该在什么地方立起它们，因为这个矩形必须被安置在和史前巨石阵一样的地方。

所有的这些在一开始都受到了极大的怀疑和鄙视，因为观月台比观日台更为复杂。月球运动（绕日运动以及跟随地球的绕日运动）并不是年度重复，因为，先排开其他的原因，单是月球的绕日轨道就会受到地球绕日轨道的轻微影

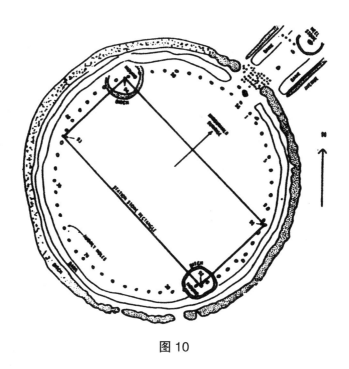

图 10

响。完整的一圈，只会在大约 19 年重复一次，包括天文学家所说的 8 点"月停顿"，4 次大的，4 次小的。认为石阵一期是建来观测，甚至预测这 8 个点的观点似乎是非常荒谬的，因为当时人们相信，那时的不列颠居民才刚刚脱离石器时代。这很显然是很正当的反驳；而那些不断从巨石阵中找到天文奇迹的人，不过是想说，这是一座属于石器时代居民的观月台。

在这些人中有一名相当杰出的天文学家名叫杰拉尔德·S. 霍金斯，来自波士顿大学。他证实了史前巨石阵的确拥有这令人震惊的功能。1963 年至 1965 年的权威科学杂志上都有他的文章，他将他的研究命名为"破译巨石阵""史前巨石阵：新石器时代的计算机"和"日月、人与巨石"来发表他那深刻的理论，在那之后，他出版了《破译巨石阵》和《巨石之上》。

借助大学里的电脑工作组，他分析了巨石阵中数百条视准线，并将它们分别对应到太阳、月亮和一些主要的恒星（在古代的位置），并总结出这些线路不可能只是巧合。

他为这 4 个站点石和它们组成的完美矩形赋予了重要的意义，并向人们显示出这些连接到对面的石柱（91 对 94，92 对 93）的线条是如何指向月球升起落下时的大停顿各点的，而它们的对角线又是如何指向小停顿点的。将它们与太阳升降时的 4 点联系起来，正如霍金斯所言，巨石阵可以观测并预测标志着太阳和月亮相对地球运行时的所有 12 个标志点。他尤其感兴趣的是，由各个圈所表现出的数字"19"：石阵二期的两个青石圈，每个由 38 块青石组成，"可以认为是两个半圆，每个有 19 块青石"（出自《破译巨石阵》），还有石阵三期工程中的椭圆"马蹄铁"，它刚好是数字 19。这毋庸置疑地是在表示月球关系，因为数字 19 是控制着设闰（闰日、闰月等）的月球周期。

霍金斯博士看得甚至还要深远。他指出，在各个圆圈中，这些由石柱和坑洞所表示出的数字是可以预测日月食的。因为月球绕地轨道与地球绕日轨道并不在一个完全相同的平面上（前者比后者倾斜了 5 度），月球轨道与地球绕日轨道每年在两个点上相交。这两个交点在天文图表中被普遍标注为 N 和 N'，这就是日月食发生的地方。然而因为地球绕日轨道的形状不规则，速度无规律，这些相交点并不会年复一年地精确地重复发生在相同的天位；它们每 18.67 年才完全重合一次。霍金斯假设这个周期的运转规则为每 19 年"周期末／周期始"，这样他就将那 56 个奥布里坑洞的建造目的，解释为在奥布里圈中每次移动 3 个标记物，来进行一次调节，因为 18.66667（小数点后为无限循环小数，原分数为 2／3）×3=56。这样一来，就可以预测日月食了。同时他还指出这个功能，是史前巨石阵修建和设计的主要目的。他宣布说，史前巨石阵相当于一台用石头制造的伟大的天文计算机。

认为史前巨石阵不但是"太阳殿"还是观月台的主张，在一开始受到了强烈的反对。在持不同意见的人中，有一位是很有成就的，他认为有很多指向月球的线条只是巧合。这个人是卡迪夫学院的理查德 J.C. 阿特金森，他领导过

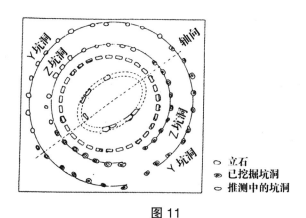

图 11

针对这个遗址的最广泛的挖掘中的几次。他的考古证据是他反对观测台／与月球呈直线／新石器时代计算机理论的最大原因，因为他坚定地相信，新石器时代的不列颠居民是不可能有这样的成就的。他的反对（甚至还有嘲笑），表现在他的一些论文标题上，例如《巨石阵上有月光》和他的书《史前巨石阵》上。后来他的这些反对转变为了不情愿的支持，这是由于亚历山大·索恩在史前巨石阵做的研究考察。索恩是牛津大学的工程学教授，他指出了巨石阵中最最精确的测量，还指出撒森岩"马蹄铁"实际上是在表现一个椭圆（见图 11），一个比正圆还要精确表示行星轨道的椭圆形状。他同意纽汉的说法，认为巨石阵一期主要是观月台，而不仅仅是观日的。他还证明了为什么巨石阵要建在这个地方，因为只有在这个地方，那八个观月台才可以很精确地排列在由四个站点石组成的矩形所连接的线上。

这场激烈的争论，成了当时权威科学杂志和科学会议的主导性议题。纽汉在《巨石阵的奥秘补遗及它的天文和几何意义》中总结说："随着对五个石碑的考察，实际上所有被发现的特征都与月球有着关系。"他也同意"56 个奥布里坑洞与月球有关"的说法。在那之后，甚至是阿特金森都承认他自己"被完全说服了，看来传统的科学思考方式应该被严厉地批评一番"。

在 20 世纪 60 年代末 70 年代初的时候，还有一位值得注意的科学家涉足了这个领域，他是弗莱德·霍伊尔爵士，他既是天文学家又是数学家。他认为霍金斯所列出的巨石阵中有多条对应各恒星及星座的直线，与其说是蓄意而为，不如说是随机的。但他极为认同巨石阵一期是观月台的看法——特别是有关 56 个奥布里坑洞和由站点石组成的矩形的那一段（详见《自然，巨石阵》中的《史前巨石阵——天食预言家》）。

但是在相信奥布里圈能用作预测日月食的"计算机"的同时（他认为是移动四个标记物，而非三个），霍伊尔还引发了另一个争论。无论是谁设计了这个计算器——霍伊尔称它为"电脑"——他肯定知道太阳年的精确长度、月球轨道周期以及每 18.67 年一次的循环；而最明显的是，新石器时代的不列颠居民肯定没有这些概念。

为了解释这些先进的天文和数学知识是怎么来到新石器时代的不列颠的，霍金斯求助于古代地中海人的文献。除了涉及迪奥多罗斯、赫卡泰俄斯的文献，他还注意到了普鲁塔克（希腊历史学家）对欧多克斯（公元前 4 世纪）的话的引述。后者是来自小亚细亚的天文—数学家，他将"天食之魔神"与数字 56 联系在了一起。

霍伊尔坚信，史前巨石阵不仅仅是一个观测台，一个看天上发生了什么事的地方。他称它为预报器，一个预测天体事件的装置，一个将预报出的日期记录下来的设备。他同意"如此一个高智慧高思维能力的成就，超过了当地的新石器时代农夫和牧民的能力"，他感觉站点石矩形及它所暗示的一切都在证明，"史前巨石阵一期的修建者可能从外界来到不列颠群岛，他们的目的就是要寻找这么一种矩形"，"正如现代天文学家们常常在远离家乡的地方寻找修建天文望远镜的地方一样"。

"真正的牛顿或是爱因斯坦肯定会在巨石阵工作"，霍伊尔沉思着，但即使是这样，也无法想通巨石阵的建造者是在哪儿学习数学和天文学的，那些堆积如山的文献怎么就没有将它们传承下来，而且这个伟大的天才般的计划是如何执行的，要如何来监督这个将要耗上整整一个世纪的工程？"只有200代人的历史，但有1万代人的史前"，霍伊尔这么说。难道说这是"天食之神"的计划吗，他猜测，那是一个人们崇拜着真正的太阳神和月神的时代，到现在"成了《以赛亚书》里的看不见的主吗"？

霍伊尔没有详细地吐露他的思考，而是通过引用来给出答案。他引用了一整章赫卡泰俄斯讲述极北之人的文字；它从头至尾都在讲述希腊人和极北之人的交流，在"最最古老的年代"。

其中说道，在那个岛上看月球，似乎离地球很近，可以看见其上的突起物，就像和地球上的一样，是肉眼可以观测到的。

记录中还提到，神每隔19年要造访这座岛，这与天空中星体回到原位的周期是一致的；出于这个原因，希腊人称19年的周期为"墨东年"。

不仅仅是与月球的19年周期相符合，同时还有"突起物，就像和地球上的一样"——如山脉平原之类的地标特征——毫无疑问这是使人震惊的。

希腊历史学家在这个极北之地（极北之人的地方）的圈形建筑上的成就（将之联系到月球周期），是雅典的墨东第一次将之描述出来的，他提出了一个问题："是谁在古近东修建了史前巨石阵？"这正是天文学家们所思考的。

其实在两个世纪以前，威廉·史塔克利就已经在这个方向（古近东）上给出了一些答案。在他的巨石阵草图上，正如他懂得它曾经是什么样的，他加上了他曾在古代地中海看见的古币上的图案（见图12a）——一座建在高台上的神庙。这个描绘更加形象，同样也出现在了另一个古币上，它出土于同一地区的比布鲁斯城，我们曾在《地球编年史》的第一部中重现了这个图案。它显示这个古代神庙有一个围场，在里面有一架火箭立于发射台上（见图12b）。我们将这个场所识别为苏美尔传统的登陆区，也就是苏美尔国王吉尔伽美什目睹火箭船升起的地方。这个地方至今还存在着，它现在是黎巴嫩山脉中的巨型平

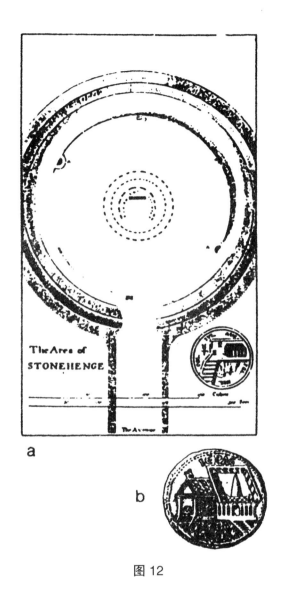

a

b

图 12

台，位于巴勒贝克，现在那里还伫立了宏伟的罗马神庙。支撑了这块巨大平台
的是三根巨大的石柱，如古代的巨石牌坊一样。

　　关于史前巨石阵的奥秘的答案由此出现在一个离它相当遥远的地方，但从
时间上讲又很近。是"开端"拿着通往秘境的钥匙。我们相信，这只钥匙不仅

能解开巨石阵一期的建筑者是谁，还能解开巨石阵二期和三期为何而建。

因为，如我们所看到的一样，史前巨石阵在公元前 2100 年到公元前 2000 年的慌忙的重建，与一个新到来的时代有关——人类第一次记录下一个新的时代。

第三章

面朝天国的神殿

托现代科学的福，我们对史前巨石阵有了更为深入的了解，这也让巨石阵变得更不可思议。这倒不是因为我们能看见的巨石和土木工程——如我们曾见到的多种已被认为破坏或消失的古代奇迹那样，而是在石器时代的不列颠，它竟然是一个用于度量时间、预测日月食并确定日月运行的一个装置。天啊，这本身就如同一个神话。

史前巨石阵的年代，随着现代科学的介入，变得越发古老，这也是困扰着大多数科学家的问题。而且，巨石阵一期、二期和三期的修建时间，让考古学家们开始寻找地中海的来客，让著名学者们寻找着上古诸神，似乎这才是唯一可能的答案。

在这一系列问题中，它是什么时候修建的与是谁建造的和建来干什么的相比，已经有了令人较为满意的回答。考古学和物理学（如碳－14检测等现代测年手段）被考古学家们用于检测它们的年代：巨石阵一期是公元前2900—公元前2800年；巨石阵二期和三期是公元前2100—公元前2000年。

考古天文学之父——虽然他还是比较喜欢称之为天文考古学，这更好地体现了他的思想——毫无疑问是诺尔曼·洛克耶（著有《天文学的黎明》，1894年）。

他发现在印度和中国的古代奇迹中，只有少量的是用于记录他们的时代的，而文字记录却很多，这在埃及和巴比伦同样适用：它们是"两个拥有模糊历史的文明"，那里耸立着奇迹但却没有什么能确定他们的年代。

这给了他当头一棒，他写道，这在巴比伦是引人注目的。"在万物初始的时候，神的标志是星星"，埃及也是这样，在象形文字文献中，三颗星代表的是"诸神"这个复数。在泥板和烧制的泥砖上的巴比伦记录，他指出，似乎是在讲述"极为精确的月球的周期轨道行为"和"行星位置"。行星、恒星以及黄道十二宫，出现在埃及陵墓的墙上和纸莎草纸上。他观察到，在印度神话中，发现了对太阳和黎明的崇拜：因陀罗（印度教主神）这个神的名字，意思是"由太阳带来的白昼"，而女神乌夏丝的意思则是"黎明"。

天文学会对埃及研究家有帮助吗？他猜测着，它能测定出埃及和巴比伦的历史吗？

当人们从天文学角度来看待印度教的梨俱吠陀和埃及的文献时，洛克耶这样写道："他将在两方面都感到震惊，早期崇拜和所有与地平线有关的观测……对象不仅仅是太阳，他们还正确地观测了镶在广阔天域中的其他恒星。"他指出，地平线是"我们看到的地表与天空似乎连为一线的圈"。这个圈，用其他话说，就是天国和大地接触并会面的地方。就是在这样的地方，这些古代观测者们寻找着标志和预兆。由于在地平线上的观测是在一天的日出和日落的时候在同一点进行，所以它自然而然地成了古代天文观测点，并将其他现象（例如行星甚至恒星的出现或运行）联系到了"太阳的升降"上，随着大地短暂黎明的时候，它们在东部的地平线有了短暂的出现，那时太阳开始升起，但天空仍然足够黑暗，所以可以看见这些恒星。

一名古代观测者可以轻易地确定太阳总是东升西落的，然而他若在苏美尔，他就还能注意到，太阳在冬天以外的季节总是从一条更高的弧度升起，白昼也更长。关于这种现象，现代天文学解释说，是因为地球的轴线并不是总与它的绕日轨道平面（黄道）垂直的，而是与之倾斜——现在大概是 23.5 度角。由此有了季节，以及在太阳的东西运行（至少看上去是）中的 4 个点：春分、夏至、秋分、冬至。

在研究过古老和不太古老的神庙的朝向之后，洛克耶将"太阳殿"分为了两类：朝向至点的和朝向分点的。虽然太阳总是东升西落，但只有在分点的时候，从地球上任何一个地方看去，它才都是从正东升起，正西落下，洛克耶因此认为这些"分点"神庙比轴线朝向至点的神庙更为"国际化"：因为由南、北（对于北半球的观测者而言，分别是冬、夏）至点形成的角度是基于观测者所在地的——当地纬度。因此，"至点"神庙更为个体化，针对观测者当地（包括海拔变化）的具体情况。

洛克耶将位于巴勒贝克的宙斯神庙、耶路撒冷的所罗门神庙和梵蒂冈的圣彼得大教堂（见图 13）作为例子——都拥有一根精确的东西指向的轴线。对于后者，他引用了教堂建筑学的研究，形容了古圣彼得教堂（在公元 4 世纪，罗马皇帝康斯坦丁大帝的指挥下修建，毁于公元 16 世纪）在春分之日，"方厅门廊的各门在日出时敞开，同时打开的还有教堂的东侧的各门；随着太阳的升起，它的光束穿过外层各门，再穿过内层各门，然后直穿过教堂正殿，照亮大祭坛"。洛克耶还说"现在的教堂保留了这样的状况"。作为"至点"太阳殿的

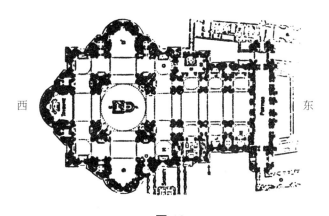

图 13

位于北京的中国"天坛"，是"中国曾经最重要的典礼举行地，献祭是在露天的天坛南祭坛上进行的"，这曾发生在每一个冬至日，也就是 12 月 21 日。巨石阵的祭坛，则是朝向夏至的。

然而，所有的这些，都只是在为洛克耶在埃及的最主要的研究拉开序幕。

在研究过埃及古神庙的朝向之后，洛克耶指出，相对古老的神庙是"分点"神庙，相对近代的是"至点"神庙。他很惊讶地发现，竟然是更为古老的神庙包含着更为高深的天文学知识，因为它们要观测的不仅是太阳的升降，同时还包括了其他恒星。除此之外，最早的圣坛向人们显示出，一种混合的日月崇拜转变为以太阳为焦点。"这个分点圣坛，"他写道，"是位于太阳城的神庙，埃及名字是安努，在圣经中也同样提到过，叫作昂。"洛克耶估计，太阳观测与亮星天狼星周期和尼罗河的年度泛滥，这样的三方结合是埃及历法的基础，这指出在埃及时间中所推测的零点，是在大约公元前 3200 年。

安努圣坛，是通过埃及文献得知的，它有本本石（"锥形鸟"），声称是"天之船"额锥形的上部，神拉就是在它之中从"百万年之星"来到地球的。这个物体，通常被置放于神庙内室之中，每年只公开展示一次，而且对这个圣坛和这个物体的朝拜和尊崇一直持续到了王朝时代。这个物体本身被崇拜了超过千年。然而人们发现了它的一个石器仿制品，它显示了这位伟大的神祇正穿过这个密封舱（航天舱）的门道或板门（见图 14）。关于不死鸟（如中国的凤凰

图 14

一样，可活数百年，积木自焚，浴火重生）的传说，同样可以追溯到圣坛和对它的崇拜上。

在皮安吉法老的年代（大约公元前750年），本本石尚还存在，因为在所发现的文献中有皮安吉法老对本本石的拜访。为了进入这个最神圣的地方并目睹这个天物，皮安吉开始了一个精心准备的过程，在日出之时于神庙的前院里献祭。接着他就进入了神庙，向大神鞠躬。祭司们为这位国王的安全念了一段祷文，这样他才能毫发无损地进入并离开这个最神圣之地。这个典礼包括国王的净身，紧接着是用香来涂抹身体，这是为他进入这个叫作"星室"的围场所做的准备工作。然后给了他稀有花束或植物枝，它们必须被放置在本本石的前方以献给神。之后他走上楼梯到了"大神龛"那里拿住了圣物。到达楼梯顶部的时候，他推开门闩打开了通往最神圣之地的门；"他看见他的先祖拉在本本石内的房间中"，他连忙后退，关上房门，并在门上印上了有他标记的泥章。

在这千年中，这个圣坛并没有被保存下来，一个可能是模仿它的后来的神庙被考古学家们发现了。它就是第五王朝（公元前2494年—公元前2345年）的纽塞拉法老的太阳神殿。它修建的地方是现在的阿布希尔，就在吉萨和它的大金字塔群以南的地区，它主要包含了一个大型的升起的梯台，在它之上，一个围场之中的，是伫立在一个巨大平台上的厚而短的方尖塔式的物体（见图15）。一个斜坡，上面是封闭的走廊，依靠一定的间隔安装在天花板

图15

的窗户上采光，由一个河谷之上的宏伟门廊连接着神殿复杂的入口。这个方尖塔式物体的斜面基底比神庙院子的平面高出了大约 65 英尺；这个方尖塔，可能被镀金的铜包裹着，比基底又要高出 120 英尺。

这座神庙，在它的围墙里面包含着各式各样的房间和隔间，形成了一个长宽分别为 360 英尺和 260 英尺的完美矩形。它有一根相当明显的东西朝向的轴线（见图 16），也就是朝向分点的轴线；但是这条长廊却很显然偏离了这根东西轴线，转而朝向东北方。这是一个太阳城圣坛的复制品的蓄意重新指向，因长廊中的绝美的浮雕和题词而变得清楚了。他们庆祝法老当政 30 周年，所以这个门廊才得以修建。这个庆典是在赛德节这个神秘的庆典之后举行的，后者标志着某种"周年纪念"，它总是举行在埃及历法的第一天——被命名为透特之月的第一天。换句话说，赛德节就像某种新年节日，不过它不是一年一度，而是数年一度。

至点和分点朝向都存在于这个神庙中，显示出了在公元前 3000 年与四角概念的接近。在神庙门廊上发现的图画和题词描绘着国王的"圣舞"。它们被路德维格·波尔查特和 H. 吉斯以及弗里德里希·凡·比兴拷贝并翻译了，出版在《法老的圣域》一书中。他们指出，这种"舞蹈"表现了"地球四角的神圣化的圈"。

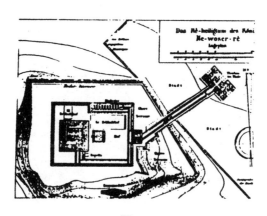

图 16

这个神庙的分点朝向和门廊的至点朝向，预示了太阳的运动，这使埃及古物学家在这座神庙身上使用了"太阳殿"这个词汇。他们发现了"太阳船"（一部分是由岩石敲打成的，另一部分使用晒干并涂色的砖制成），埋藏在神庙围场南部的沙地里。讲述时间测量和古埃及历法的象形文字文献认为，天体就是坐在这样的船里穿过天际的，诸神甚至是被奉若神明的法老们（他们将在死后加入到诸神的行列）描绘为在这样的船中，在由四个顶点撑起的苍穹之上航行着（见图17）。

下一个神庙很清楚地挑战了纽塞拉"太阳殿"的平台载方尖塔这样的概念（见图18）。然而它是从一开始就完全朝向至点的，它是基于一根西北—东南朝向的轴线设计并动工的。它修建于埃及上部分的尼罗河的西边（靠近现在的黛儿拜赫里），作为底比斯的一部分，在大约公元前2100年的时候由法老孟图赫特普一世所建。六个世纪之后，图特摩斯三世和第十八王朝的哈特谢普苏特女皇，在那里加入了自己的神庙：它们的朝向是相近的——但不完全相同（见图19）。洛克耶是在底比斯（卡纳克神庙）做出了他最重要的发现，是它奠定了考古天文学的基础。

图 17

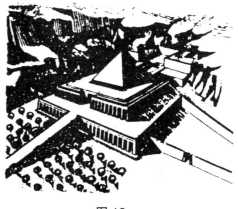

图 18

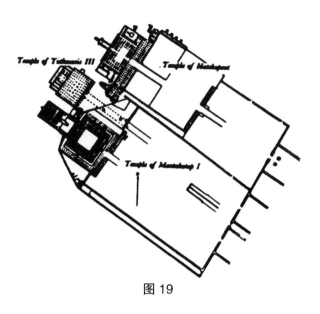

图 19

图 20

※

　　《天文学的黎明》这本书中的章节、论据、论证的顺序显示了洛克耶是借
道欧洲通往洛克耶和埃及神庙的。其中有位于罗马的古圣彼得教堂的朝向、春
分日日出时照进来的光束的信息，还有圣彼得广场（见图 20）与史前巨石阵
的惊人相似……

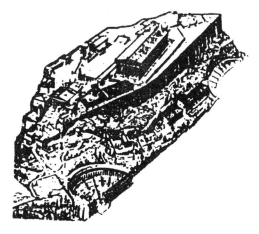

图 21

他凝视着位于雅典的帕特农神庙，希腊主要的圣坛（见图 21），发现"有一个古老的帕特农神庙，这是一座可能在特洛伊战争的时候就耸立着的建筑，而新的帕特农神庙，它的外院非常像埃及神庙，但它的圣地更为靠近整个建筑的中部。是因为这两所雅典神庙的方向不同，我的注意力才被拉到这个课题上的"。

他发现绘制出的机构图中，大量埃及神庙的朝向，似乎从初始建筑到后续建筑的转变中改变了，并且受到了一座表现得很明显的神庙的影响，它是两座背靠背的神庙组合，就在底比斯的不远处，被叫作梅迪内－哈布城（见图 22）。他还指出了埃及和希腊的神庙在"朝向上的不同"的相似之处，从纯建筑学方面来说，应该是平行的并有着相同的轴线方向。

这些朝向的细微改动，是不是因为太阳或其他恒星因地球的倾斜而产生的相对位移才做出的？他这么猜想着，并且感觉答案应该是肯定的。

我们现在都知道，至点是由于地球轴线与地球的绕日轨道平面倾斜，而"停滞"点匹配于地球的倾斜所造成的。然而天文学家早就指出，这个倾斜角度并不是永恒不变的。地球的晃动，如一艘颠簸的船，摇来摇去——这也许是它曾经历的一次大碰撞所带来的结果（无论是最初的让地球拥有现在的轨道的

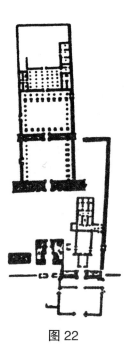

图 22

碰撞，还是 6500 万年前灭绝恐龙的巨大碰撞）。现在倾斜角大约是 23.5 度，它既可能会增至超过24度，又可能降至仅仅21度——没有人能够肯定地说出，因为哪怕是 1 度的差距都会花上数千年的时间（按照洛克耶的说法是 7000 年）。这样的变动导致了太阳停滞点的变动（见图 23a）。这意味着，一座在既定的时间内修建的朝向至点的神庙，于几百几千年之后的朝向就已经不再是曾经的那个地方了。

洛克耶的大师级的变革是：通过一座神庙的朝向和它的经度，就有可能推算出在建筑进行时的倾斜角度；然后，通过确定倾斜角度在千年内的改变，就有可能确定地指出这座神庙是在什么时候修筑的。

这个倾斜度表，在 20 世纪进行了必要的调整，被做得更为精确了，它显示出每500年地球的倾斜角度的变化，一直到现在的 23 度 27 分（大约为 23.5 度）：

公元前 500 年	大约	23.75	度
公元前 1000 年	大约	23.81	度
公元前 1500 年	大约	23.87	度
公元前 2000 年	大约	23.92	度
公元前 2500 年	大约	23.97	度
公元前 3000 年	大约	24.02	度
公元前 3500 年	大约	24.07	度
公元前 4000 年	大约	24.11	度

洛克耶将自己的发现主要用在对位于卡纳克的阿蒙拉的神庙的测量上。这座神庙，曾被多位法老扩建过，包括了两个按照东南－西北朝向轴线背对背修建的主要的矩形建筑，这表明它是至点朝向的。洛克耶指出，这个朝向，以及神庙布局的目的，是为了让至日（夏／冬）的阳光能够穿过整个长廊的长度，从两个方尖塔之间经过，带着一缕圣光照射到神庙圣域里最神圣的地方。

洛克耶注意到，这两座背靠背神庙的轴线并不是完全相同的：相对较新的轴线的指向是一个比旧的那根处于更小倾斜度情况下的结果（见图23b）。由洛克耶确定的这两个倾斜度显示出，旧神庙是在公元前大约 2100 年的时候修

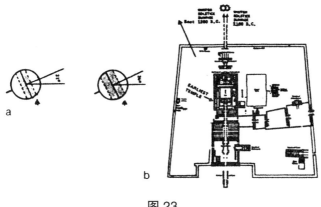

图 23

建的，较新的那一座是在大约公元前1200年时修建的。

虽然更新的调查，特别是由杰拉尔德·S. 霍金斯所做的，支持太阳的光束在冬至日的时候，会在一座被霍金斯取名为"日之高室"（太阳的高房间）的神庙的一部分看到，而不是作为一缕会穿过轴线长度的圣光。不过，这完全不能否定洛克耶所认为的朝向就是错误的。的确，在卡纳克的更为深入的考古发现，证实了洛克耶的主要思想——神庙的朝向会在一定时间内进行调整，来符合地球的倾斜度的改变。因此，朝向可以作为一座神庙的修建时间的线索。最新的考古学发现显示，最古老部分的建筑是在第十一王朝统治下的中王国时代初始的时候开始修建的，那时大约是公元前2100年。然后，修复、破坏与重建就在接下来的数个世纪中，在后世王朝法老的手中持续发生着。那两座方尖塔是第十八王朝的法老们修建的。它最后的成形是在第十九王朝的法老瑟提二世的手中完成的，他的执政时间是公元前1216年至公元前1210年——这些都正如洛克耶曾推算的一样。

考古天文学——或如诺尔曼洛克耶所说，叫作星象考古学——在这里证明了自己的价值。

※

在20世纪初，洛克耶将他的视线放在了史前巨石阵上，它的特点和世界其他地方的古代同类建筑有着异曲同工之处，正如雅典的帕特农神庙。史前巨石阵的轴线从中心穿过撒森岩圈很明显是指向夏至点的，洛克耶也进行了相应的测量。他指出，踵形石是地平线上的标志物，预测中的日出将在那里发生；而这块石柱很明显的位移（随着林荫大道的加宽重新定轴）显示出，随着数个世纪的过去，地球的倾斜度也在随时改变着日出点，哪怕很不明显，负责巨石阵的人还是在不断校正着视线。

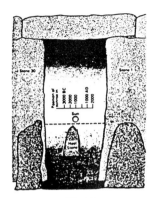

图 24

1906 年，洛克耶将他的观点发表在《史前巨石阵和其他不列颠巨石奇迹》一书中；它们可以在一幅图画中进行总结（见图 24）。能推测出一根开始于圣石台的轴线，从撒森岩石柱 1 号和 30 号之间穿过，顺着林荫大道，指向踵形石这根焦点柱。这样的轴线所指示的地球倾斜度让他相信，史前巨石阵是在公元前 1680 年修建的。不必说，如此早的年代在当时是非常轰动的，在一个世纪之前，学者们还认为史前巨石阵是亚瑟王时代的产物。

地球倾斜度研究的改良，让我们现在得以纠正以前的一些误差，对史前巨石阵各期历史的确定，也不能减少洛克耶的基础观点。虽然史前巨石阵三期，如我们现在所看到的，可以追溯至公元前大约 2000 年的时候，但仍然可以确定，圣石台在大约公元前 2100 年扩建青石圈（巨石阵三期）时，是进行了位移的。而且它的重立是在青石圈被再度引入、Y 洞和 Z 洞挖好之后进行的。这个阶段，巨石阵三期 b 段，还没有被明确定时；但它大约是在公元前 2000 年（巨石阵三期 a 段）和公元前 1550 年（巨石阵三期 c 段）之间进行的——而且很有可能就是洛克耶所推算的公元前 1680 年。如图画所显示的，他并没有排除之前的巨石阵工程是在早得多的年代进行的；这也与巨石阵一期的时间：公元前 2900 年—公元前 2800 年相吻合。

考古天文学由此加入了考古学家的发现和探测中，并得到了相同的答案。

这三种互不相同的方法互相支撑了对方。有着这么一个互相吻合的巨石阵年龄的答案后，它的修建者是谁成了最棘手的问题。到底是谁，在大约公元前2900年—公元前2800年的时候，运用天文学知识（更别说工程师和建筑师了）修建了一台这样的历法"电脑"，而且在大约公元前2100年—公元前2000年的时候，重置了他的"程序"，增添了新的"配置"以适应一个新时代的要求？

人类需要花费数十万年的时间才能从旧石器时代过渡到中石器时代，而这一切在古代近东突然发生了。在那里，大约是公元前11000年的时候——按照我们编制的历史表，大洪水刚好结束——就人为地出现了农业和动物驯化，而且涉及范围不可思议之大。考古学证据和其他一些证据（多数来自最近的语言学研究成果）显示，中石器时代的农业从近东传到欧洲，是拥有此类知识的移民带来的结果。它在公元前4500年至公元前4000年左右传到伊比利亚半岛，并在公元前3500年至公元前3000年左右传到现在的法国和苏格兰低地，不列颠群岛则是在公元前3000年至公元前2500左右得到这些知识的。就是在此之后不久，知道如何制造泥质器皿的"钟杯人"，出现在了巨石阵的舞台上。

然而到那时，古代近东早已度过了新石器时代（对当地而言，该时代在大约公元前7400年的时候就开始了），他们的特征是从石器演变至泥器再演变为金属，接着就是城市据点的出现。当这个阶段到达不列颠群岛的时候，也就是"威赛科斯人"的时代，已经是公元前2000年以后的事情了。那时的近东，伟大的苏美尔文明已经有了接近2000年的历史了，而埃及文明也有1000多年了。

如果，正如所有学者都同意的那样，史前巨石阵的修建计划、选址、朝向和整个流程所需的先进知识，是从外界进入不列颠群岛的话，那么在当时，只有近东的文明才有能力办到这一切。

那么，埃及的太阳殿群，是不是史前巨石阵的蓝本呢？我们已经知道了史前巨石阵各阶段的修筑时间，在那时之前，埃及就已经拥有同类型的带有天文学朝向的建筑了。位于太阳城的分点太阳殿是在公元前 3100 年左右修建的，那时王权才刚刚进入埃及（除非它的历史比我们已知的更长），这比史前巨石阵一期工程要早上几个世纪。在卡纳克的修给阿蒙拉的至点神庙，是在公元前大约 2100 年的时候动工的，这与史前巨石阵的扩建时间相符合（你也可以认为这仅仅是巧合）。

由此，我们能从理论上证明，有可能是地中海的居民——埃及人或是拥有"埃及知识"的人——通过某种方式指导了史前巨石阵各阶段的建造，毕竟毫无证据能说明当地人有这个能力。

从当时来看，埃及是具有所需知识的文明王国，但我们也得认识到，埃及神庙和史前巨石阵之间有一个极为重要的差别：无论是至点神庙还是分点神庙，没有一座埃及神庙在各个阶段都是呈圆圈形的。各种金字塔都是正方形底座；方尖塔和方尖锥小金字塔的墩座也是正方形的；大量的神庙是矩形的。在埃及境内所有已发现的神庙中，有用石头作为建材，但没有一座是被建造成巨石圈的。

从埃及王朝时代的到来开始，它就是一个截然不同的文明。埃及法老们雇佣了建筑师和石匠、祭司和学者，策划并修建了令世人瞩目的庞大石料建筑。然而他们之中没有任何一位，曾打算过要修建一座圆圈形的神庙。

那么，腓尼基人，这些优秀的航海家们又如何呢？他们到达不列颠群岛（主要是为了寻找锡）的时间不仅来不及修建史前巨石阵的一期，连二期、三期工程都赶不上，他们的神庙建筑也没有一座有着巨石阵这样的圆圈形特点。我们可以在一枚比布鲁斯的硬币上看见一座腓尼基神庙（见图 12b）。它绝对是矩形的。在黎巴嫩山脉中的巴勒贝克的矩形石质平台上，各个征服者甚至居民都在遗址上修建着他们的神庙，而且精确地按照前神庙的布局来安排新建起来的神庙。这些，如同现存的最后一座来自罗马时代的神庙（见图 25）的废

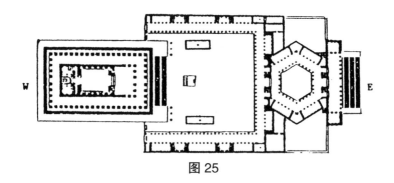

图 25

墟所显示出的，带有一个正方形的前院（钻石型的入口很明显是罗马风格）。这座神庙有一根很明显朝向东西的轴线，它直指太阳位于东边的日出点，是一座分点神庙。不必对此感到惊讶，因为在古代，这个遗址同样被叫作"太阳之城"——希腊人称其为"太阳城"，《圣经》中称其为"伯示麦（意思是"太阳之屋"）"，它处于所罗门王的时代。

这种矩形和东西朝向的轴线在腓尼基并不仅仅只是风靡一时的时尚，有所罗门神殿可以证明，它是耶路撒冷的第一座神殿，是在由推罗国王阿希雷姆提供的腓尼基建筑师的帮助下修建的。它是一座拥有东西朝向轴线的矩形建筑，

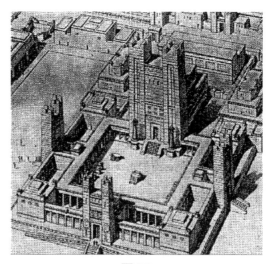

图 26

图 27

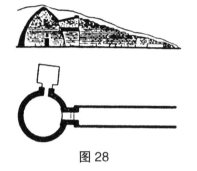

图 28

面朝东方（见图 26），建在一个巨大的人造平台上。莎巴提诺·摩斯卡梯在《腓尼基人的世界》一书中说，"如果腓尼基的神庙，《旧约》所描述的由腓尼基工人修建的耶路撒冷的所罗门神殿，没有充足的遗留物的话——那么所有的腓尼基神庙的外观不会有太大的差别。"而没有一座腓尼基神庙是圆形的。

不过，圆形还是出现在了其他来自地中海的"嫌疑人"身上——迈锡尼人，古希腊的第一个文明的居民。然而它们在一开始被考古学家们称为是墓圈——由一圈石头环绕着的埋葬坑（见图 27），它们后来逐渐演变成了在土堆下的呈圆圈形的墓群。

但是它们的年代是大约公元前 1500 年，而它们之中最大的，因尸体旁堆积着大量财宝而被称为阿特卢斯宝库的那一座坟墓（见图 28），也只能追溯到公元前 1300 年左右。

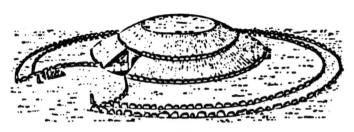

图 29

支持迈锡尼论的考古学家，将这种地中海东部的坟堆与史前巨石阵地区的西尔布利山或者纽格莱奇古墓进行对比。然而碳测年发现，西尔布利山最晚都是建于公元前 2200 年，而纽格莱奇古墓也是在大约同一个时间修建的——大约比阿特卢斯宝库和其他地中海的建筑早了接近 1000 年；而且，迈锡尼的坟堆的建造时期，比起史前巨石阵一期，更是遥远得多。事实上，不列颠群岛的坟堆，比起地中海东部的坟堆而言，与西部的其实更为相似，如同西班牙南部的洛斯·米拉雷斯一样（见图 29）。

首先，史前巨石阵从未被用作墓地。因为所有这些原因，对一个它的蓝本——一个用作天文目的的圆圈形建筑的寻找，应该跳出地中海东部这个限制。

※

比埃及文明更早，有着更为先进的科学知识的文明，只有苏美尔文明一个。从理论上讲，它是唯一有可能为史前巨石阵的建造奠定基础的文明。在所有惊人的苏美尔成果中，有大型城市、有可书写的语言、有文学、有学校、有国王、有法院、有律法、有审判、有商人、有工匠、有诗人、有舞者。科学在神庙中兴旺发达，它们是保存、传授这些数学和天文学的"数字和天国之秘密"的地方。一代代祭司在神庙中的封闭围场中传承着这些知识。这样的围场通常

图 30

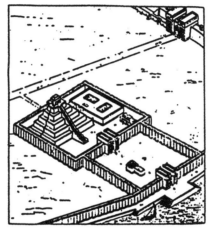

图 31

包括了向各种神祇献祭的圣坛、住宅，还有祭司们办公和学习的场所、储物室，以及其他一些管理室，还有——如最重要、最主要的，以及全城中具有最显著特征的区域——一座塔庙（塔形神庙），一层层上升的类金字塔状建筑（通常是七层）。最顶层是一个多房间的建筑，被用作是——的确是这么用的——该城市所崇拜的主神的居住室（见图 30）。

一个带有塔庙的这样一个圣域布局得很好的插图，是基于尼普尔（苏美尔语为 NI.IBRU）的圣域的重建图，它是神恩利尔（有关苏美尔诸神详见《地球编年史》第一部《第十二个天体》）从一开始时的"指挥部"（见图 31）；它显示了一座有着正方形基底的塔庙，在一个矩形的围场之中。

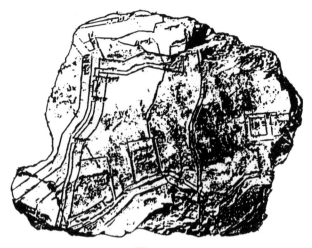

图 32

　　能完美再现它的过去模样是再幸运不过的了，同样幸运的是，考古学家们同时还找到了一块绘有尼普尔地图的古代泥板（见图 32）；它清晰地显示出这个在矩形圣域中的带有正方形基底的塔庙，泥板上的说明文字为"E.KUR"——"房屋，如山一样的"。这座塔庙和其他神庙的朝向是这样的，它们的四角指向罗盘的四个基点，它们的每个面分别朝向东北、西南、西北和东南。

　　要在没有罗盘的情况下，让塔庙的每个角都朝向它的四个基数不是一件容易的事情。但这让在一个朝向上从各个方向和角度都能观测天空成为可能。塔庙的每一层都提供了一个更高的观测点，由此相当于有了一个不同的地平线，调整了地理位置；南北对角线提供了分点朝向；每一边能分别进行至点上的日出或日落观测，既能观测夏至点又能观测冬至点。现代天文学家在很多著名的巴比伦塔庙上都发现过这样的观测朝向（见图 33），刻有它们的精确尺寸和建筑草图的泥板都被发现了。

　　正方形或矩形的建筑，带着精确的直角，是美索不达米亚塔庙和神庙的传统造型，无论是亚伯拉罕时代的乌尔的圣域（见图 34）——大约公元前 2100

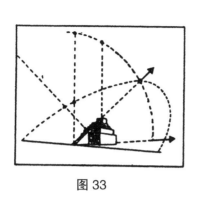

图 33

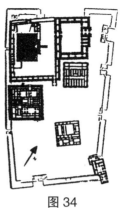

图 34

年，史前巨石阵第二期工程的时候——还是最早的建在升高平台上的神庙，如公元前 3100 年的埃利都的白庙（见图 35a、b）——比巨石阵一期工程早上二至三个世纪。

在所有时代，美索不达米亚的神庙都被刻意地给予矩形造型以及特殊朝向的行为，这种行为通过将巴比伦城市中无规则的建筑和街巷网络，与有着直线及几何造型的完美的圣域布局和带着正方形底座的塔庙进行对比，就能很轻易

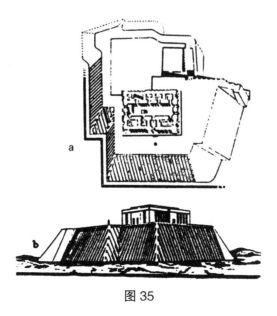

图 35

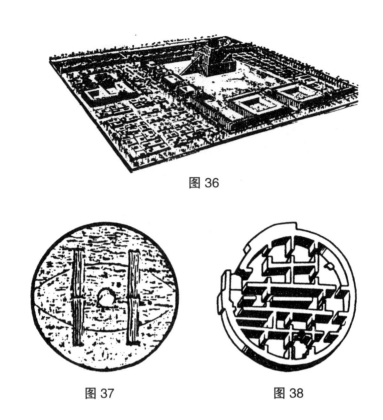

图 36

图 37   图 38

地推断出来（见图 36）。

　　由此可以看出，美索不达米亚神庙及塔庙的造型是刻意而为的。也许有人会猜测，苏美尔人及他们的继承者不太熟悉圆形或者不能修建这样的建筑，这里需要指出的是，他们所使用的 60 进制数表就是通过圆来表示的；在讲述几何学和陆地测量的文献中，有对对称及不对称图形测量的介绍，其中就包括了圆。圆形的轮子在当时是已知的（见图 37）——另一个属于苏美尔人的"第一次"。很明显的是，圆形的住房在早期城市废墟中是曾发现过的（见图 38）；有时，一个圣域（如这个位于被称为卡法耶遗址的圣域，见图 39）是被椭圆形的墙围住的。可以很清楚地看出，避免用一种普遍已知的圆形来建造神庙是刻意而为的。

　　由此，在苏美尔神庙和史前巨石阵之间，有着基础设计、工程和朝向上的

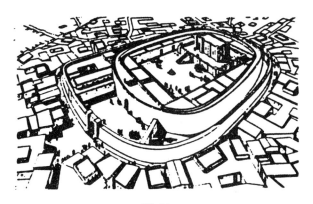

图 39

不同，能够解释这个问题的答案是，苏美尔人不是石匠（在幼发拉底河和底格里斯河之间的冲积平原没有采石场）。苏美尔人不是策划并修建史前巨石阵的人；在所有发现和苏美尔神庙中的唯一一个能被认为是例外的例子，如我们所见，巩固了这个结论。

那么，如果不是埃及人或腓尼基人也不是早期希腊人，不是苏美尔人也不是他在美索不达米亚的继承者——是谁来到了索尔兹伯里平原，策划并修建了这高耸的石阵呢?

当人们阅读有关纽格莱奇古墓的传说的时候，一个有趣的线索出现了。按照迈克尔·J.欧克利（是带领探索这个遗址的建筑师和探索者，著有《纽格莱奇：考古学、艺术和传说》）的看法，在所有的早期爱尔兰口头传说中，都将这个地方命名为布鲁格·恩古萨，意思是"恩古萨的房屋"，恩古萨是前凯尔特神话中主神的儿子，他从"异世界"来到爱尔兰。这位神被称为安达哥达，"安，是好神"……

在所有这些不同的地方发现了这位古代神的名字的确令人感到惊讶——在苏美尔和他在乌鲁克的伊安纳塔庙；在埃及太阳城，他的真名叫作安努；而在遥远的爱尔兰……

这很可能是一个重要线索，而不仅仅是一次具有象征意义的巧合，这是我们在检查这位"主神"之子的名字恩古萨的时候发现的。巴比伦祭司贝罗苏斯（或者是引用他的研究成果的希腊学者）曾经将恩基这个名字写作"Oannes"。恩基是第一批下到地球波斯湾来的阿努纳奇队伍的领导者，他同时还是阿努纳奇的大科学家，曾将所有的知识都刻在了 ME（详见《第十二个天体》）的上面，这是一个神秘的物体，不过在我们现代人的眼中，不过也就是一个电脑的记忆盘而已。他的确是阿努之子，那么他会在前凯尔特神话中变身为"恩古萨，安达哥达之子吗"？

"我们的所知，皆为神赐"，这是苏美尔人反复强调的。

那么，修建史前巨石阵的，会不会不是古代居民，而是上古诸神？

第四章

杜尔安基——"天地纽带"

从最早的时候起，人类就放眼星空，寻找神圣的指引，来鼓舞族人，解决疑难。在最开始的时候，甚至是在当地球刚从"天国"分离被创造的时候，天国和大地就在地平线持续着永恒的会面。就是在那个地方，当人类在日出日落之时抬头凝望的时候，就会看见他们在天上的父。

在地平线，天地交会，从那里来的，基于天空和天体观测的学问被称作天文学。

从最早的时候起，人类就深知自己的创造者来自天空——他们被称为阿努纳奇，字面上的意思就是"从天国来到地球的人"。而他们真正的家园是在天上，人类自始至终都知道："我们在天上的父（《新约》）"。人类还知道，这些从天而来的阿努纳奇，是可以在神庙中被朝拜的。

在各大神庙中，人类和他的诸神相见了，传授知识礼仪和信仰的艺术被称为宗教。

最重要的"信仰中心"，"大地之脐"，是在苏美尔的恩利尔之城。这是重要的宗教、哲学中心；而且更为实际的是，这座名叫尼普尔的城市，是太空航行地面指挥中心：而其中的圣域，存放着命运之签的地方，被叫作杜尔安基——"天地纽带"。

从那时到现在，所有时代、所有地点的所有宗教，虽然有过演变，有过各自不同的经历，但它们都始终记得有这么一个天地纽带。

在古老的年代，天文学和宗教是紧密联系的：祭司就是天文学家，天文学家也是祭司。当耶和华与亚伯拉罕订立契约的时候，他让亚伯拉罕放眼天空，并试着数天上的星星。这可不是闲来无事之举，因为亚伯拉罕的父亲德拉，是尼普尔和乌尔圣人级的祭司，所以他们应该会懂得天文学。

在那些日子里，每一位大阿努纳奇都有一个天体对应物，由于太阳系有着12名成员，穿越千年直至希腊的"奥林匹亚众神圈"，始终由12位神组成。天体运行由此介入到了人类对众神的崇拜中来，而《圣经》中所说的、禁止对"日月及诸星"的崇拜，实际上就是在说不能崇拜除耶和华外的所有神。

这些仪式、节庆、斋戒日，以及其他表现对诸神崇拜的礼仪，由此被联系到了相对应的天体的运行上。崇拜需要历法，神庙就是观测所，祭司就是天文学者。塔庙是时间之殿，是时间记录与诸神崇拜汇流之地。

> 亚当再一次知道了
> 他的妻子生了一个儿子，并叫他为赛特。
> 因为主（她说）赐予了我另一个后代
> 来替代被该隐谋害的亚伯。
> 而赛特，又生一子
> 他叫他为伊诺什。
> 就是在这之后，开始了对主耶和华名字的呼唤。

由此，按照《圣经》的说法，亚当的儿子们开始了对他们主的崇拜。这种对主的名字的呼唤是怎么做的呢——崇拜是怎样进行的，需要怎样的仪式——我们并没有被告知。而《圣经》讲得很清楚，这是在大洪水之前很久的时候发生的。苏美尔文献在这个课题上发出了光芒。它们不仅坚持宣称——重复并强调——在大洪水之前的美索不达米亚就有着诸神的城市群，而且当大洪水发生的时候，那里就有了半神（"人类的女儿"和男性阿努纳奇"诸神"的后代），还告诉了我们在圣地（我们统称为"神庙"）进行的崇拜。我们在最早的文献中就能看出，它们在那时就已经是时间之殿了。

一部讲述此类事件直到美索不达米亚版本大洪水的文献因它的开头语而被称为"当诸神与人类一样"，在其中，大洪水中的英雄人物名叫阿特拉－哈希斯（意思是"他是极为睿智的人"）。故事讲述了尼比鲁的统治者阿努，在为他的儿子们划分好地球上的领地和权力之后，回到了他的行星。他的两位儿子是同父异母的兄弟恩利尔（"指挥之主"）和恩基（"大地之主"）。他让恩基来负责位于非洲的金矿。文献描述了在矿井工作的阿努纳奇们的艰辛，他们的兵变，和由此而被恩基和宁呼尔萨格（恩基同父异母的姐妹）通过基因技术创造出的"原始人工人"之后，这部史诗陈述了人类是如何开始繁衍和扩张的。在最后，人类过分的"结合"开始打扰到了恩利尔，特别是与阿努纳奇的"结合"（在《圣经》中的大洪水故事中也反映了这种状况）；然后恩利尔就在大会议上说服各位大阿努纳奇，要借用这场已被他们预测出的大洪灾来毁掉散布在地表的人类。

虽然恩基也向众神发誓不告诉人类洪水的秘密，但他对这样的决定并不满意。他要想个办法来破坏这个决定，于是他打算告诉阿特拉－哈希斯（恩基与一个人类女人的儿子）。文献这个时候好像成了阿特拉－哈希斯的自述，他说道："我是阿特拉－哈希斯，我住在主人恩基的神庙里"——这个陈述至少很清楚地证实了一点，在前大洪水时代的确存在着至少一座神庙。

气候在持续恶化，恩利尔打算毁灭人类，这就是大洪水之前的时期。而恩基对人类的指引竟然是神无法做出的：停止对诸神的崇拜！

"恩基张嘴向他的仆人说"，文献写道：

> 对那些聚集在
>
> 大议会之屋的元老。
>
> 让使者宣布一个指令
>
> 大声地说，让整个大地都听见：
>
> 别再尊重你们的诸神，
>
> 别再向你们的女神祈祷。

随着状况的恶化以及灾难日的临近，阿特拉－哈希斯持续地向他的神恩基说情。"在他的神的神庙……他驻足停留……每一天他都哭泣，在清晨带来祭品。"希望恩基能阻止人类的灭绝。"他呼唤着他的神的名字"——原文在《圣经》中几乎被全部引用。最后，恩基打算破坏在大阿努纳奇会议中所做出的决定。他让阿特拉－哈希斯隔着一个芦苇幕墙站好，然后将大洪水的秘密告诉了这块"幕墙"。这个事件被记录在了一块苏美尔的圆筒印章上，显示出恩基（蛇形神）将大洪水的秘密透露给了阿特拉－哈希斯（见图 40）。

图 40

在给予阿特拉－哈希斯修建一艘潜水艇性质的船（这样才能在波涛汹涌之中存活下来）的蓝图之后，恩基建议他不要耽误任何时间，因为离灾难到来只有 7 天的时间了。为了确保阿特拉－哈希斯不浪费任何时间，恩基将一个钟表似的装置激活了：

> 他打开水钟
>
> 填满了它；
>
> 将在第七日夜晚到来的大水，
>
> 他为他做好了标记。

对时间的记录早在前大洪水时期就在神庙里开始了。古代图画所描绘的场面就是恩基在透过芦苇墙述说着这个秘密，在《圣经》中，另外一人就是诺亚。然而，人们肯定会猜测，也许我们所看见的并不是芦苇墙，而是一个对史前的水钟（由祭司似的仆从拿着）的描绘。

恩基是阿努纳奇的大科学家。难怪，是在他的神庙中，在他"崇拜中心"的埃利都，而人类的第一批科学家，被称为英明者的人，是作为他的祭司的。最早的一批人中——他不一定是第一位——有一个叫作亚达帕。虽然苏美尔的阿达帕原本文献还没有被找到，但刻在泥板上的阿卡德和亚述版本的故事已经被发现了。它们告诉我们，在最开始的时候，阿达帕对智慧的运用和恩基几乎一样好，文献继续谈到是恩基"完善了他的广泛的理解力，将他区分于地球上任何的创造物"；这一切都是在神庙中完成的；我们被告知，阿达帕"每日都进入了埃利都的圣域"。

按照早期苏美尔的历史，在埃利都的神庙里，恩基似乎是在保守着所有的科学知识的秘密，保存着 ME——一个记录着科学数据的签状物。有一部苏美尔文献详细地记载了女神伊南娜（后来被称作伊师塔），想要提升她的"崇拜中心"乌鲁克（《圣经》中的以力）的地位，想要引诱恩基给予她这样的一些神圣公式。我们发现，阿达帕同样被昵称为 NUN.ME，这个名字的意思是"能破译 ME 的人"。甚至在千年之后，在亚述人的时代，都有一句谚语："像阿达帕一样睿智。"这是形容一个人极为聪明和博学。在美索不达米亚文献中，提到科学研究的时候常说"Shunnat apkali Adapa"，意思是说"重做伟大先祖阿达帕的（事务）"。一封亚述王亚述巴尼波写的信中提到，他的祖父，西拿基利国王，在一个阿达帕现身的梦境中获得了伟大的知识。由恩基传授给阿达帕的"伟大的知识"包括了书写、药物卫生学，以及按照天文碑刻系列"乌德萨尔阿努幕恩利拉"（意思是"阿努和恩利尔的伟大时代"）的说法——天文学和占星学的知识。

虽然阿达帕每天都会去恩基的圣域，但似乎苏美尔文献中所提到的人类第一位正式的祭司——一种子承父业的职务——是恩麦杜兰基——"杜兰基的 ME 之祭司"。文献报告说，诸神"教导他如何观察油和水，这是阿努、恩利尔和恩基的秘密。他们将神圣碑刻给了他，上面刻有天地的奥秘。他们交给他用数字进行计算的知识"——数学和天文学的知识，以及测量的艺术，甚至是测量时间。

许多讲述数学、天文学和历法的美索不达米亚文献都有着令人震惊的精确度。这些科学的核心是一个被称为六十进制的数学系统，它有着先进的属性，其中包括了它的天体属性，这些都在以前的章节和书中被探讨过。哪怕在最早的时候就存在这样的先进的计算碑刻（见图 41），它们使用着六十进制系统，并用来保存数字上的记录。

同样，在最早的时候就出现了在泥制品上的设计（见图 42），一样让我们毫无怀疑地相信，在那个时代，6000 多年前，他们已经拥有了高水平的几何知识。

总会有人猜测，这些设计，或者至少是其中的某一些，到底是一种纯粹

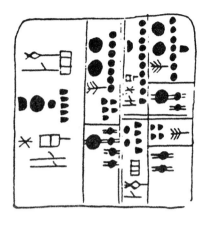

图 41

图 42

的装饰，还是在表现一种地球知识，它的四"角"，甚至是天文学方面的信息。这些设计具体表现的事物在之前的章节中曾作为重点讲述过：在古代美索不达米亚，圆和圆形就已经能够被精确地描绘出来。

能证明这些科学知识之古老的一些额外信息，我们能从伊塔那（最早的苏美尔统治者之一）的故事中一点点地整理出来。他在一开始只被认作是神话人物，但现在已经证明是一个历史人物了。按照苏美尔国王列表的说法，当王权——一个文明的组织方式——在大洪水之后"再次从天国降落地球"的时候，"王权首先是在基什"——这座城市的遗迹已经被考古学家们发现了，当然，也证明了它的确是那么古老。它的第13位统治者被叫作伊塔那，而国王列表，总的来说只是按顺序列出了这些国王的名字和他们的执政时间，但在讲到伊塔那的时候，却破例在他的名字后面加上了这样的标注："一位牧师，他升上了天国，他合并了所有的土地。"在苏美尔国王列表中，伊塔那的执政时期始于公元前大约 3100 年；对基什的挖掘，出土了一些奇迹建筑和一座塔庙的遗物，它们被测定到了同样的年代。

大洪水之后，位于底格里斯河和幼发拉底河之间的平原被烘干到了一定的程度，可以定居了，于是诸神的城市群在原址进行了重建。按照"旧计划"，基什，作为人类的第一座城市，是全新的，它的位置和布局必须被确定。我们在伊塔那的故事中读到，这些决定是由诸神作出的。将几何学知识应用到了布局上，又将天文知识应用到了朝向上：

> 诸神画出了一座城市的草图；
>
> 七位神置下了它的基础。
>
> 基什城的轮廓勾勒了出来，
>
> 在那里七位神置下了地基，
>
> 他们建立了一座城市，一个居住地；
>
> 而他们还保留着一位牧者。

伊塔那之前，基什的 12 位统治者，并没有被给予苏美尔皇家祭司级的称号 EN.SI——"大牧师"或"正直牧师"。这座城中，似乎只有当诸神选定了一个合适的人选来修建一座塔庙，然后通过成为牧师 – 国王，才能得到这样的身份。谁将成为"它们的修建者，修建伊呼尔萨格卡拉玛"，诸神问道——修建将成为"所有大地上的山峰"的"房屋（塔庙）"？

要为"所有土地寻找一位国王"的工作是与伊南娜／伊师塔有关的。她找到并推荐了伊塔那——一位人类的牧人……恩利尔，负责"赐予王权"，他需要做实际的任命。我们读到："恩利尔审视了伊塔那，伊师塔推荐的这位候选人。'她找到了！'他喊道，'王权将在地上建立；让基什之心充满喜悦吧！'"

现在，"神话"部分开始了。国王列表中讲述伊塔那升天的短暂标注，是从编年史中分支出来的，它被学者们称为伊塔那"传奇"。其中叙述了伊塔那是如何在得到了负责太空站的神鸟图／沙马氏的同意之后，被一只"鹰"（详见《第十二个天体》）带走升空了。它飞得越高，地球看上去就越小。在飞行过第一个贝鲁（一种神的单位）之后，大地"成了一座小丘"；飞行过第二个贝鲁之后，大地似乎就像是田里的犁沟一样；到了第三个贝鲁，大地则变成了花园中的沟渠；接着又过了一个贝鲁，地球完全消失了。"当我环顾四周"，后来伊塔那报告说，"大地消失了，而在海上，我的双眼无法睁开。"

苏美尔中的贝鲁是一种测量单位——对长度和时间［一个"双小时"（类似中国的"时辰"），他们将一天分为 12 个部分，如我们现在将之分为 24 个部分］。当它在讲到"天圈"的第 12 个部分的时候，同时也引申用作一种天文学上的单位。伊塔那故事的文献并没有说清楚，在这里它到底是一个什么样的单位——距离、时间，或弧度，也许都有。文献讲清楚的是那个时代，当时是第一位真正的牧师国王在第一座人类的城市登基的时代，而在那个时代，距离、时间和天空都已经可以被测量了。

※

基萨斯是第一个皇城——在"宁录"的资助下——这在《圣经》(《创世记》第10章)中也提到过。其他《圣经》中记载的这类事件也应该得到考察。而这次是最应该的,因为其中提到了一个困惑,有7位神牵涉进了对这个城市和它的塔庙的策划及朝向上来。

由于古代美索不达米亚所有主要的神祇都在太阳系的12名成员中有对应的天体,如同黄道十二宫和12个月份之间的对应,有人肯定会猜测,由这"7位神"所确定的基什和塔庙朝向,是不是想表达这7位神所对应的"天体"?

我们相信,可以通过时空上的穿梭,到达大约公元前1000年的朱迪亚,来得到一些线索。难以置信的是,我们发现,在大约3000年前,要选择一名牧师作为新皇城内的新神庙的修建者,与伊塔那神话中所记录的事件和环境极为相似;而带有历法意义的数字7,同样扮演着一个重要角色。

朱迪亚城的故事重演的地方是耶路撒冷。大卫王为他的父亲,伯利恒人耶西放过牧,被选为了王权的主人。在索尔国王去世之后,当大卫在希伯伦统治着犹大部落的时候,其他11个部落的代理人"来到希伯伦拜见大卫王"并请求他统治他们所有人。这让他想起耶和华曾告诉他的:"你将领导我的以色列人民,而且将成为整个以色列的Nagid。"

Nagid这个词通常被翻译为"首领"(英皇钦定本《圣经》),"指挥者"(美国新标准版《圣经》)或甚至是"王子"(英国新标准版《圣经》)。没有一个认识到了Nagid是一个源自苏美尔的外来词,它的意思是"牧人"!

当时的犹太人有一个非常关注的事情,那就是为约柜找一个家,这个家不仅是永恒的,而且还要是安全的。最初在出埃及的时候,它是由摩西放置在约定的帐篷里,它包含着两块石刻,上面刻有在西奈山上的十诫。由特殊的木料制成,内外镀以黄金,在它上面是两个基路伯,它们由加强的黄金制成,长有

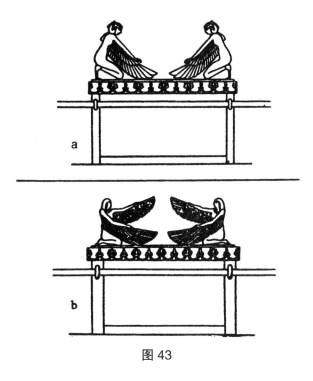

图 43

朝向对方的翅膀；而每一次摩西和主有约定的时候，耶和华就"从两个基路伯之间"（见图 43a）对他说话。图 43b 也是类似图案。我们相信，这种带有黄金绝缘层和基路伯的约柜，是一种通信硬件，可能是使用电力的（当有一个人不小心触碰到它的时候，他马上就死了）。

耶和华很详细地教导了如何修建约定的帐篷以及用来包围约柜的外壳，包括指导拆卸和重装，以及运输的"使用手册"。然而，在大卫王时代，约柜已经不是由圆木桩来运输了，而是用带轮的运输车。它从一个崇拜地区运输至另一个崇拜地区，而对这个牧师国王而言，一个最重要的任务就是在耶路撒冷建立一个新的都城，并在其中的"主之屋"为约柜修建一个永恒的住所。

但这一切并没有发生。通过先知拿单，主告诉大卫王，是他的儿子而不是他，将会被赐予为主修建香柏之屋的特权。所以，是所罗门王在耶路撒冷修建了"耶和华之屋"（现在被认为是第一座神庙）。这个圣地，和在西奈的部分，

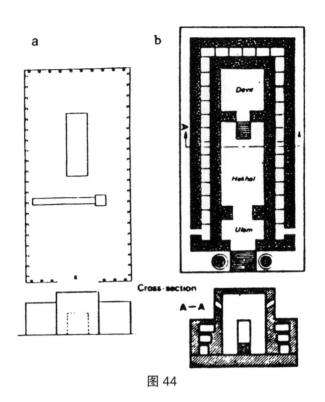

图 44

是在严格详细的指导下修建完成的。事实上，这两个建筑物的布局策划几乎是一样的（见图 44a 西奈的圣域；图 44b 所罗门神殿）。而且它们都有着精确的东西朝向的轴线，可以识别出它们都是分点神庙。

基什和耶路撒冷这个新都城的相似处是，都有一位牧师国王，而且在神的指导之下，修建一座神庙的工作都被充满了象征意义的数字 7 加强了。

我们被告知，所罗门王是在耶和华于"一个夜梦中"于吉比恩向他现身之后才继续这项工作（需要 8 万名采石人员和 7 万名搬运工）的。这次建筑，耗时 7 年，在所罗门执政的第四年开始放置基石，然后"在第十一年，在第八个巴尔月，神殿各部分完工了，与原计划一模一样"。虽然没有遗漏任何细节，全部完成了，但这座神庙却没有正式投入使用。

在 11 个月之后，"在伊塔尼姆月，第七个月，在庆典上"，来自各地的所有元老和部落首领聚集在耶路撒冷，"神父们带着有耶和华的约柜进入了它的地方，进入了神庙的'讲话者'这个最神圣的地方，在基路伯的翅膀下……约柜中没有任何东西，除了摩西在荒野中放进的两块石碑，上面刻有耶和华与他那逃离埃及的以色列儿子们所立下的戒约。然后当神父们要走出圣域之时，一团云填满了耶和华之屋"。然后所罗门就开始向耶和华祷告，"他就在雾般的云中"，恳求"天上的"主来到这座新神殿倾听他的人民的祷告。

这座神庙延迟开幕似乎是必要的，这样才能在"第七个月，在庆典上"开幕。毫无疑问，这次庆典实际上指的就是新年庆典，这与《圣经·利未记》中讲述的圣日的训诫是一致的。"这是耶和华指定的节日"，其中 23 章的序言陈述道：第七日为安息日的惯例，只是神圣节日的第一个，神圣日每 7 天的倍数，或在最后 7 日举行，最重要的是第七个月的节日：新年、赎罪日和苏哥斯庆典。

当巴比伦和亚述取代苏美尔之后的美索不达米亚，新年庆典是在第一个月（如该月名字所指的一样）举行的。这个月叫尼散月，与春分日相符。以色列人在与秋分对应的第七个月举行新年庆典的原因，《圣经》中并没有解释。但是，实际上《圣经》的故事并没有叫这个月的巴比伦语 – 亚述语名字提斯利月，而是用了一个奇怪的名字伊塔尼姆月。我们可以从这里看出一些线索。迄今为止，还没有发现能够合理解释这个名字的答案，但我们想到了一种解决办法：鉴于所有先前列出的相似点，如都有牧师国王，建立一个新都城都有相似的环境，等等，所以这个月的名字的线索，应该是能在伊塔那的故事中找到的。因为《圣经》中所使用的伊塔尼姆会不会是直接从伊塔那分出来的呢？伊坦这个名字作为人名，在希伯来语中是不太常见的，它的意思是"英勇的，强大的"。

我们曾提到过基什的天位定向，不仅仅表现在神庙的太阳朝向，同样还表现在与天上的七行星"神"的对应上。奥古斯特·温斯切的一次讨论是很值得一提的，这是一次探讨位于耶路撒冷的所罗门的大殿和美索不达米亚的"天上的肖像"之间的相似处的。他在《光明来自东方》中引用了希伯来语（后期希

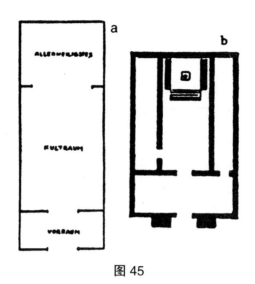

图 45

伯来语）——如伊塔那的故事中一样——"指示时间的七星"——水星、月亮、土星、木星、火星、太阳和金星。这样一来，要证明所罗门神殿的天体 – 历法特征就有了很多的线索和认识，这些特征将它联系到了千年之前苏美尔的传统中。

这不仅仅是表现在朝向上，同样还体现在神殿的三分法上。它模仿了千年之前开始于美索不达米亚的传统神庙修建计划。冈特·马提尼，在 20 世纪 30 年代领导了针对美索不达米亚各神庙建筑学和天文学朝向的研究，并勾勒出了这种"崇拜建筑物"的基础的三部分布局法（见图 45a）：一个矩形的前厅，一个加长的礼堂，一个正方形的圣域。瓦尔特·安德雷指出，在亚述，神庙的入口是由塔门包围的（见图 45b）；这一特征出现了在所罗门神殿里，它的入口两侧是独立的柱子（见图 44b）。

《圣经》中针对所罗门神殿的详细的设计和建筑信息，将它的前厅称为乌拉姆，礼堂称为赫克堂，它的圣域则被叫作"讲话者之地"，毫无疑问，这是反映耶和华从约柜中向摩西说话的情景，他的声音来自基路伯的翅膀接触的地方；约柜被作为唯一的工艺品存放在神殿的最内层封闭室中，也就是圣域或德

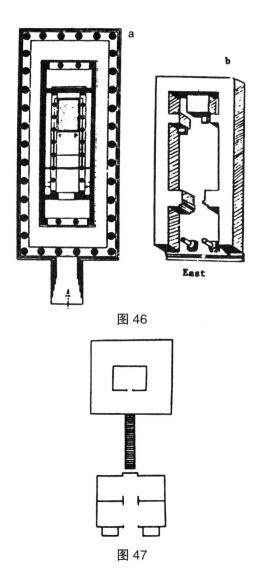

图 46

图 47

维尔。前两个部分的名字,学者们已经认识到,来自苏美尔语(通过阿卡德语)的伊加尔和乌拉姆木。

这种必不可少的三分法,后来也被采用在其他地方,比如奥林匹亚的宙斯神殿(见图46a)和叙利亚的泰纳神殿(见图46b),实际上是对最古老神庙的继承,苏美尔的塔庙,要通上塔顶,得经过一段阶梯,引入两个圣坛,外面圣坛的前面有两个塔门，另外一个则是祷告室——如 G. 马提尼在他的研究中画下来的一样（见图 47）。

※

如同西奈的礼拜堂和耶路撒冷的神殿，美索不达米亚神庙礼仪中所使用的工具和器皿都是以黄金为主要原料制造的。有文献描绘了乌鲁克的神庙仪式，提到了黄金打造的酒杯、黄金托盘以及黄金香炉；这些物品同样在考古挖掘中被找到了。银也是被使用的，有一个例子，是恩铁美那的刻字花瓶（见图 48）。他是早期苏美尔的国王之一，他于拉格什的神庙中出现在他的神尼努尔塔面前。这些精美绝伦的用于奉献的器皿通常是要刻上奉献词的，内容通常是由国王来陈述，这个物品是要被奉献的。这样的话这位国王就有可能会获得长寿。

这些礼物只有在经得了诸神的允许之后才能制作，这在许多例子中都是在充满意义的事件时，要值得在日期记录册中进行纪念的时候才行——这是记录

图 48

国王执政的列表，每一年都参照该年份所发生的主要事件来命名：国王登基、战争、一个新神庙物品的赠送。由此，一位伊辛（也是伊什比埃拉）的国王将他执政的第 19 年叫作"女神宁利尔大殿的王座制成之年"，而伊辛的另外一位统治者依西米达甘将他统治下的一年称为"伊什美达干为女神宁利尔打造金银之床之年"。

然而，美索不达米亚的这些由泥砖修建的神庙，因年久失修，最终在地震中毁灭了。持续的维护和重建是必不可少的，而对这位女神的房屋的重建和修理，比起对其他东西而言，在日期记录册中的出现要多得多。由此，著名的古巴比伦王汉穆拉比的年表中，开始的第一年就是"汉穆拉比登基年"，之后的第二年是"律法颁布年"。然而，第四年就已经被称为"汉穆拉比为圣地筑墙之年"。汉穆拉比的继承人，国王沙姆式 – 伊鲁纳，将他的第 18 年命名为"在西巴尔的神乌图的伊巴巴尔的重建工作完成之年"（伊巴巴尔，意思是"明亮者之屋"，这是"太阳神"乌图／沙马氏的一座神庙）。

苏美尔，然后是阿卡德、巴比伦和亚述国王在他们自己写下的文献中，用一种极为骄傲的情绪记录了他们是怎样修理、装饰或重建神庙和其中的圣域的。考古挖掘不仅发现了这些文本，同时还印证了其中的声明。例如，在尼普尔，来自宾夕法尼亚大学的考古学家们，于 19 世纪 80 年代发现了对圣域的修理和维护的证据，他们发现了 4000 多年前的一段时间内被挖出来的碎片残骸，挖掘深度为 35 英尺，还有一条由阿卡德国王那拉姆辛于公元前大约 2250 年修建的人行砖道。砖道下面还有更早时候的超过 30 英尺的碎片堆积物。

回到半个多世纪以前的尼普尔，来自宾夕法尼亚大学的考察队和来自芝加哥大学的东方研究院进行了大量的挖掘工作，让位于尼普尔圣域中的恩利尔神殿重见天日。这些挖掘，发现了五个公元前 2200 年一直到公元前 600 年的连续修建的建筑物，后修建的比它之前的那座建筑的地板高了 20 英尺。考古学家们那时报告说，更为古老的神庙，还在挖掘中。这次报告同时还提到，这五

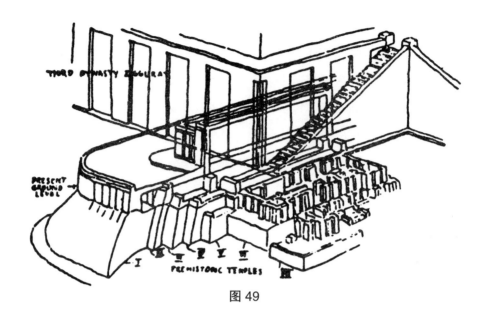

图 49

座神庙是"严格按照同样计划，一个建在另一个之上的"。后来的神庙是严格遵照原始计划建在前神庙的基础之上，这样的特征在美索不达米亚的其他古代遗址中也能够得到印证。这样的规则甚至可以用来作为寺庙的扩建——而且还不止一次，如我们在埃利都所发现的（见图 49）；所有的例子中，原始轴线和朝向都是保留下来了的。不像埃及神庙，因为地球倾斜度的变化而不断重订自己的至点朝向，美索不达米亚的分点神庙并不需要这样的朝向调节，因为地理上的北方和东方，无论地球倾斜度如何变化都不会改变：太阳总是会在"分日"经过分点，而这些日子它总是在正东升起。

一定要遵从"老计划"的义务在一个发现于尼尼微的碑刻中有阐释。这是亚述的都城，碑刻在一片重建后的神庙的废墟中找到了。在其中，亚述国王记载了他对神圣需求的遵从：

　　　这永恒的大地计划，

　　　它是为了未来

这建筑所确定的，

（我已经遵守了。）

它是承载了从上古

而来的图画的

还有上天国的文字。

亚述国王亚述拿色波在一段很长的铭刻中形容了位于卡拉（《圣经》中提过的一座古代城市）的神庙重建中的限制。他形容了他是如何出土"古代土堆"的，他陈述道："我向下挖到了有水的一层，我穿过了120层之深。我发现了我主人神尼内波的基础……我用结实的砌砖，在上面建造我主尼内波的神庙。"完事之后，这位国王开始祈祷，因为这样神尼内波（其实就是对尼努尔塔的一个称呼）"就会延长我的日子"。这位国王希望，这样的一种祝福，将随着这位神在自己选择的一个时间——"按照他心中所愿"——来到并定居在这座重建的神庙中的时候而实现："当主尼内波将永远居住在他纯洁的神庙中、他的住所中的时候"。这是一种期望中带着邀请的祷告，不像是第一座神殿完工之后所罗门王所表现出的那样。

的确，在古代近东，对前神庙在选址上、朝向上，以及布局上的必要遵从，不管相隔有多久，也不管重建和修理的规模是多么大，都被位于耶路撒冷的五座连续神庙所证明了。首座神殿是在公元前587年，被巴比伦国王尼布甲尼撒毁掉的；然而在当巴比伦被波斯的阿契美尼德王朝征服之后，这位波斯国王居鲁士发布了告示，允许犹太的流亡人士回到耶路撒冷，并让他们重建他们的神庙。值得注意的是，这次重建是由一座圣坛的建造（在从前的位置上）开始的，那时是"第七个月的开始"，也就是新年的那一天（而圣坛上的献祭一直持续到了苏哥斯日）。为了打消日期上的疑虑，《以斯拉书》重述了日期："从第七个月的第一天开始了对耶和华的献祭"。

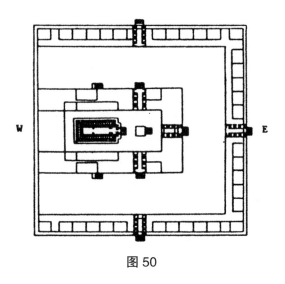

图 50

不仅要遵守神庙的旧址和朝向，还要与新年这个时间符合——神庙在历法上的特征——这在以西结的预言中被重申了。他是被尼布甲尼撒流放的一名犹太人，他看见了神庙被修在新耶路撒冷。它的确发生了，这位先知陈述道（见《以西结书》第四十章）是在新年之月的第十天——确切地说是在赎罪日那一天——"耶和华的手在我之上，他把我带到了那里（以色列之地）"，"他把我放在一座高山上，一旁是一座城的模型，"他在那里看见了"一个男人，他像一位大人物那样出现；他手里拿着一根亚麻绳和一个测量片，他站在大门口"。然后这位大人物就开始向以西结形容这个新神殿。按照这些资料，学者们已经可以重现这座神殿了（见图 50）；它严格遵从了所罗门所建神庙的布局和朝向。

这个预言变为现实是在波斯王居鲁士占领巴比伦，发布告示宣布重建在巴比伦帝国时期被毁灭的深点之后的事；这个告示的复制品，刻在了一个泥柱上，已经被考古学家们发现了（见图 51）。一个特殊的皇家宣言，在《以斯拉记》中被逐字逐句地记录了下来，它请求犹太流亡者回来重建"天国之神，耶和华之屋"。

这第二个神殿，是在困难的条件下建成的，那时当地还是一片被毁坏了的荒芜之地。它只是首座神庙的粗糙的仿制品。依次重建一个部分，它是按照保

图 51

存在波斯皇家档案和《圣经》《摩西五经》中的详细的计划修建的。神殿的确是遵守了原来的布局和朝向的，这在五个世纪之后变得更为清晰，希律王决定要重置这个糟糕的复制品，让它不仅是与从前的相符，甚至要超过首座神殿的宏伟壮观。它建在一个加大了的大平台上（至今都被熟知的圣殿山），以及巨大的高墙（西墙的绝大部分至今都完好无损，被犹太人作为圣殿的残余部分崇拜着），它被庭院和各种辅助建筑环绕着。然而主之屋却保留了首座神庙的三分布局和朝向（见图 52）。不仅如此，圣域保留着与首座神庙相同的大小——而且还精准定位于它曾经的地方；只是封闭室不再被称作德维尔，因为当巴比伦人回到首座神殿，带走其中所有的工艺品的时候，约柜消失了。

当一个人看着那些圣域以及它们的神殿和圣坛还有其他建筑、庭院和大门，以及最内层部分塔庙遗迹的时候，会意识到，第一批神庙的确是诸神的

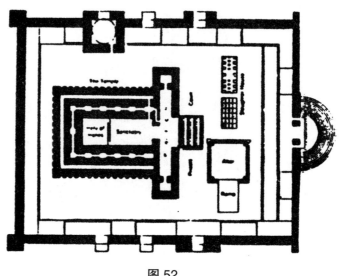

图 52

住所，它们被叫作诸神之"E"——诸神的"房子"。将人造堆和升起的平台顶上的建筑作为开始（见第三章图 35），它们随着时间的推移变为了著名的塔庙——古代的摩天大厦。如一位艺术家的绘图显示的那样（见图 53），神实际的住所是在最顶层。华盖之下的诸神坐在他们的宝座上，接见被他们选定为

图 53

国王的人，也就是"人类的牧者"。如同这幅画描绘的，在乌图／沙马氏的神庙中（见图54），国王必须在大祭司的引导下进入，而且要在赞助他的神或女神的陪伴下（然后，大祭司独自进入圣域，见图55）。

图 54

图 55

大约在公元前 2300 年，一位大女祭司，她是亚甲（阿卡德的萨尔贡的女儿），收集了她那个时代所有对塔庙 – 神殿的赞美诗。被苏美尔学者称为"一部独一无二的苏美尔文学创作"（出自 A. 肖伯格和 E. 伯格曼所著的《楔形源头里来的文学》），这部文献向 42 座"E"神庙表达了敬意，从南部的埃利都一直到北部的西巴尔，以及幼发拉底河及底格里斯河的两岸。这些经文不仅指出了神庙的名字、位置以及为哪位神祇而建，同时还表现出了它们的宏伟壮丽，以及它们的功能，有时还讲到了它们的历史。

这部作品很适当地开始于恩基在埃利都的塔庙，在赞美诗中被称作"此地的圣域是天地的基础"，因为埃利都是众神的第一座城市，是（在恩基带领下的）第一批登陆的阿努纳奇的第一个前哨战，也是第一座向地球人开放的神圣城市，由此，它同样也成了人类的城市。被称作 E.DUKU，意思是"圣山之屋"，在史诗中被形容为是一个"高耸的圣坛，直指苍天"。

《赞美诗》接下来讲到了 E.KUR——意思是"如山般的房屋"——位于尼普尔的恩利尔塔庙。被认为是地球之脐，尼普尔与其他最早的诸神城市群是等距的，据说，当一个人向右看它的塔庙的时候，他会看见南方的苏美尔，如果向左看去则会看见北方的亚甲，这是赞美诗中的说法。它是一座"确定命运的圣坛"，一座"连接天地"的塔庙。在尼普尔，恩利尔的妻子宁利尔有她的分庙，"覆盖着巨大的光亮"。这位女神"在新年之月，在庆典之日，盛装"从里面出现。

恩基和恩利尔同父异母的姐妹宁呼尔萨格，她是第一批来到地球的阿努纳奇之一，也是他们的大生物学家和医药卫生官员，在被称作科什的城市有着自己的神庙。赞美诗中直接称呼为 E. 宁呼尔萨格，意思就是"山峰女士的房屋"，她的神庙被描述为"砖块是精心铸造的……一个天国和大地之地，一个令人敬畏之地"，很显然，它是用由青金石打造的"一条剧毒之大蛇"来进行装饰的。青金石是医药和治愈的象征（这使人联想起摩西曾制作了一条蛇的形象，阻止了在西奈沙漠中的一场致命瘟疫）。

恩利尔与他的同父异母的姐妹宁呼尔萨格所生的儿子尼努尔塔，在他自己的"崇拜中心"拉格什有一座塔庙，而在这部作品的那个时代，他还在尼普尔的圣域中有一座神庙，它被叫作 E.ME.UR.ANNA，意思是"阿努的英雄的 ME 的房屋"。在拉格什的塔庙被称作埃尼奴，意思是"50 之屋"，这反映出尼努尔塔在神圣制度中的数字阶层（阿努的阶层是最高的 60）。

《赞美诗》陈述道，它是一座"充满着光辉和敬畏的房屋，长得如山一样高大"，其中存放着尼努尔塔的飞行器"黑鸟"，以及他的沙鲁尔武器（"包围人的飓风"）。

恩利尔和他的正式伴侣宁利尔的第一个儿子，是兰纳（后来被称为辛），与他对应的天体是月球。他在乌尔的塔庙，被称作 E.KISH.NU.GAL，意思是"30 之屋，伟大的种子"，并被形容为一座"照耀出的月光涌现于大地"的神庙——这一切都显示出兰纳／辛与月球和月份的关系。

兰纳／辛的儿子，乌图／沙马氏（他的天体对应物是太阳）在西巴尔有自己的神庙，被称作 E.BABBAR——"明亮者之屋"或"明亮之屋"。它被描述为"天国王子之屋，一颗于地平线从天国填满地球的天上的星星"。他的双胞胎姐妹，伊南娜／伊师塔，她的天体对应物是金星，她的神庙位于扎巴拉姆，被称作"充满光明的房屋"；它被形容为是一座"纯净之山"，一座"于拂晓张嘴的圣坛"，以及它"穿过苍天的时候让夜晚变得美丽"——毫无疑问是在表现金星在清晨和夜晚所扮演的不同角色。伊南娜／伊师塔在以力同样受到崇拜，阿努在那里安排她修建阿努的神庙，好方便他来地球访问。这座神庙被称为 E.ANNA，意思很简单，就是"阿努之屋"。《赞美诗》将之形容为一座"七层塔庙，眺望着夜晚的七位发光之神"——对它的天文学和对应排列特征的表述，如我们之前提到过的，和耶路撒冷的神殿相似。

《赞美诗》就这样继续着，描述了 42 座塔庙及它们的荣誉和天体对应物。学者们说，这部超过 4300 年之前的文学收录册是一部"苏美尔神庙颂歌的集合"，并为之定名为"关于大神庙的古苏美尔诗歌集"。然而，若是按照苏美尔风俗，以文献开头语来称呼它也许更为适当：

E U NIR　　高升的塔庙住房

AN.KI DA　　天地连接

这些房屋之一，及它的圣域，如我们就要看到的，它持有着解开史前巨石阵之谜和那个新时代的钥匙。

第五章

守秘者

在日落与日出之间的，是夜晚。

《圣经》持续不断地在"日月星辰"中看见过让人敬畏的创始者的荣光——在夜幕中的天穹中闪烁着的无数恒星行星，与它们的"月亮"。"天国上显示着主的荣光，天国穹顶显示着他的手艺"，《赞美诗》作者这么写道。由此"天国"被描述成了夜晚的天域；而它们所表达出的主的荣光，被天文学家－祭司传达给了人类。正是他们，让这数不胜数的星星们变得更有意义，他们通过分类认识了各个恒星，认识到了不动的恒星与移动中的行星之间的区别，发现了日月更替的规律，并跟踪着时间的脚印——神圣之日及节日的循环，以及历法。

神圣之日开始于前一个夜晚的黄昏之时——至今都保存于犹太历法中的一种风俗。一部讲述巴比伦的乌力加鲁祭司在新年节日的 12 天中的职责的文献，不仅仅提供了关于后来的祭司礼仪的起源的线索，还向人们暗示了天体观测和节日程序之间的紧密联系。在这部已经被发现的文献（由于祭司的称号是URI.GALLU，所以这文献文本被普遍认为是属于苏美尔的）的开头部分，讲述将新年（在巴比伦是尼散月的第一天）的第一天确定为春分日的那一段已经遗失了。现存文献中直接讲述了第二天的事物：

> 在尼散月的第二天，
>
> 入夜之后两小时，
>
> 乌力加鲁祭司将会起身
>
> 并用河水净身。

然后，穿上纯白的亚麻布衣服，他才能觐见大神（在巴比伦是马杜克），并在塔庙（在巴比伦叫作埃萨吉拉）的圣域内背诵规定好的祷告词。而这场对祷告词的诵读，是不会有任何人听见的，而祷告词的内容则被认为是极度机密。此处，祭司抄写员在文本中加入了如下的劝诫："21行：艾萨吉尔庙的秘密。除了乌力加鲁祭司，它们不会泄露给任何一名马杜克的崇拜者。"

在他诵读完秘密祷告词之后，这位乌力加鲁祭司打开神庙大门，让伊里比特祭司们进入，后者将继续"按照传统履行他们的责任"，加入到乐师和歌手的行列中，文献之后就开始详细地介绍乌力加鲁祭司于当晚的其他职责了。

"在尼散月第三日"，日落之后的某一个时间（具体时间因文献被毁损严重而无法辨读），乌力加鲁祭司需要再一次重复这些仪式和诵读；他必须要这样做一个晚上，直到"日出后3小时"，那时他要指挥工匠，用金属和宝石制作一些将于第六日典礼中用到的工艺品。在第四日，"入夜后的3小时20分"，各种礼仪再一次重复，不过这次的祷告词中加入了对马杜克之妻——女神萨尔班提的崇拜。祷告词接着还向天地众神表达了敬意，并为国王请求长寿，为巴比伦的人民请求兴旺和发达。正是在这之后，新年的到来才直接联系到了白羊宫下的分点日：黄昏下与日同落的白羊座之星。用"艾萨吉尔，天地的形象"来宣读"依库星"的祝福，这一天的其他时间花在了祷告、歌唱和奏乐中。在这一天的日落之后,《伊奴玛·伊立什》,这首"创世史诗"被完整地诵读了一遍。

亨利·弗兰克夫在《诸神与王权》中将尼散月的第五日对应到了犹太教的赎罪日,因为在这一天,国王被护送到主礼拜堂中,并在那里接受大祭司用所有王权符号来进行的除罪;在那之后,大祭司将击打他的脸部,并俯卧在地,开始忏悔与赎罪。然而,文献继续讲述到的仅仅只有乌力加鲁祭司的职责;我们可以读到,在那个夜晚,祭司在"入夜后的 4 个小时",诵读了 12 次"我的主,难道他不是我的主吗"这样的话,以赞美马杜克的荣光,并向太阳、月亮以及黄道十二宫进行祈祷。紧接着的是对女神的祷告,此处使用的是她的称号,黛克兰娜(意思是"天地的女主人"),这一点显示出这是源于苏美尔的。祷告词将她比作"在群星中闪耀的金星",并点名了 7 个星座。在这些强调了这个时刻的天文学 – 历法特征的祷告词之后,歌手和乐师"按照传统"开始演奏,在"日出后的两小时"向马杜克和萨尔班提提供了早餐。

由苏美尔阿基提(意思是"在地球上创建生命")节演变而来的巴比伦新年仪式,它的根源可以被追溯至大约公元前 3800 年时,阿努和他的妻子安图对地球的访问。当时黄道带还处于天牛的控制中(如各文献所述),也就是说那时还是金牛官时代。我们已经提出,正是在那之后,对时间的记录,尼普尔历法,才被赐予人间。当然,有一点是必不可少的,那就是需要对天空的观测,由此也就诞生了一批训练有素的天文学祭司。

有几部文献,一些保存完好,一些只剩碎片,它们都描述了阿努、安图访问乌鲁克(《圣经》中的以力)时壮观的场景,以及在接下来的千年之中成为新年庆典的这场典礼。F. 特鲁 – 丹金和 E. 艾柏林的研究至今都是后续研究的基础;而古代的文献,在德国挖掘家团队对乌鲁克的定位、鉴别和重构古代圣域的过程中也发挥了重大作用——重构包括了城墙和大门、庭院和圣坛、朝拜堂和三座主要神庙:伊安纳(意思是"阿努之屋")塔庙,比特雷斯(意思是"主神殿")阶梯塔和伊南娜/伊师塔的伊利加尔神庙。在大量的考古学家报告中,对古代文献和现代挖掘有着非同寻常的对应显示出了独特的兴趣(详见阿当·弗尔肯斯坦的《乌鲁克考古手记》和《乌鲁克地理》)。

惊人的是,泥板上的文献（通过辨认刻字上的题记部分,可以辨认出它们是对更早的文献的拷贝）清晰地讲述了两种——一种是举行在尼散月（春分之月）,一种是举行在提斯利月（秋分之月）;前者成了巴比伦和亚述的新年,后者按照《圣经》中的圣训,"于第七月"庆祝新年而至今保存于犹太历法中。当学者们还在为这样的分歧而困惑的时候,艾柏林提到,尼散月文献比起毁坏严重的提斯利月文献而言要保存得好得多,他更看重的是后来的神庙记录;表面上看是完全相同的,但实际上并不是这样:前者更为强调各种天文观测,而后者是在圣域和它的前厅内举行的仪式。

在各种文献中,两部主要分别讲述夜晚和日出的仪式。前者很长而且保存完好,在讲述从尼比鲁而来的神圣访问者阿努和安图于夜晚坐在圣域的庭院中,准备开始一场奢侈的盛宴时,是最为清晰的。随着太阳在西方落下,位于主塔庙各层的天文学祭司们需要观测行星的出现,并公布天体出现时的观测视线,从尼比鲁开始:

> 从主塔庙的庙塔
>
> 最顶层的屋顶上
>
> 对夜晚第一次观看,
>
> 当天国伟大的阿努之星
>
> 天国伟大的安图之星,
>
> 出现于星宫之车的时候,
>
> 祭司将诵读文章
>
> 《致渐渐明亮的、主阿努的天上的行星》
>
> 和《造物者的容貌升起了》。

这些文章是在塔庙里诵读的，美酒是用一个黄金祭酒杯向诸神呈上的。接着，祭司们宣读了木星、金星、水星、土星、火星和月球的出现。然后是在 7 个大金盆中进行的洗手礼，为的是尊重夜晚和 6 个天体及白天的太阳。一根"加入了香料的石脑油"大火炬被点燃了，所有的祭司们唱起圣歌《在天空升起的阿努的行星》，然后这次盛宴就可以开始了。之后阿努和安图回房就寝，其余诸神如守夜人那样守至黎明。接着，"日出后的 40 分钟"，阿努和安图被唤醒，"为这次一夜的停留画上句号"。

清晨的程序开始于神庙的外面，在比特·阿基图（阿卡德语中的意思是"新年节日之屋"）的庭院中。恩利尔和恩基在"黄金支柱"那里等待着阿努，待命或是拿着某些物品；这些阿卡德词汇的明确意思尚不清楚，最好的翻译是"解开秘密的""太阳盘（复数形式的！）"和"壮丽／发光的柱子"。然后阿努在诸神的伴随下，在一个队列中进入庭院。"他走向阿基图庭院的大王座，面朝升起的太阳坐下"。之后恩利尔加入，坐在阿努的右边，恩基坐在他的左边；接着安图，兰纳／辛和伊南娜／伊师塔在阿努后面的位置坐下。

关于阿努自己"面朝升起的太阳"坐下的陈述，毫无疑问地指出这次庆典的时间牵涉到了在一个特定日子的日出——这个特定的日子是尼散月的第一天（春分日），或者是提斯利月的第一天（秋分日）。正是在这个时候日出庆典才完成，然后阿努在大祭司的带领下进入巴拉加尔——神庙中的"圣域"。

BARAG 的意思是"内部圣所，遮住的地方"，而 GAL 的意思是"伟大的，最重要的"。这个词演变成了阿卡德语中的 Baragu ／ Barukhu ／ Parakhu，意思是同样被遮住的"内部圣所，圣域"。这个词在《圣经》中出现时，被写作希伯来词 Parokhet，它既是神庙内部圣域的意思，又是用遮幕从前厅分开的意思。这始于苏美尔的传统仪式，通过这种方式，既在形式上又在语言上被后世继承。

来自乌鲁克的另一部文献，指导着祭司们进行每日的献祭，要求"有着完整的角和剔得干净的肥公羊",这是献给阿努和安图、献给"木星、金星、水星、土星和火星,升起的太阳、出现的月亮"的。文献接着解释了就这 7 个天体而言的"出现"是什么意思:即当他们按照契约停留在"比特·马哈扎特中部"(意思是"观测屋")。更深入的说明向我们指出,这个场地是"在神阿努的庙塔的最顶层上"。

在被发现的描绘中显示,神圣生物站在一座神庙入口的两旁,拿着附有环状物的柱子。这个场面的天文属性可以通过太阳、月亮和符号辨认出来(见图 56)。在一个例子中,古代艺术家可能是打算为乌鲁克仪式文献加上插图——描绘恩利尔和恩基站在一个门廊的两侧,阿努要从中经过,步入一个壮丽的入口。这两位神祇拿着带有观测装置(中部空心的圆形器具)的柱子(按照文献中所提到的呈复数形式的太阳盘);太阳和月亮的符号被显示在门廊之上(见图 57)。

其他描绘中,在神庙入口两侧的独立式带环柱(见图 58),显示出它们就是在之后的千年中,散布在古代近东各地神庙两侧的圆柱的原型。后来的所罗门神庙和埃及方尖塔都有两个圆柱。而这些原型不仅只是符号,同时还具备切实的天文学方面的功能,这一点能从亚述王提格拉特 – 皮勒赛尔一世的记载中看出来。在其中,他记录了对一座建于 641 年前、荒废了 60 年的阿努和阿

图 56

图 57

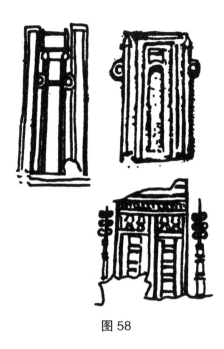

图 58

达德的神庙的重建。他描述了他是如何清扫掉碎片以到达地基,并按照原始布局进行重建的,这位亚述国王说道:

两次大的下降

以看见这两位大神。

我在光辉之屋——

一个供他们娱乐之地,

一个为他们骄傲之地——

建起一个天国群星的光辉。

用建筑大师的灵巧,

以我自己的计划和努力,

我让神殿的内部光彩夺目。

在它的中部,我为从天国

直接到来的光束做了一块地,

我让群星出现在墙内。

我让它们的光辉夺人眼目,

那些塔,我让它们直指天空。

按照这种说法,这座神庙的两座高塔就不仅仅是普通建筑物了,它们是被用作天文学目的的。瓦尔特·安德雷(他领导过于亚述进行的几次最有收获的挖掘行动)表达了一种观点,他认为位于亚述都城的锯齿形的"王冠",置于神庙两侧的高耸的塔,都是用作这样的目的的。他在亚述圆筒印章上发现了能支持这个观点的证据,如图59a和图59b,上面将塔联系到了天体符号上。安德雷推测,一些描绘中的圣坛(通常还有一名正准备着仪式的祭司)同样也是用作天文目的的。它们锯齿形的上部构造(见图59c),这些设施,如离地高远的神庙门廊或在圣庙圣域中露天的庭院,为塔庙的上升的阶梯提供了替代

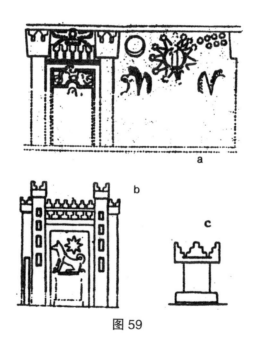

图 59

物，而塔庙为更易修建的平顶庙让了路。

这部亚述的文案不仅告诉我们，当时的天文学祭司观测过黎明中的太阳、与日同升的星体，同时还观测了夜晚的群星。关于这样的二重观测的一个完美例子是对金星的观测，因为它比地球绕日轨道所需时间少得多，所以从地球上观测的话，它有一半的时间是作为夜星，又有一半的时间是作为晨星的。一首写给伊南娜／伊师塔——她所对应的天体是金星——的赞美歌，其中称颂了这颗行星先是夜星，而后是晨星的现象：

圣者立于明净天穹，

在大地与众人之上；

女神从天国中心甜美地看着……

夜晚的光芒之星，

大光溢满天际；

夜的女士，伊南娜，

高耸地出于地平线。

在描述完人们和动物在这颗夜星出现后"回他们的歇息地"休息之后，这首赞美歌继续将伊南娜／金星作为一颗晨星来崇拜：

她使清晨到来，光明的白昼；

卧室中的甜美睡梦由此结束。

※

　　当这些文献给了我们塔庙角色和它们上升的台阶在观测夜晚天空上的线索的时候，同时还抛出了一个让人感兴趣的问题：这些天文学祭司是用裸眼来观测天空，还是他们有着某种可以精确定位天时的仪器？这个问题的答案，在有关塔庙的描绘中可以找到。在它们上升的台阶上的柱子顶端有着圆形物体；它们的天文功能被其上的金星（见图60a）和月亮（见图60b）的形象暗示了出来。

　　在图60b中看到的触角状物体，充当着连接到埃及描绘中的神庙的天文观测仪器的纽带。在那里，观测设备是由一个环形部分上顶一个圆球、下接一根柱子组成的（见图61a）。它在描绘中立于敏（一位神祇的称呼）神庙前面。他的节日是在每年的夏至日举行，那时需要一群人拉长绳子立起一根长杆——这可能是欧洲五月节花柱的起源。在长杆顶部的是敏的符号——带着观月触角的微型神庙（见图61b）。

　　敏的身份还是一个谜。有证据显示，对他的崇拜在前王朝时代就开始了，

图 60

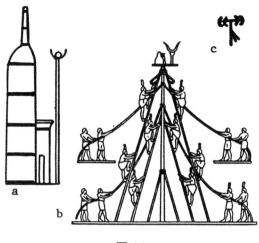

图 61

甚至是在法老统治几个世纪之前的古风时期就开始了。就像最早的埃及尼特努（监护神）诸神，他是从其他地方来到埃及的。G.A.瓦恩莱特在《埃及考古日志》中的第二十一卷《敏的一些天协会》中表示，他是从亚洲来的；另一种观点，比如马丁·艾斯勒在《驻埃及研究中心日志》的第二十七卷中认为，敏是走海路到达埃及的。敏同时还被称为阿姆苏和赫姆；按照 E.A.沃利斯巴吉在《埃及众神》一书中的说法，是表示"月亮"和"重生"的意思——有星历的含义。

在一些埃及文献的描绘中，月亮女神奎特，是站在敏的一旁的。更有趣的是，敏的符号（见图 61c）被称作"双战斧"，但其他一些人认为这是一个指时针。我们相信，这是一个手持的观测仪器，用来表示月牙。

敏是否可能是另一个透特呢，后者坚定地联系着埃及的月历。能够肯定的是，敏被认为与天牛、黄道带上的金牛座是有联系的，这个时代从公元前4400 年左右一直持续到了大约公元前 2100 年。我们曾在美索不达米亚看见过的观测设备和在埃及与敏相关的一些器具，由此表现的是地球上古时候的天文学设备。

按照乌鲁克礼仪文献中的说法，有一种名叫伊兹·帕什舒里的仪器，是被用来进行行星观测的。特鲁－丹金将这个词简单翻译为"一个仪器"；但实际上这个词字面上的意思是一个"解决、揭示秘密"的仪器。这个仪器是否与那些在柱子或长杆顶端的物件是相同的，还是一个对这类物品的总称，统称所有的"天文学仪器"？我们不能确定，因为，自苏美尔时代起的文献和描绘中，我们发现了各种各样的这类仪器的存在。

最简单的天文设备是指时针（源于希腊"它知道"），它用一根直立柱投下的阴影来跟踪太阳的运动：阴影的长度（当太阳上升到中午的时候，阴影最短）指示着时间以及方位（太阳光最先出现和最后投射出阴影的地方），后者可以指示季节。考古学家们在埃及遗址（见图 62a）发现了这种可以预示时间的设备（见图 62b）。由于在至点的时候，阴影的长度增长，于是这个平面的设备通过与地平线倾斜而得以改善，由此而减低阴影长度(见图 62c)。在当时，这衍生出了一种真正的阴影钟，修筑为阶梯状，阴影在阶梯上上下移动来表示

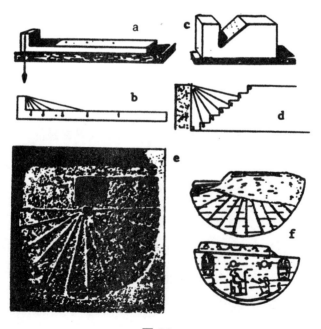

图 62

时间（见图 62d）。

阴影钟同时还发展成了日晷，直立柱被放置在一个半圆形的基底上，其上标注了度数。考古学家们在埃及遗址中发现了这样的物品（见图 62e），但最古老的设备却是在很遥远的迦南城市：以色列的基色。在它的表面有常见的刻度，而在反面刻着的是对埃及神祇透特的崇拜（见图 62f）。这个象牙质地的日晷，刻着法老美森布达的椭圆纹饰，他在公元前 13 世纪的时候统治着埃及。

《圣经》中提到过阴影钟。《约伯记》中讲到了一种便于携带的手持式日晷，类似于图 62a 中所描绘的，它们被用于农活中，以告诉人们时间，雇来的劳动者"认真地盼望着阴影"可以指示到他们所希望的位置，这样他们就到了拿到一天的工钱的时候（见《约伯记》）。尚不清楚的是，在《列王纪》下第二十章和《以赛亚之书》第三十八章所提到的阴影钟的属性。当先知以赛亚告诉这位生病的国王希西家，他将在 3 日内完全恢复的时候，这位国王是不相信的。所以这位先知进行了一次神圣预言：神殿的太阳钟将"回移十度"而不是向前移动。希伯来文献中所使用的词汇是 Ma'aloth Ahaz，意思是阿哈兹国王的"阶梯"或"度数"。一些学者将之解释为一个带有刻度的日晷，而其他一些学者认为，它是一个真正的阶梯（见图 62d）。也许它是两者的结合，一个至今都保存在印度斋普尔的太阳钟（见图 63）。

总的来说，学者们同意一点，就是这个被用作康复预言的太阳钟是印度王

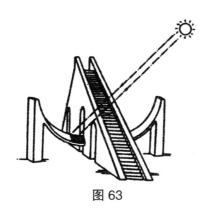

图 63

阿哈兹送给亚述国王希西家的礼物，而那时是公元前 8 世纪。虽然这个设备的希腊名字是"gnomon"（一直沿用到了中古时代），但这并不是希腊人创造出来的，甚至，似乎都不是埃及人创造的。按照公元 1 世纪的博学之士，长者普利尼的说法，日晷科学首先是由米利都的阿纳克西曼德提出的，他发明了一种仪器名叫"影子猎人"。然而阿纳克西曼德自己，却在他的研究《自然之上》（公元前 547 年）中写道，他是从巴比伦得到日晷的。

《列王纪》下第二十章中，似乎向我们显示的是一个放在神庙院子里（它肯定是露天的，这样太阳才能在其上投下阴影）的日晷，而不是一座修建出来的楼梯。如果安德雷对圣坛的天文作用的认识是正确的，那么很有可能，这个设备是放置在这座神庙的主圣坛上面的。这种圣坛有四个"触角"，希伯来语中形容这种"触角"的词是"Keren"，它同时还是"角落""束"的意思——这暗示着它们有着一个天文学方面的源头。图画证据显示出一种可能，它们是由

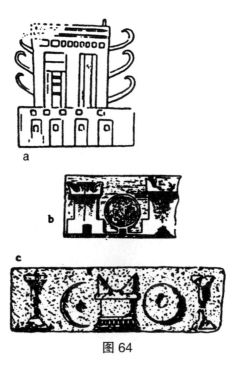

图 64

更为早期的对苏美尔塔庙的描绘演变而来的（见图 64a）。在希西家之后几个世纪的泥板上，对圣坛的描绘，让我们看见放置在两座圣坛中间的低矮支撑物上的一个观测环（见图 64b）；在下一张图里（见图 64c），我们可以看到一座被夹在太阳观测设备和月亮观测设备之间的圣坛。

在认识这些古代的天文设备的时候，我们实际上是在研究可以追溯至千年之前的古代苏美尔的知识和技术。最古老的苏美尔描绘之一，显示出一个队列的神职人员，拿着工具、仪器、图画，他们中有一位拿着顶部带有天文仪器的柱子：顶部物件连接着两个短柱，其上分别有一个环状物（见图 65a）。这种装配中的一对环状物甚至和今天的双筒望远镜或用于测定深度与距离的经纬仪相似。因为是拿着它，所以这位神职人员告诉我们，它是便于携带的、可手持的。所以这个设备可以放置在各个观测点上。

a

b

图 65

如果天文观测是由巨大的塔庙和大石圈逐渐演变至瞭望塔和特殊设计的圣坛的，那么天文学祭司所用来观测夜晚的天空或在白昼追踪太阳的仪器，肯定也有一个相对应的发展过程。

这些仪器变成便携式是很有意义的，特别是如果它们不仅用于星历（编订节日时间），同时还要用于导航的时候。在公元前第二个千年的末期，迦南北部的腓尼基人成了古代世界最著名的领航员，他们在商路上来回航行，往返于毕博罗斯石柱和不列颠群岛的石柱之间，有人可能会说，他们最主要的西部前哨站是迦太基（意思是"新城"）。他们在那里将一种天文学仪器作为了他们最主要的神圣符号，在它开始出现在石柱甚至墓碑上之前，它被显示为一对环状物，置于一座神庙入口两侧的石柱一旁（见图65b）——和更为早期的美索不达米亚一样。环状物被两个背对背的月牙夹在中间，暗示着它们的任务是观测太阳和月相。

一个在位于西西里的腓尼基据点废墟中发现的"奉献碑刻"上，描绘了一个露天的庭院（见图66a），其中向我们暗示天文观测的目标是太阳的移动而非夜晚的星空。带环的柱子和放在一个三柱建筑前面的圣坛，同样是观测设备：

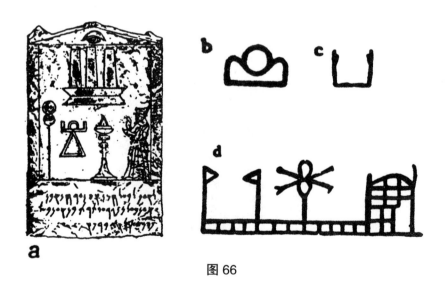

图66

在一根与地平行的条上的两段，是两根短而垂直的柱子，之间有一个圆环；条状物的下面是一个三角形基底。这种用来观测太阳的特殊形状，让我们想到了埃及象形文字中的"地平线"——太阳从两座山之间升起（见图66b）。的确，这种腓尼基的设备（学者们将之认为是一种"崇拜符号"）像是一双举起的手，与埃及象形文字(Ka，见图66c)中表示法老的灵魂在死后去到"百万年之行星"上的众神的住所的词汇"灵魂"，有着异曲同工之处。而Ka这个词的起源是一种天文仪器，古代埃及描绘（见图66d）中，在神庙前面的一种观测设备支持了这样的观点。

所有这些相似之处和它们的天文学起源，都应该为对埃及描绘（见图67）的理解加入新的观念。Ka在高举的双手中升入众神的行星的画面酷似苏美尔人的设备，它从一个分层柱子的顶部升入天国。

埃及象形文字中形容这种分层柱的符号是待得，意思是"永恒"。它常常成对出现，据说位于阿比多斯的为埃及大神奥西里斯而建的大神庙的前面就有两个这种柱子。在《金字塔铭文》中，描述了法老在死后的旅途，而在"天国之门"的两侧就有两个待得柱。这"双门"是关着的，直到法老的"另一个自我"

图67

念出如下的咒语："噢崇高者，你的天国之门；国王已来到你这里；让这门向他打开。"紧接着，突然地，"天国的双门打开了……天窗的孔打开了"。然后，法老的 Ka 开始像一只巨鹰一样飞翔，他在永恒中加入了众神。

《埃及亡灵书》并没有像一本结构紧凑的书那样展现在我们面前，我们推测，这样一部可以被称为"书"的文本是真实存在的，它已经被很多来自皇陵墙上的引言所调整过了。但是，的确有一本来自古代埃及的完整的书展现在我们面前。

我们说的这本书是《伊诺克书》，它通过两种版本而被人们熟知，埃塞俄比亚语版被学者们定为"伊诺克书一"；斯拉夫语版被定为"伊诺克书二"，同时被称呼为《伊诺克秘密之书》。在已发现的两种版本的原本中，大多数都是希腊文和拉丁文译文，它们的来源是基于对《圣经》中亚当之后，第七位族长伊诺克的简短描写的进一步讲述。伊诺克并没有死，因为在他 365 岁的时候，"他随主走了"——去天国加入到了神的行列中。

这些书在《圣经》简短陈述的基础上，详细地描述了伊诺克的两次天空旅行——第一次是学习天上的秘密，返回了，并将这些知识传授给他的儿子们；而第二次就是待在天国住所了。各种版本中都有有关日月运动，至点分点的知识，有关白日变长变短的原因、历法的建立、太阳年和月亮年，以及凭经验置闰（闰年／闰月）。本质上，伊诺克得到并传授给他的儿子保存的这些知识，是有关历法的天文学知识。

《伊诺克秘密之书》，所谓的斯拉夫语版本的作者，被相信是（援引 R.H. 查理斯的观点，详见《旧约外典及伪经》）"一位生活在埃及的犹太人，可能住在亚历山大港"，而他大概生活的年代是公元初始。这本书所指出的如下：

> 伊诺克出生于提斯万月的第六天，活了 365 年。
>
> 他在提斯万月的第一天被带到天国，并在天国待了 60 天。他写

下了主所造物体的全部的符号，并写了 366 本书，并将它们亲手送到了他的儿子们手中。

他在提斯万月的第六天被（再次）带到天国，与他出生的日子和时辰刚好一致。

美索萨拉姆和他的弟兄们，伊诺克所有的儿子，在被叫作阿呼暂的地方匆忙地立起了一座圣坛。

不仅是《伊诺克书》的内容——与历法有关的天文学，还有伊诺克的升天和特殊的生命显示出了星历的特征。他在地球上的寿命，365 年，很明显是一整个太阳年的天数；他在地球上的出生和离开都与一个特殊月份联系着，甚至是这个月的某一天。学者们认为，埃塞俄比亚语版本要比斯拉夫语版本先面世数个世纪，而它的各部分也被发现是依次拷贝的更为古老的原本，就像一本已丢失的《诺亚书》。《伊诺克书》的一些碎片在死海文卷中发现过。伊诺克的天文 - 历法故事由此被回溯到了相当古老的时代——很可能如《圣经》中声称的，是在前大洪水时代。

现在已经可以确定，《圣经》中大洪水和纳菲力姆（《圣经》版阿努纳奇）的故事，创造亚当和创造地球的故事，和前大洪水时代的族长的故事，是对更为早期的苏美尔原本的缩译。所以很有可能，《圣经》中的伊诺克相对应的就是苏美尔的第一位祭司，恩麦杜兰基（意思是"天地纽带的弥斯的大祭司"），他在西巴尔被带向天空以被教导天地的秘密，包括占卜和历法。从他开始，人类出现了一代代的天文学祭司和守护秘密的人。

敏赐予埃及天文学祭司观测设备并不是奇怪的事情。一位苏美尔雕刻家雕刻的浮雕显示，一位大神将一个手持的天文设备赐予一位国王 / 祭司（既是国王又是祭司，见图 68）。大量其他的苏美尔描绘都显示了一位国王被赐予一根测量杆和一卷测量绳，为了确保神庙的天文朝向的正确，如我们在图 54 中所

图 68

看到的。这样的描绘仅仅是加强了文本证据，它告诉我们，天文学祭司这个传承是如何开始的。

然而，人类会不会因为变得太过骄傲以至于忘了这一切，开始以为他是自己获得这些知识的？数千年之前这个问题就已经讨论过了，当约伯被要求承认，不是人类而是 El，"崇高者"，才是天地秘密的守护者：

说，是否是你总结了科学？

谁曾丈量这地球，让它被熟知？

谁曾在它之上展开绳索？

它的舞台是用什么制作的？

谁曾置下它的角落之石？

"你曾计算出在地球四角的清晨和黎明吗？"约伯被问道，"你知道晨昏分界是在哪儿吗？你知道雪花、冰雹、雨水和露珠为什么出现吗？你知道天上的律法吗？你知道它们是如何作用于地球的吗？"

文献和描绘延伸开来，说清楚了人类守秘者是学生而非老师。苏美尔记录毫无疑问地告诉我们，最早的守秘者，是阿努纳奇。

※

领导第一批到地球来的阿努纳奇，在波斯湾迫降的是艾——他的"家是水"。他是阿努纳奇的大科学家，他最初的任务是从波斯湾水域中提炼他们需要的黄金——这是一项需要物理学、化学、冶金学知识的工作。由于向矿井的转变成为必要，所以这项工作被迁移到了非洲东南部，他的地理学、地质学、几何学知识——所有被我们叫作地球科学的学科——有了用武之地；难怪他的称号变为了恩基，意思是"大地之主"，因为他掌管着地球的秘密。最终，他提议了一项基因工程，创造了亚当——在他的同父异母姐妹、医药卫生官员宁呼尔萨格的帮助下——他又展现了他在生命科学方面的才能：生物学、基因学、进化学。有超过一百个弥斯，它们是一种类似于电脑光盘的神秘物件，上面按学科分类记载着很多知识，被存放于他位于苏美尔的总部埃利都；在非洲的南部末端，有一个科学站保存着"睿智之签"。

在当时，所有的这些知识，恩基都跟他的六个儿子共享，他的每一个儿子后来都成了一个或多个领域的专家。

恩基同父异母的兄弟恩利尔——"指挥之主"——接着来到了地球。在他的领导下，登陆地球的阿努纳奇的数目增长到了 600；另外，还有留守在绕地轨道上的 300 名伊吉吉（意思是"他们观测、看着"）操作着轨道上的太空站，协助登陆舱离开和返回飞船。恩利尔是一位伟大的太空人、组织者，是一位极为严格的领导人。他在 NI.IBRU，也就是阿卡德语中的尼普尔建立了第一个太空航行地面指挥中心，以及和母星联络的纽带——杜尔安基——"天地纽带"。太空航海图、天文资料、天文学的秘密是他在保存。他计划并监管了第一座太空发射城西巴尔（意为"鸟城"）的建设。气候、风和雨，是他关注的内容；同样，他的职责还有确保运输和供给的顺畅，包括食物和艺术品、手工艺品的本地供给。他主张在阿努纳奇中进行严格训诫，是"审判七员"这个委员会的成员，也是人类开始繁殖的掌管律法和秩序的最高神祇。他管理着祭司们的职能，而且当王权建立时，也被苏美尔人称作"恩利尔王权"。

在尼普尔的"碑刻屋"伊度巴中，找到了一部很长且保存完好的《恩利尔赞歌》，其中在它的第170行提到了恩利尔的诸多科学和组织上的功劳。在他的塔庙伊库尔（意思是"如山般的房屋"）上，他有一个"柱子搜寻着所有土地的心脏"。他"设立了杜尔安基——天地纽带"。在尼普尔，他确立了"宇宙领袖"，他裁决着公正和正义。用"无人得以凝望"的"天国弥斯"，他在伊库尔的最中心建立了"如深海般神秘的天极点"，包括了"布满星星的徽记……尽显完美"；这样一来就可以建立礼仪和节庆了。正是在恩利尔的引导下，"诸城建起了，据点落成了，畜棚修好了，羊圈修好了"，修建了控制河水泛滥的河堤、运河，土地和草地"满是富饶的谷物"，花园用来栽培水果，纺织被教给了人类。

这些就是恩利尔传给他的儿子和孙子们的知识和文明，并通过他们传递到了人类的手中。

阿努纳奇将这些多种多样的科学知识传递给人类的过程，一直是整个研究中被忽视的领域，很少有已被查明的结果。例如，一个主要的课题就是天文学祭祀具体是如何产生的——现在这个时代，我们都不敢说我们是完全懂得我们太阳系的，我们也无法进行太空冒险。作为核心事件，将天上的秘密传授给恩麦杜兰基，我们曾在一部鲜为人知的文献中读到过，W.G.兰伯特在他的研究《恩麦杜兰基和相关元素》中点燃了这部文献的光亮：

恩麦杜兰基是西巴尔的一位王子，

深受阿努、恩利尔和艾的宠爱。

在光亮神殿的沙马氏将他指为祭祀。

沙马氏和阿达德带着他去往诸神的聚会……

他们向他显示如何在水中观测油，

这是阿努、恩利尔和艾的秘密。

他们给他神圣之签，

其上有天国和大地的机密……

他们教导他如何运用数字进行计算。

当向恩麦杜兰基传授阿努纳奇的秘密知识完成之后，他回到了苏美尔。"尼普尔、西巴尔和巴比伦的人都被传唤到他那里"。他告诉他们他的经历，以及祭祀协会的建立，而且诸神说这是一项要子承父业的职业：

这博学之士

他守护着诸神的秘密

用誓约捆绑他最爱的儿子

将在沙马氏和阿达德之前……

在诸神的秘密中指引他。

碑刻有一个后记：

是祭司们造出的一行，

他们被允许接近沙马氏和阿达德。

按照苏美尔国王列表上的说法，恩麦杜兰基是前大洪水时代的第七位王权拥有者，在他成为最高祭司并被重命名为恩麦杜兰基之前，在西巴尔执政了六个尼比鲁的轨道时间。《伊诺克记》中，是天使长乌利尔（意思是"神是我的

图 69

光亮")向伊诺克显示了太阳的秘密（至点和分点，所有"6 个入口"）和"月亮的律法"(包括置闰的学问)，以及恒星组成的 12 星座，"天国里所有的工作"。而且在教学的最后，乌利尔给了伊诺克——如沙马氏和阿达德曾给恩麦杜兰基的——"天之签"，指导他认真学习并摘记其中"任何独特的现象"，然后他回到了地球。伊诺克将他的知识传授给他的长子，玛土撒拉。《伊诺克秘密之书》中讲述的这些传递给伊诺克的知识，包括了"所有天国的、大地和海洋的，以及所有元素的运转，他们的路径和去向，日月的运转，恒星的去向和变动，季节、年岁、日子和时辰的"。这与沙马氏的特点是相符的——他的天体对应物是太阳，并掌管着太空站，而阿达德则是远古的"气候神"，也是风暴和降雨之神。沙马氏（苏美尔语中的乌图）通常被描绘为（见图 54）拿着测量杆和绳子的神，阿达德（苏美尔语中是伊希库尔）则拿着叉状闪电。一枚亚述王（图库提 - 尼努尔塔一世）的皇家图章上的描绘显示，这位国王被引介给这两位大神，可能是为了将曾传授给恩麦杜兰基的知识传授给他（见图 69）。

后来的诸王恳求将如同早期贤人般的"睿智"与科学知识传授给他们，或者他们自吹自己也如他们一样博学，与众不同。亚述皇家信件中将一位国王称赞为"超越下层世界（并非下界或冥界之意。）所有贤人的睿智"，因为他是"圣贤阿达帕"的后代。另一个例子是，一位巴比伦国王声称，他有着"远远超过阿达帕的记录中所包含的内容的睿智"。这要先参考一下这位埃利都（是恩基在苏美尔的中心）贤人阿达帕了，恩基教给他"地球设计"的"广泛理解力"，也就是地球科学的秘密。

人们不可以排除一种可能性，如恩麦杜兰基和伊诺克那样，阿达帕也是埃利都贤人中的其中之一，是第七个，而由此，其他苏美尔记忆也在《圣经》关于伊诺克的记录中产生了共鸣。按照这个故事中的说法，7名睿智之人在恩基的城市埃利都接受训练，他们的头衔和独特知识因版本不同而不同。莱克尔博格根据伊诺克译文版，给出了每位贤人的名字，并解释了他们主要的名望；第七位是"乌图－阿普苏，他升上过天国"。在引用第二个这样的文献之后，莱克尔博格指出，这第七位贤人的名字是由乌图／沙马氏和恩基在下层世界的领地阿普苏组成的，而这个人就是亚述的"伊诺克"。

按照亚述人对阿达帕的睿智的认识，阿达帕编写了一部科学书，名为《关于时间的文字：来自圣阿努圣恩利尔》（*U.SAR d ANUM d ENLILA*）。由此，阿达帕被赞美的原因之一是写下了人类有史以来的第一部天文和立法书。

当恩麦杜兰基升上天国被教导各种秘密的时候，支持他的神是乌图／沙马氏和阿达德／伊希库尔，分别是恩利尔的孙子和儿子。他的升天由此是在恩利尔势力的庇护下的。我们读到，当恩基将阿达帕送到天国阿努的住所时，这两位充当他的随从的神祇是杜姆兹和基兹达，他们是艾／恩基的两个儿子。在那里，"阿达帕从天国的地平线扫视到天国的顶点；他看见了它令人敬畏的一面"——这些文字在《伊诺克记》中也有提到。在造访的最后，阿努拒绝给他永生；而作为替代的是，他为阿达帕颁布的"艾之城的祭祀制度将在未来越发光荣"。

这些故事的暗示是，有两条祭祀线——一条是属于恩利尔势力的，一条是属于恩基势力的；以及两个主要的科学院，一个在恩利尔的尼普尔，另一个在恩基的埃利都。合作和竞争并存，毫无疑问，这正如他们两兄弟一样，这些学员和祭司们也分别得到了他们的专业能力。这个结论，被后来的文本和事件所支持，这刚好对应我们的发现，即阿努纳奇领导人都有着各自的专长和才能、特点和特殊的象征物。

当我们继续考察这些特征和象征物的时候，我们会发现神庙－天文学－立法之间的紧密联系，同样还表现在这些神祇之间，在苏美尔，在埃及，将这些特点联系到他们的属性。自从塔庙和神庙充当观测台来确定地球时间和天时间的流逝以来，拥有天文学知识的神祇同时也拥有了定位并设计神庙及神庙布局和朝向的知识。

"说，是否是你总结了科学？谁曾丈量这地球，让它被熟知？谁曾在它之上展开绳索？"约伯在被问的时候承认说，是神，而非人，他们才是终极守秘人。将国王－祭司引荐给沙马氏（见图54），这件事的目的或本质被两个神圣的持绳者暗示了出来。他们将这两条绳子拉长到一个发光的行星上，形成一个三角形。在埃及也有相似主题的描绘，显示两位持绳人是如何测量基于一颗名叫"何璐斯的红眼"的行星的角度的（见图70）。

用拉长的绳子来确定一座神庙合适的天文朝向，在埃及是一位名叫瑟歇塔的女神的工作。她一方面是历法女神，称号是"伟大者，文书之女，书屋的女主人"，符号是棕榈树枝制成的尖笔，在埃及的象形文字中代表的是"计算年份"。她的头上有一把天弓，其中有一颗七芒星。她也是建筑女神，但仅仅如同诺尔曼洛克耶爵士在《天文学的黎明》中指出的那样——负责确定各神庙的

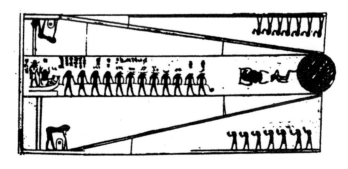

图 70

朝向。这种朝向并不是巧合或靠臆想来完成的工作。埃及人相信，其来确定他们神庙的朝向和主要的轴线的神圣指引是与瑟歇塔有关的。学者奥古斯特·马丽特曾在丹德拉赫的一处遗址发现了与瑟歇塔有关的文献，认为正是她"确保圣坛的建造能够严格按照《神圣之书》中的指引来进行"。

要确定正确的朝向需要进行复杂的仪式，被叫作绳量法，原意为"绳子拉长"。女神通过敲打一个金棒在地上做一个洞；国王在她的指引下做出另一个洞。接着一根绳子拉在这两根柱子之间，指示出适当的朝向；这是由一颗特殊的星星的位置来确定的。一个由 Z. 扎巴进行的研究，被捷克斯洛伐克科学院发表，其中指出这种方法显示出了岁差现象的知识，并由此也得知了天圈的黄道划分。有关的文献证实了这个仪式的星形特征，如同在位于艾德弗的何璐斯神庙的墙上所发现的那样。它记录了法老的话：

> 我做了这插好的柱子，
>
> 我在这棍棒的把手这儿抓着它，
>
> 我和瑟歇塔拉长这绳子。
>
> 我用我的视线追踪星星的运行，
>
> 我将凝望固定在美思赫图的星星上。
>
> 这宣告时间的星神
>
> 抵达了它的麦开特（古埃及的天文仪器）角度；
>
> 我建立了这位神神庙的四个角。

另一个例子是法老赛提一世在阿比多斯重建神庙，题词中引用了这位国王的话：

> 我手中这用来敲打的棍棒是黄金制成的。

我用它来击打这大钉子。

你以你的身份和我在一起。

你用天国的四支柱

来固定神庙的四角落的时候

拿着铲子。

这项仪式在神庙的墙上有着图画描绘（见图 71）。

按照埃及神学来讲，瑟歇塔是透特的女伴和主要助理，后者是埃及的科学、数学和历法之神——神圣抄写员，保存着诸神的记录，还是金字塔建筑秘密的守护人。

由此看来，透特才是最主要的神圣建筑师。

图 71

第六章

神的建筑师

在公元前 2200 年到公元前 2100 年之间的某个时候——伟大的史前巨石阵出现的时候，恩利尔的长子尼努尔塔，开始了一项重要工程：在拉格什为自己建造一座新的房屋。

这件能为诸多神和人类的事务提供线索的事情被委托给了一位国王来做，拉格什的古蒂亚，他在两个巨大的泥柱上将所有细节都详细地记录了下来，虽然整个工程宏伟浩大，但他承认这是一个巨大的光荣，也是让自己名垂青史的唯一机会，因为没有几个国王承受过这样的委托：实际上，皇家记录（在所有现在已被发现的里）提到了至少一个例子，当时有一位伟大的国王（那拉姆－辛），虽然受众神的宠爱，但总是被拒绝加入到新神庙的修建中（正如千年之后在耶路撒冷的大卫王一样）。古蒂亚在自己的雕像上刻下了对他的神的赞颂，后来他将雕像放到了新神殿中（见图 72）。古蒂亚设法留下了一段解释这些阿努纳奇神庙和圣域作用的完整文字信息。

作为恩利尔和他同父异母姐妹宁呼尔萨格所生下的长子，尼努尔塔与父亲共享了 50 这个衔位（阿努是最大的，为 60，阿努的另一个儿子恩基是 40），

图 72

所有对尼努尔塔的塔庙的称呼是很简单的，叫作埃尼奴，"50 之屋"。

在千年的岁月中，尼努尔塔一直都是他父亲忠实的副官，忠诚地完成分配给他的每一个任务。当一位反叛的神祇祖从位于尼普尔的太空航行地面指挥中心窃取了命运之签，扰乱天地纽带的时候，尼努尔塔得到了一个称号，叫作"恩利尔的大武士"；因为是尼努尔塔将这名叛军追到了大地的尽头，抓住他并将这些重要的命运之签放回了原本的位置。有一场爆发在恩利尔集团和恩基集团之间的血腥战争，我们在《众神与人类的战争》(《地球编年史》丛书第三部）中将它称作第二次金字塔战争，同样是尼努尔塔带领着他父亲的势力取得胜利的。这次冲突最终结束于一场由宁呼尔萨格强迫的和平谈判，结果就是地球在这两兄弟及他们的儿子之间进行了划分，赐予人类的文明也被分为了"三区域"——美索不达米亚、埃及和印度河流域。

随之而来的和平持续了很长一段时间，但并不表示会永远这样和平下去。在所有对这样的划分不满意的神中，有一位名叫马杜克，他是恩基的长子。他利用阿努纳奇复杂的继承规则，重新点燃了他父亲和恩利尔之间的矛盾。在对苏美尔和亚甲（阿卡德，两者就是我们所说的美索不达米亚区）的管辖权上，马杜克向恩利尔的后代们挑战，并宣布对美索不达米亚城市巴布伊利（Bab-Ili 巴比伦，字面意思为"众神的门廊"）行使管理权。随后而来的冲突导致马杜克被宣判活埋于吉萨大金字塔里；然而，要赦免已经晚了，他被迫开始了流亡之路；再一次，又是尼努尔塔被要求出面解决这场冲突。

然而，尼努尔塔不仅仅只是一名战士。在大洪水之后，是他在山口筑堤以避免幼发拉底河和底格里斯河之间的平原有更多的洪水，是他进行了大规模的工程，放走了平原上的积水，让那里再次变得适合居住。在那之后，他监管着在这一地区进行的农业的有条理的引进，苏美尔语中由此亲切地称呼他为乌拉什——意思是"犁地者"。当阿努纳奇决定将王权带给人类的时候，也是让尼努尔塔在人类的首座城市基什进行组织的。而且，在马杜克导致的剧变之后，在大约公元前2250年，整个大地在无声无息地衰退。这一次又是尼努尔塔出面，从他的"崇拜城市"拉格什重建了秩序和王权。

对他的报酬则是恩利尔批准他在拉格什修建一座新的神庙。倒不是因为他会"无家可归"；他在基什已经有了一座神庙，在尼普尔的圣域中也有一座神庙，紧挨着他父亲的塔庙。在吉尔苏，他的"崇拜中心"的圣域里，也有一座他自己的神庙。曾在这个遗址进行过挖掘的法国考古团队（现在被当地人称为特洛Tello），发现了诸多古代正方形塔庙和矩形神殿的遗物，而它们的各角落都精确地指向基点方位（见图73）。

他们推测最早的神庙的地基是在前王朝时代打下的，那是在公元前2700年之前，它是挖掘地图上的K点。拉格什最早的一批统治者的题词已经提到了吉尔苏里的重建和扩修，以及工艺瓶的捐献，如同恩铁美那的白银花瓶（见图48），这早于古蒂亚时代六七百年。一些题词可能是说这个最早的埃尼奴的基础是美思利姆打下的，他是一位基什的国王，在大约公元前2850年的时候统治着基什，我们可以看出，这是尼努尔塔为苏美尔人建立王权的地方。很长一段时间来，拉格什的统治者们被认为仅仅是总督，他们不得不使用"基什的

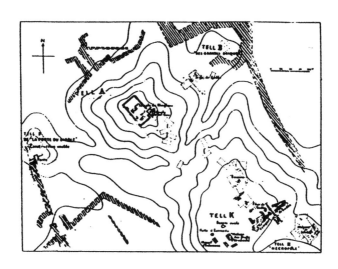

图 73

国王"这个称号来成为真正意义上的王者。可能是这样的二级的耻辱让尼努尔塔为他的城市寻求一座真正正式的神殿；同时他还需要一个地方来安放阿努和恩利尔授予他的卓越武器，包括一个被称为圣暴风鸟的飞行器（见图 74），它拥有一个大约 75 英尺的翼状物，需要一个特殊设计的场地。

当尼努尔塔击败恩基集团，他进入大金字塔并第一次承认，相对它的外在而言，它的内部结构是多么错综复杂，让人惊讶。我们从这些由古蒂亚的题词提供的信息中可以看出，在他出差到埃及之后，尼努尔塔一直都有一个心愿，就是要拥有一座同样宏伟复杂的塔庙。现在他再一次让苏美尔得到了和平，也让拉格什获得了皇家都城这个身份，他再次请求恩利尔，批准他在拉格什的吉尔苏圣域修建一座新的埃尼奴，一座新的"50 之屋"。这一次，他的愿望成真了。

不要将他的请求得以同意看作是必然的事。例如，我们曾在有关神巴尔

图 74

（"主"之意）的迦南神话中读到，因为他击败了艾尔（意思是"崇高者"，最高的神）的敌人，于是请求艾尔同意他在黎巴嫩的乍缝山顶修建一座房屋。巴尔在过去就已经提出过这个请求，但被一次次地回绝了；他曾不断向"他的父亲，公牛艾尔"诉说：

> 巴尔没有像众神一样的房屋，
>
> 没有像阿舍拉的孩子们那样的场所；
>
> 艾尔的住处是他儿子的庇护所。

现在他请求艾尔的妻子阿舍拉为他求情，阿舍拉最终让艾尔答应了他的请求。她除了提到了之前的抱怨外，还外加了一点：巴尔，她说道，就能在他的新房子里"观察季节"——将那里变作制定历法的观天所。

然而，虽然巴尔是神，但他同样不能就这么去修建他的神庙－住所。计划的制定和修建要在科沙尔－哈西斯的监督下才能进行，他是诸神的"多识多艺"的工匠。不仅是现代学者，哪怕是公元一世纪的毕博洛斯的菲洛（引用更早的腓尼基史学家们的话）都曾将科沙尔－哈西斯与希腊的神之匠人赫菲斯托斯（他修建了宙斯的神殿－住所）或透特，埃及的知识、工艺和魔法之神进行比较。迦南文献的确称述道，巴尔曾派使者去埃及迎接科沙尔－哈西斯，但最后是在克里特发现了他。

然而，当科沙尔－哈西斯到达的时候，巴尔和他却在神庙的建筑问题上产生了激烈的争吵。他想要的似乎是仅仅由两个部分组成，即圣域和一段升起的阶梯，而不是传统上的三部分。这场不明智的争吵针对的是一个漏斗状的窗户或天窗，科沙尔－哈西斯坚决认为它必须放在"屋子里"，但巴尔强烈地反对并认为应该放在其他地方。这场争吵在文献中占用了很大的一部分，来显示它的激烈和重要；其中还包括了吼叫和辱骂……

至于为什么要因为一个天窗的位置争吵，至今尚不明了。我们的猜想是，它也许是和神庙的朝向有关。阿舍拉的陈述中说明，这个神庙要用于观察季节，那么它的朝向就必须拥有精确的天文意义。然而，在这部迦南文献的后面显露出来的是，巴尔打算在神庙内部安装一台秘密通讯设备，以夺取其他神的力量。为了这个目的，巴尔"展开一条绳子，强壮柔韧"，从乍缝山（北边）一直到南边的卡叠什（意思是"神圣之地"），后者位于西奈沙漠里。

最后，朝向是按照神圣工匠科沙尔－哈西斯的意思定的。"你将要听从我的"，他坚定地告诉巴尔，"至于巴尔，他的房子就要这么建"。如果，如人们推测的那样，后来修在巴勒贝克平台的神庙是按照老计划修建的，那么我们会发现，科沙尔－哈西斯为这座神庙所制定出的朝向是东西轴线的（见图25）。

如苏美尔的新埃尼奴神殿的故事所展现的，我们可以看到在它的朝向问题上，牵涉到了许多天体观测的内容，并需要神圣匠人们提供专业帮助。

※

很像13个世纪之后的所罗门王，古蒂亚同样在题词中详细地记录了参与到这项工程中的工人数目（216000），从黎巴嫩运来的雪松木和其他用作大梁的木料的数量，"来自大山里的巨石，分为石块"——从井或"沥青湖"得来的沥青，从"铜山"得来的铜，"银山得来的"白银和"来自金山的金"；以及所有的青铜工艺品、饰物和雕像。所有这些都有着详细的记录，所有这些都无比辉煌，当它完工的时候，"阿努纳奇聚在一起，纷纷投来惊羡的目光"。

古蒂亚题词中最有趣的章节是讲述在神庙建设前的事情的，有关它的朝向问题，它的设施和符号；我们主要是按照被称作圆柱A的题词所提供的信息。

古蒂亚的记录中所陈述的这一系列事件，开始于特定的一天，这一天有重要的意义。在题词中使用了尼努尔塔的正式称呼宁吉尔苏——"吉尔苏之主"——记录是这么开始的：

> 在天地的命运被制定之日。
> 当拉格什抬头望苍穹之时
> 与伟大的弥斯一致。
> 恩利尔在前夜给了主宁吉尔苏赞同。

记录了尼努尔塔"对这城市极为重要与弥斯一致的"新神庙修建延期的抱怨，它记录说，在这吉祥的一天，恩利尔最终批准了这个行为，同时他还制定了这座神庙的名字："它的国王应该为这神殿命名为埃尼奴"。这个告示，古蒂亚写道，"在天国，在地上，放光彩"。

在接受了恩利尔的批准并为新塔庙命名之后，尼努尔塔现在已经能够自由地开始建设了。没有浪费分秒的时间，古蒂亚立马恳求他的神能够让他来执行这项任务。将公牛和小山羊作为祭品，"他询问这神圣的愿望……在白日和午夜，古蒂亚向他的主人宁吉尔苏抬起双眼；他为了指挥修建主的神庙而睁开双眼。"古蒂亚坚持祈祷："他诉说着：'由此，由此我说话；由此，由此我说话；我将说这些言语：我是放牧人，为王权而选择。'"

最终，奇迹发生了。"在午夜时分，"他写道，"有些东西来到我的面前，而我并不懂得其中奥妙。"他拿上他的用沥青黏合的船，在一条运河上面航行，去一个邻近的镇上，想从"揭示命运之屋"里的贤明女神南舍那里寻求一个解释。为了让她解答他的困惑，他献上了祷告词和祭品，然后他开始告诉女神他所看见的：

> 在梦里，我看见
> 一位如天国般明亮光彩的男人，

他在天国在地上都是伟大的。

从他的头饰我看出他是一位神。

在他身旁便是圣风暴鸟；

如一阵飓风在他脚下

蹲着两头雄狮，一左一右。

他指挥我修建他的神庙。

接着就是一个难解的天文兆示，古蒂亚告诉这位贤明的女神：在基沙，木星之上的太阳，突然出现于地平线。接着一位女人出现了，好像给了他一些其他的天文兆示：

一位女人——

她是谁？她不是谁？

一座神庙建筑的形象，一座塔庙，

她拿在她的头上——

在她手里她拿着一个神圣的指针，

一个有着可敬的天国诸星的碑牌，

她承担着，

与之商量。

接着出现了第三个神圣人物，看上去像是一名"英雄"：

他手里拿着一个青金石碑；

他在上面画了修庙的计划。

然后，在他的眼皮底下，修建计划的具体形象突然出现了："一个神圣的提篮"和一个个"神圣的砖模"，里面放置着"宿命的砖块"。

在听过这些如梦境一样的视觉之后，这位贤明的女神接着就告诉了古蒂亚其中的奥秘。第一个出现的神似乎是宁吉尔苏（尼努尔塔）；"因为他指令你要修建他的神庙，埃尼奴"。对于太阳的升起，她解释道，标志着神宁吉什西达，向他表示出太阳在地平线上的点。那位女神是尼撒巴；"她命令你要将房屋修来与神圣星球一致"。而第三位神，南舍解释道，"他的名字叫宁度波，他将房屋的计划交给你"。

然后南舍还加上了一些她自己的指令，提醒了古蒂亚新神庙必须为尼努尔塔的武器提供适当的空间，还有他的伟大的飞行器，甚至包括他最爱的琴。在得到这些解释和指令之后，古蒂亚回到了拉格什，并隐居到老神庙里，试图理清每一个指令的具体含义。"他在神庙的圣域里自闭了两天，在夜晚他也将自己关在里面；他深思着这房屋的计划，他向自己复述着那些所见。"

他最想不通的，一开始就是神庙的朝向问题。他走上被叫作舒格拉姆的旧神庙的高处（或被抬高的地方）。舒格拉姆是"光孔之地，决策之地，宁吉尔苏在里面能够看见他的土地的复制品。古蒂亚移去了一些妨碍视线的"沫状物"（泥浆？灰浆？），试图弄清楚神庙建筑的秘密；但他仍然感到困惑和混乱。"噢，我的主人宁吉尔苏，"他呼唤着他的神，"噢，恩利尔之子：我的心仍一无所知；其中的奥妙离我之远有如大洋之心，有如天国之心……噢，恩利尔之子，主人宁吉尔苏——我，我一无所知。"

他恳求再看一次兆示，然后当他睡觉的时候，宁吉尔苏/尼努尔塔出现在他的面前。"当我睡觉的时候，他站在我的头上"，古蒂亚写道。这位神祇解释清楚了对古蒂亚的指令，并保证会持续向他提供神圣的援助：

我的指示将给你信号

通过神圣的天国行星；

要符合神圣礼仪

我的房子，埃尼奴，

应将大地绑于天国。

接着这位神就为古蒂亚列出了这座新神庙所有的内部需求，扩展到了他的强大力量，他武器的可怕惊人，他的不可忘却的功绩（如建水坝）以及阿努授予他的身份，"贵族的 50 个名字，由他们授予"。这个建筑，他告诉古蒂亚，应该开工于"新月的那天"，那时神将给他适当的预兆——一个信号：在新年的那夜，这位神的手将举着一团火焰出现，放射出"将使夜晚变为白昼"的光明。

尼努尔塔／宁吉尔苏同样还保证，古蒂亚将得到从一开始的新神庙建设计划：一位称号是"明亮大蛇"的神将前来帮助建设埃尼奴和它的新圣域——"将它修得像是大蛇屋，将它建得坚固"。尼努尔塔还向古蒂亚保证，这座神庙的修建将为这片土地带来丰收和富足："当我的梯庙建成的时候"，雨将适时而下，灌溉渠将充满清水，哪怕是"无水流经"的沙漠都将繁花似锦；将有丰收的谷物，大量可食用的油，以及"充足的羊毛"。

现在"古蒂亚明白了这个值得称道的计划，这是他的所见所传来的清晰的信息；在听过主人宁吉尔苏的言语之后，他鞠下了他的头……现在他已足够英明，懂得了伟大的事物"。

不浪费一分一秒，古蒂亚开始了"净化城市"并组织起拉格什的人民，老老少少，形成很多工作团队，开始在这项庄严的工作中服役。文献中有从人类这一边提到这个故事，其中包含了 4000 年前的生活、习俗和社会问题，我们所读到的似乎他们是用这样的一种方式将自己奉献到这场独特的工作中来，"监工的鞭子是被禁止的，母亲从不责骂她的孩子……犯了大错的女仆不会被她的女主人扇耳光。"

然而这些人民还不仅仅是被要求要变得善良；为了给这项工程注资，古蒂亚"在这片土地上征税；作为对主人宁吉尔苏的顺从，税款不断增长着"……

大家可以在这个地方停一停，并向前看看另外一个神的住宅的建造，它是修建在西奈荒野里的耶和华神庙。在《出埃及记》中有详细记载，开始于第二十五章。"告诉我以色列的孩子们吧"，耶和华告诉摩西，"他们该要为我做个贡献：每一个心甘情愿这么做的，即可收归于我……而且他们要为我修建一个圣域，而我将住在他们中间。与所有我显示于你的相符，这住宅的计划及它的所有器具的样式都将要你们来做。"紧接着便是最为详细的建筑指令——这些细节使今天的学者们对这个住宅及其部分的重建成为可能。

为了帮助摩西拿出这些详细计划，耶和华决定为摩西提供两名被赋予"圣灵"的助手——"懂得所有工艺方法，睿智、觉悟、博学"。有两个人被耶和华选了出来，他们是比撒列和阿何利亚伯，"拿出耶和华所命名的所有神圣工作的方法"。这些指令开始于住宅的布局，它被定为一个矩形场地（100 腕尺，一腕尺等于 45.7 厘米），较长的一面精确朝向南北，较短的一面（50 腕尺）精确地朝向东西，也就是说住宅的轴线是东西朝向的（见图 44a）。

现在"足够英明"并"懂得伟大事物"的古蒂亚——回到距《出埃及记》大约 7 个世纪的苏美尔，用一种极为壮丽的手段开始了这项工程。他在运河和河道上派出了船只，"升起南舍符号的神圣船只"，从她的追随者中召集助手；他派出牛车和驴车到伊南娜的土地去，车的前方有着"星碟"的符号；他召集乌图的追随者，"他所爱的神"。结果是，"从埃兰来了埃兰人，从苏萨来了苏萨人；马根（埃及）和美鲁克哈（努比亚）从他们的山上带来了一个巨形供物。"从黎巴嫩带来雪松，收集了青铜，整船的石料也送达了。铜、金、银和大理石也都到手了。

当所有这些准备好，就是做泥砖的时候了。这可不是小工程，这不仅仅是

图 75

因为他们所需要的是成千上万块砖。这些砖块是苏美尔人首创的，这让他们能够修建高耸的建筑。当然，砖块不是我们现在看见的那种类型：它们通常是正方形的，边长为一英尺或稍长，两或三英寸厚。它们的制造方式并不是何时何地都相同的。有时仅仅是用日光烘烤，有时是在砖窑里烘烤；它们不总是平的。有时是凹的，有时是凸的，按照需求而定，用于承受建筑的压力。如古蒂亚和其他一些国王的题词中所表明的，砖块的尺寸和形状是由管理工程的神来制定的；这可是建造过程中的重要一步，而为了国王的荣誉，第一块砖是由国王亲自筑造成型的，他还会在这块砖中镶入一段刻字（见图 75），内容则与神的奉献有关。对后世来说这可是非常幸运的事，因为这种风俗，让考古学家们能够鉴别出大多数曾参与过此类工程（修建、重建或修复神庙）的国王。

　　古蒂亚在他的题词中写到了很多关于砖块工程的事。这是一个由几位神祇共同参加的仪式，在旧神庙的广场里举行。古蒂亚在圣域中待上一整个夜晚好让自己准备好，然后在早上洗澡并穿上特殊的衣服。届时整片大地上都是一个庄严的休息日。古蒂亚提供祭品，然后走进旧的圣域；那里有神在梦境中向他显示的砖模和一个"神圣提篮"。古蒂亚将这个篮子放在他的头上。一个名叫伽拉力母的神带领着这个过程。神宁吉什西达将砖模拿在手中，他让古蒂亚用神庙的铜杯将水倒进模子里，象征一个好的兆头。在尼努尔塔的信号下，古蒂亚将泥倒进模子里，并始终不停地念着咒语。题词中说，他非常虔诚地完成了整个神圣仪式，整个拉格什"一片寂静"，等待着结果：这个砖块出来的时候是完美的，还是有缺陷的？

> 当太阳照射到这模子上之后
>
> 古蒂亚敲开模子，
>
> 他分开这砖块。
>
> 他看见了刻字的泥的底部；
>
> 他用虔诚的眼光凝视着它。
>
> 这砖块是完美的！
>
> 他将这砖块带到神庙，
>
> 砖块从模子里举起。
>
> 如一个闪耀的王冠，他将它举向天空；
>
> 他将它带到人群中举起。
>
> 他将这砖块在神庙里放下；
>
> 它坚固而结实。
>
> 而这位国王的心
>
> 如这个日子一样光彩。

在古代，哪怕是远古时代，苏美尔的描绘中就已经出现了制砖仪式；其中之一（见图 76）显示了一位坐着的神祇拿着神圣模子，从中取出的砖块被用于修建一座塔庙。

是时候开始修建神庙了，而第一步就是要确定它的朝向并打下基石。古蒂亚写道，这个新埃尼奴的选址是一个新地点，而且考古学家们也的确在一座小山上发现了它的遗迹（见图 73），离老神庙大概有 1500 多英尺，在挖掘地图

图 76

中被表示为 A 点。

我们从遗迹中发现塔庙修建出来之后，它的四角是朝向基点方位的；这种特定的朝向是这样得来的，第一次确定时为正东，然后按照正确的角度向两边筑墙。同样，这个仪式也是在一个吉日举行。这一天由女神南舍主持："南舍，埃利都的一个孩子"，"指挥着这已确定的神谕的达成"。我们猜测这一天可能是春／秋分日。

在正午的时候，"太阳当空之时"，"观测者的首领，一位建筑大师，站立在神庙上，仔细计划着方向"。当阿努纳奇"带着极大的赞赏"观看这确定朝向的程序时，他"打下基石并在地上划出墙的方向"。我们之后在题词中看到，这位观测者的首领，建筑大师，是宁吉什西达；并且我们从大量的图画（见图 77）中得知，这个时候是一位神（看他的头饰）打下了圆锥形的奠基石。

在有关这个仪式的一些描绘中，显示了一位戴着角状头饰的神，打下这个圆锥形的"石头"，凡是此类描绘都是刻在青铜上的，这表明这个"石头"也许同样是青铜质地；而使用"石头"一词本身也是很常见的，因为所有从采矿场和矿井中得来的金属都被命名为 NA，NA 就是"石头"或"开采而来"的意思。从这个意义上说，《圣经》中对角石或首座石的安置被认为是很神圣的，或代表主对新房的祝福这一点，是很值得我们注意的。在撒迦利亚写下的有关在耶路撒冷重建神庙的预言书中，他陈述了耶和华给了他一种视觉，让他看见

图 77

"一个手里拿着测量绳的男人"，并且还被告知，这位神的使者将要来测量一座重建后变得更为宏伟的耶路撒冷的新主之屋的四边长，这所新房将在主为其置下首座石之后升起七倍的高度。"到时他们将看见索罗巴伯（被耶和华选中重建神庙的人）手中的青铜石"。所有人都将知道这是主的意愿，这时被选中执行神庙重建的人也是被耶和华选定的。

在拉格什，当角石被宁吉什西达埋入地下的时候，古蒂亚就可以为神庙铺地基了，现在"就如尼撒巴一样知道这数字的含义"。

学者们指出，由古蒂亚修建的塔庙，是七层的。按照惯例，随着基石安置的完成，神庙朝向的确定及古蒂亚开始按照标记在地上放砖块的时候，便开始朗诵七首祝福诗：

愿这砖安息！

愿这屋如愿升高！

愿圣黑凤鸟

如意气风发的雄鹰！

愿它犹如年轻的雄狮般令人敬畏！

愿这屋有天国的光辉！

愿欢愉充满既定的献祭！

愿埃尼奴为世界之光！

然后古蒂亚就开始修建这所"房屋，他为他的主人宁吉尔苏修建的一所住宅……一座真实的天地之山，它的头高耸入云霄……古蒂亚愉悦地用苏美尔坚实的砖块立起埃尼奴；他就这么修建这伟大的神庙"。

美索不达米亚没有采石场，它是在大洪水时期覆盖着淤泥的"两河之间的大地"。所以唯一能用上的建材就是泥砖，所有的神庙和塔庙也真就是这么建起来的。古蒂亚的陈述中说到埃尼奴是"用苏美尔坚实的砖块"修建起来的，的确是对事实的陈述。让人感到困惑的是，古蒂亚所列出的其他建材。我们此刻说的不是那些各种各样的木头和木料，它们的确也在建筑中大量使用。我们所说的是这项工程中所用到的品种多样的金属和石头，所有这些都不得不从极为遥远的地方运送过来。

这位国王，我们在题词中读到，是"正直的牧羊人"，"建这神庙用了金属"，包括从遥远的土地运送过来的铜、金和银。"他建这神庙用了石头，他用珠宝把它变得明亮；将铜和锡混合起来"。这毫无疑问地是指青铜，用于制作大量的工艺品，同样还用于固定石块和金属。青铜的制作是一个复杂的过程，需要将铜和锡按照特定比例在高温下进行混合，这简直是一种艺术；不过的确，古蒂亚的题词将这件事说得很清楚，他说为了这件事，一位为宁图德工作的三古西姆，一位"祭司铁匠"，被从"熔炼之地"带了回来。关于这位祭祀铁匠，题词上说，"他修建神庙的外观；用两手宽的明亮石头，覆盖在砌好的砖上；

用闪长岩和一手宽的明亮石头，他……（这时题词变得很不清晰，已被严重毁损了）"。

不仅是用于修建埃尼奴的石材数量繁多，同时题词中还明确提到，在砌砖上还要覆盖特定厚度的明亮石头。这是一句至今都没有引起学者们注意的话，这简直可以说是轰动。我们所知的所有苏美尔有关神庙建筑的记录中，没有一例是要在砌砖上覆盖或"套上"石料的。那些记录中所提到的只有砌砖的工程——如建设、毁损、替换，但从来没有提到要在砖上附一层石头。

不可想象——但如我们将要说的，这并不是完全不能理解——这座带着明亮石头的新埃尼奴，在苏美尔是独一无二的，超越了埃及人在金字塔上覆盖一层明亮石头外套，以取得平滑边缘的方法！

埃及法老修金字塔始于法老王左塞，他在塞加拉（孟菲斯之南）修建了第一座金字塔，那时大约是公元前 2650 年（见图 78）。在一座矩形圣域中升起六层，它最初是覆盖着一层石灰岩外套的：它的外套石料，如后来的金字塔所拥有的，被后来的统治者移除，用于修建他们自己的奇迹了。

埃及金字塔，如我们在《通往天国的阶梯》中所展示的，最初的一批是阿努纳奇自己修建的——吉萨的大金字塔和它的两个伴塔。是他们发明了在他们核心阶梯金字塔上套上明亮石头外套，让它们的边缘变得平滑。位于拉格什的新埃尼奴，在尼努尔塔的带领下，有了酷似金字塔的石头外套，这与史前

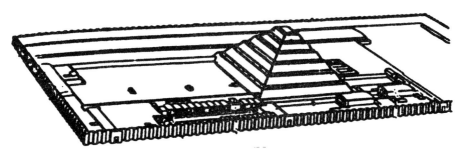

图 78

巨石阵成为真正的石阵的时间大约一致，这是一个解答史前巨石阵之谜的重要线索。

※

一个如此出人意料的与埃及的联系，如我们所讲的一样，仅仅是很多之一。古蒂亚自己在陈述埃尼奴的形状和它的明亮石头外套的时候，向我们暗示了这些联系。他说这形状和外套的信息是"在学识之屋"中"受教这个计划于恩基"的尼撒巴提供的。这个学院毫无疑问是在恩基的某个中心城市里；而埃及，再次说明，是在划分地球时被分配给恩基及其后裔的领地。

参与到埃尼奴工程的神祇是较多的。尼撒巴，带着星图在古蒂亚的第一个梦境中出现，她并不是参与进来的唯一一名女性。让我们看看这整个清单，然后将女性角色一一找出来。

写在第一位的是恩利尔（当然，他是男性），他批准尼努尔塔修建一座新神庙。然后尼努尔塔就出现在古蒂亚面前，告诉他这个神圣的决定并选择古蒂亚作为修建者。在他的梦境中，宁吉什西达向他指出了太阳升起的点，尼撒巴拿出指向受崇敬的星星的指针，宁度波在一个碑上划出了神庙的草图。为了了解所有的信息，古蒂亚找到了南舍，她是贤明的女神。伊南娜／伊师塔和乌图／沙马氏派出他们的追随者送来建材。宁吉什西达，和一位名叫伽拉力母的神一起加入到制砖的行列中。南舍选择了开工的吉日，接着宁吉什西达确定了朝向并置下角石。在埃尼奴正式宣布投入运行之前，乌图／沙马氏测试了它与太阳所呈的直线。这座独特的圣堂修建在靠近朝拜阿努、恩利尔和恩基的塔庙附近。而后，在尼努尔塔／宁吉尔苏和他的伴侣巴乌进入之前，最后的净化和献祭仪式，关系到了神宁曼达、恩基、宁度波和南舍。

天文学在埃尼奴工程中的主角地位是显而易见的；而且牵涉到这项工程

中的两位神祇，南舍和尼撒巴，都是女性天文学神祇。她们不仅在神庙建设过程中应用了自己专长的天文学、数学和度量学知识，还将它们应用到了神庙的仪式中。然而，其中之一是在埃利都的学院中培养出来的；而另一位，则是在尼普尔的学院中成长起来的。

南舍，她为古蒂亚指明了梦境中每一位神出现的天文学含义，并为确定神庙朝向指明了独特的具有历法意义的一天（分日），她在古蒂亚的题词中被称为"埃利都的女儿"（埃利都是恩基在苏美尔的城市）。的确，在记录主要神祇的美索不达米亚众神中，她被称作宁娜——"水之女"，并被显示为是艾／恩基的一个女儿。水路的策划和水源的定位是她的专长；她的天体对应物是天蝎宫——在苏美尔语中被写作摩尔吉尔塔博。她为在拉格什修建的埃尼奴所贡献的知识，由此可以看出是在恩基集团的学院中学到的。

一首南舍的颂歌中将她赞美为新年日的确定者，她将在那一天对人类做出审判。伴随她的是作为神圣法纪的尼撒巴，她将记录并测算出被审判人的罪行，比如"缺斤短两，偷梁换柱"之类。虽然这两位女神常常一同出现，尼撒巴（某些学者将她的名字读作尼达巴）是很清楚地被列入恩利尔集团的，并在有些时候被指认为是尼努尔塔／宁吉尔苏的同父异母（或同母异父）的姐妹。虽然她在后来被认为是保佑谷物成长的女神——可能是因为她与历法和季节有关，但在苏美尔文学中被描述为一位"打开男人耳朵"的女神，比如，教导他们睿智。在一些学院文章中，有一部由塞缪尔·N.克拉默从许多分散的碎片中搜集编理的，其中乌伦米亚（"识字的人"）将尼撒巴说为伊度巴（意思是"碑刻之屋"）的守护女神，那里是苏美尔主要的抄写工艺的学院，克拉默称她为"苏美尔的睿智女神"。

用 D.O.艾扎德的话来说，尼撒巴是苏美尔的"写作、数学、科学、建筑和天文"女神。古蒂亚特别将她描述为"知道数字的女神"——远古的女性"爱因斯坦"。

图 79

尼撒巴的标志是神圣指针。在拉格什圣域中（见图 79）出土的一块泥板上的献给尼撒巴的短篇赞歌中，将她形容为"她得到了 50 个伟大的弥斯"，并且是"7 个数字的指针"的拥有者。这两个数字都和恩利尔及尼努尔塔有关：他们的数字衔位都是 50，而恩利尔有一个名号叫作"7 之主"。

尼撒巴用她的神圣指针，向古蒂亚指出了她放在她膝上的"星板"上"受崇敬的星星"；这句话有一个意思是说这星板上不止有一颗星星，所以才会在众多星星中指出用于朝向的正确的一颗。这个结论在诗文《恩基给尼撒巴的祝福》中的陈述得到了证明，其中提到了恩基曾在她的教学阶段给过她"天空诸星的圣板"——再一次，"星星"使用了复数。

苏美尔语中摩尔一词——阿卡德语中是卡卡布——是"天体"的意思，既包括行星，又包括恒星。有人会想，尼撒巴的星图上所显示的到底是哪些天体呢，是恒星还是行星，或可能都有。图 79 上所显示的文本的第一行，向尼撒巴表示尊重，说她是一位伟大的天文学家，称她为宁摩尔摩尔拉——"诸星女士"。这个神圣公式有个令人感兴趣的地方，"诸星"这个词在这里并不是用一个星星标志附上一个表示"诸多"的限定符号，而是直接用四个星星符号。唯一合理的解释是，尼撒巴在她的星图上指出的，是四颗我们沿用至今的、用于确定基点方位的四颗星星。

她伟大的智慧和科学知识表现在了苏美尔颂歌中，其中陈述说她是"完美地拥有 50 个伟大的弥斯"——这些难解的"神圣公式"，就像是电脑光碟，它们小到可以用手携带，但又包含着大量的信息。一部苏美尔文献陈述道，伊南娜／伊师塔，去埃利都诱骗恩基给她 100 个"公式"。尼撒巴，刚好相反，并不需要去偷盗这 50 个弥斯。一段从碎片中整理出来的诗文，被威廉·W. 哈罗（详见《苏美尔诗歌的宗教环境》）翻译成英文，标题为《恩基给尼撒巴的祝福》，其中弄清楚了尼撒巴除了受过恩利尔集团的教育之外，同时还是恩基的埃利都学院的毕业生。其中将尼撒巴赞美为"天国的大文员，恩利尔的记录保存人，诸神中的全知者"，并赞扬恩基，"埃利都的手艺人"和他的"学识之屋"，颂歌中这么说：

> 他真切地为尼撒巴打开了学识之屋；
>
> 他真切地将天青石板放在了她的膝头，
>
> 与这天国诸星的圣石板商酌。

尼撒巴的"崇拜城市"被叫作以利什（意思是"最重要的住宅"）；它的遗迹和位置从未在美索不达米亚发现过。这首诗的第五节向我们指出，这个地方是位于非洲的"下界"（阿普苏）的，是恩基监管那些矿坑和冶金活动并进行基因实验的地方。诗文列出了在恩基的支持下，尼撒巴还在很多遥远的地方进行学习。诗文陈述道：

> 他为她建成以利什，
>
> 用大量纯净小砖块建成。

> 她在阿普苏，埃利都冠冕下的伟大之地
>
> 获得了最高学位的睿智。

尼撒巴的一位堂（表）姐妹，女神以利什吉加尔（意思是"伟大之地的首要住所"），管辖着一个非洲南部的科研站，并在那里同奈格尔共同掌控一个睿智之签，作为她的嫁妆。非常有可能就是在这个地方，尼撒巴接受了额外的教学。

有关尼撒巴的成长的分析，能够帮助我们鉴别这位出现在亚述碑刻上的神祇（见图80）——让我们称她为天文学家们的女神。描绘中显示，她位于一个门廊中间，上面是一个带阶梯的观测点。她拿着一个装配在柱子上的观测仪器，这里可以通过它的月牙外观，看出它是用于观测月球表面的，比如用于历法制定等目的。而且还有更为深刻的论证，四颗星星——我们相信，这就是尼撒巴的符号。

古蒂亚所写下的最古老的陈述之一，描述出现在他面前的尼撒巴："神庙建筑的形象，一座塔庙，她放在她的头上。"美索不达米亚诸神的头饰是一对角；神或女神会在他们头上戴上神庙的形象来替代角状物是绝对闻所未闻的。

图80

然而，在他的题词中，尼撒巴就是这样的。

他并没有胡说，如果我们仔细审视图 80 的话，我们就会看见尼撒巴的头上的确顶着一个塔庙，正如古蒂亚所述。但它不是一座阶梯建筑；那是一座有着平滑边缘的塔庙——正如埃及金字塔！

不仅如此，不仅是塔庙的埃及特征——将这样的形象戴在头上本身就是非常埃及化的传统，特别是当它出现在女神身上的时候。她们其中之最是伊西斯，奥西里斯（见图 81a）的姐妹兼妻子，以及奈芙蒂斯，他们的姐妹之一（见图 81b）。

那么尼撒巴，这位在恩基的学院里进修过的恩利尔集团的女神，是否已经足够埃及化以至于穿上了这样的服饰？当我们对这个设想进行追踪的时候，许多尼撒巴和瑟歇塔（透特在埃及的助手）之间的相似之处在我们眼前开始闪光了。除了我们已经知道的瑟歇塔的成就和作用之外，还有其他与尼撒巴非常相似的地方。它们包括了"艺术、写作、科学女神"这个角色，这是赫尔曼·基斯的话。尼撒巴拥有"7 个数字的指针"；瑟歇塔同样与数字 7 有关。她有一个称号就是"瑟歇塔的意思是 7"，而且她的名字常常被写作一个代表数字 7 的符号放在一个弓形物上。就像尼撒巴曾戴着一个类似神庙建筑的头饰出现在

图 81

图 82

古蒂亚面前一样，瑟歇塔同样在她的头上戴着一个双塔形象的头饰，下面则是她的星弓符号（见图 82）。她是一位"天的女儿"，是一位年表编制者和时间记录员；就像尼撒巴一样，她为皇家神庙的修建者们确定所需的天文日期。

按照苏美尔文献，尼撒巴的配偶是一位叫作海亚的神。对他几乎是一无所知，除了他也会出席在新年日的那一天南舍的审判会上，充当罪行程度轻重的权衡者。在埃及信仰中，对法老的审判日是在他死后，在那个时候，他的心脏将被称量，以决定他在死后的命运。在埃及神学中，称量心脏重量的人是透特，他是科学、天文学、历法之神，同时还是写作和记录保存之神。

为埃尼奴提供天文和历法知识的神祇特征有着如此的部分重叠，这显露出在古蒂亚时代，埃及和苏美尔的神圣工程师之间有着某种未知的合作。

从很多方面来讲，它都是一个不寻常的现象；埃尼奴有着独特的外观，在其内部圣域的建设中有着非常奇怪的天文学设施。所有这些都是围绕着历法来的——历法，神圣守秘人赠送给人类的礼物。

※

埃尼奴神庙修建完成之后，在它的外观装饰方面加入了很多艺术效果，这种外观不仅仅是外层，还有内部装潢。我们发现，很多"内圣堂"部分都覆盖着"雪松面板，吸引着眼球"。外部，则种植着许多稀有树木和灌木，成了一个令人愉悦的花园。还修建了一个水池，池里喂养着稀有的鱼类——另一个在苏美尔神庙中极不寻常却又与埃及神庙很相似的特征，后者拥有圣水池是相当常见的。

"这个梦，"古蒂亚写道，"已经实现了。"埃尼奴建成了，"它伫立着，像一个明亮的大堆，它表面所散发的光彩覆盖万物；像一座炽热燃烧的山愉快地升起"。

现在他将努力和注意力放在了吉尔苏，圣域本身上面。一个深谷，"一个大垃圾场"被填平了："用恩基赋予的睿智，他神圣地将神庙梯台分段、扩充"。圆柱 A 独自列出了超过 50 个邻近塔庙的分开的圣坛和神庙，用于供奉这个工程所牵涉到的诸神，如阿努、恩利尔和恩基。那里有围场，有服务性建筑，庭院、献祭坛和门廊；有各位祭司们的住宅；当然，还有宁吉尔苏／尼努尔塔和他的妻子巴乌的特殊住所。

同样还有为圣黑风鸟修建的特殊围场或设施，它是尼努尔塔的飞行器；还有放置他那些令人敬畏的武器的场所；还有用于执行新埃尼奴天文 - 历法功能的地方。有一个为"秘密的主人"而建的特殊场所，和一个新的舒格拉姆，也就是光孔高地，"令人敬畏，荣光升起的高地"。还有两个与"绳索的解决"和"用绳捆绑"分别相关的建筑——两个功用一直没有被学者们发现的设施，但有一点是毫无疑问的，那就是它们肯定与天相观测有关，因为它们位于被称作"最上层房间"和"7 个区域的房间"的附近或内部。

当然还有其他一些特征被加入到了这个新的埃尼奴上，它的圣域也的确如同古蒂亚所宣称的那样。如文献中所提到的，的确还需要等待一个特定的日子——精确点说，就是新年日，尼努尔塔和他的妻子巴乌才能切实进入到这座新埃尼奴里面，把它当作是他们的住所。

但是，圆柱 A 所专注的是带领埃尼奴建造的事件和建造本身，古蒂亚在圆柱 B 上的题词所讲述的是有关新塔庙的献祭礼仪，及其圣域和关于尼努尔塔和巴乌真正进入吉尔苏（尼努尔塔的称号本身就是宁吉尔苏，是"吉尔苏之主"的意思）和进入他们的新住所时的庆典。这些仪式和庆典的天文学、历法学特征，让这些资料有了圆柱 A 里的氛围。

当还在等待着开幕日的时候，古蒂亚忙于每日的祷告，倾倒祭酒，以及用田里的谷物、畜栏里的牛和草地上的羊填满新神庙的粮仓。最终，开幕日到来了：

> 年岁运转着，
> 月份已至；
> 新年来到天国——
> "神庙月"开始了。

在这一天，"新的月亮出生了"，奉献礼开始了。诸神自己进行了净化和献祭仪式："宁曼达进行了净化；恩基赠予了一个特殊的神谕；宁度波散布焚香；南舍，贤明的女主人，唱起神圣的颂歌；他们祝福这埃尼奴，让它变得神圣。"

在第三日，古蒂亚记录到，那是光明的一天。在那一天，尼努尔塔走了出来——"他散发出明亮的光辉"。当他进入新圣域的时候，"女神巴乌在他左边前进"。古蒂亚"在地上洒满大量的油……他带来蜜汁、黄油、美酒、牛奶、谷粒、橄榄油……枣和葡萄被他垒成一堆——食物因为有火而不能触碰，食物是让诸神享用的"。

这对神圣伴侣和其他诸神享用的水果和其他食物的款待一直持续到正午。"当太阳在整个国度高升之时",古蒂亚"宰了一头肥牛和一只肥羊",于是一场有着烤肉和大量美酒的盛宴开始了;"他们日夜送来白面包和牛奶";"尼努尔塔,这位恩利尔的武士,吃着食物,喝着啤酒,非常满足"。古蒂亚始终"让全城下跪,让全国卧倒……他们在白天请愿,在夜晚祈祷"。

"在晨曦之下"——黎明——"宁吉尔苏,这位武士,进入了神庙;它的主人进入了神庙;发出如战斗般的吼叫,宁吉尔苏进入了他的神庙"。古蒂亚观察到,"就像拉格什大地上升起的太阳……拉格什大地一片欢愉"。这一天同时也是收获的开始:

> 在这一天,
>
> 当这位正直的神进入的时候,
>
> 古蒂亚,在这一天,
>
> 开始收获田野。

按照尼努尔塔和女神南舍的一道法令,接下来的七天是忏悔和赎罪日。"这七天,女仆和她的女主人是平等的,主人和奴隶肩并肩地行走……邪恶之舌的言辞变得善良……富人不会为难孤儿,没有男人欺负寡妇……全城反对恶事。"在这七天的最后,也就是这个月的第十天,古蒂亚进入这座新神庙并第一次进行大祭司的仪式,"在光辉的天国面前,点燃神庙梯台上的火焰"。

一个出土于阿舒尔的来自公元前2000多年的圆筒印章上的图画,也许能够很好地向我们展示在更早的1000年之前的拉格什的场面:其上有一位大祭司(如古蒂亚一样),当他面对神的塔庙,在天上看见"受崇敬的星星"时,他点燃圣坛上的火焰(见图83)。

在圣坛上,"在明亮的天国前,神庙梯台上的火焰熊熊燃烧"。古蒂亚"用

图 83

大量的牛和羔羊来献祭"。他用一个铅碗倒下祭酒。"他为这神庙下的城市祈愿"。
他不断地向宁吉尔苏宣誓效忠，"他以埃尼奴的砖块宣誓，他宣誓一个值得崇
敬的誓言"。

　　而神尼努尔塔，则向拉格什及其市民保证富足，"这片土地将承载所有好
的事物"，他还向古蒂亚说："你将延年益寿。"

　　圆柱 B 上的题词包括：

　　　　这房屋，如高山直耸云霄，

　　　　它的光辉重重地洒在这片土地上

　　　　如阿努和恩利尔，定下了拉格什的命运。

　　　　埃尼奴，为天地而建，

　　　　宁吉尔苏的统治

　　　　已让众土地知晓。

　　　　噢，宁吉尔苏，你是被崇敬的！

　　　　宁吉尔苏的房屋已建成了；

　　　　荣光照耀它！

第七章

幼发拉底河上的巨石阵

在古蒂亚的题词中，我们看见了极为丰富的信息。我们越是研究这些信息，及他所修建的埃尼奴的独特特征，我们越是感到震惊。

逐行地研读这些文献，并在脑海中想想这座新塔庙及神庙梯台，我们将会发现，这个"天地纽带"惊人的天文特征；如果它不是最早的与黄道带有关的神庙的话，那至少也是最早的之一；这是在一个完全无法想象的年代出现的苏美尔的大谜团；一系列与埃及之间的联系，特别是埃及众神中的一位；以及一个出现在两河之地的"小型巨石阵"……

让我们从古蒂亚在塔庙完工及神庙梯台形成后的第一份工作开始，那是在七个精心挑选的位置上立起七个直立的石柱。在题词中，古蒂亚要确保它们安置得结实：他"将它们置于一个地基上，在那里他将它们立起"。

这些石柱（学者们称它们为直立石）肯定是无比重要的，因为古蒂亚花了一整年的时间带来这些粗糙的石块，它们是从一个离拉格什很远的地方运来的；之后又是用一整年的时间将它们打磨成型。之后，是一次为期七天（相当精确）的慌忙努力，没有休息，没有停止，将这七个石柱安置在了正确的位置上。如果，像题词中所说的，这七个石柱是安置在某种天文方面的队列上的，那么，这种速度就可以理解了，因为安置过程如果越长，那么对应天体的位移也就将变得越大。

为了表示这些石柱的重要，以及它们的位置的真实性，古蒂亚为每一个石柱都取了一个"名字"，这些名字由与它们各自的位置相关很长的神圣的言辞组成（如同："在高耸之台上"，面朝"河岸之门"，或是另一个，"与阿努的圣坛相对"）。虽然这题词上清楚地陈述（29 列第一行）道，在这七个繁忙的日子"立起七根石柱"，但却只给出了六个名字。就拿其中一个来说，据推测应该是第七个，题词中称述说它"是朝着升起的太阳被立起的"。由于那时埃尼奴所需要的所有的朝向都已经被确定好了，宁吉什西达在一开始就置下了角石，那么无论是那分散的六个石柱，还是"朝向升起的太阳而立"的第七个石柱都不是为神庙的朝向所需要的。这些石柱的意义在于另一个不同的目的；唯一符合逻辑的结论是，它的观测并不是用于确定分日的（如新年日）——一个有着不寻常属性的天文－历法观测所。

这些耸立的石柱的奥秘始于这个问题，为什么在两个石柱就足以形成一条朝向升起的太阳的视觉线的情况下，还会出现那么多。这个困惑被怀疑所包围，这是当我们读到题词中说被古蒂亚按照位置命名的六根石柱是"呈一个圆"时的感受。难道古蒂亚要用这些石柱组成一个巨石阵吗，在 5000 多年前的古代苏美尔？

按照 A. 法尔肯斯坦的观点，古蒂亚的题词指出，一条林荫道或通道——正如史前巨石阵——能够提供完全没有阻碍的视线。他标注到，这个"朝向升起的太阳"的石柱，立于被称作"通往高点之路"的林荫道或道路的一头。在这条路的另一头是舒格拉姆，"令人敬畏，升起荣光的高地"。法尔肯斯坦认为，舒格拉姆这个词汇的意思是"手升起的地方"——一个发信号的高耸之地。的确，在圆柱 A 上的题词声称"在舒格拉姆的发光的入口，古蒂亚设置了一个令人赞扬的形象；朝着升起的太阳，在注定的地方，他创造了太阳的符号"。

我们已经讨论过舒格拉姆的作用了，当时古蒂亚走进老神庙，清理掉阻碍视线的尘土。我们发现，它是"光孔之地，确定之地"。这时题词陈述道，"尼努尔塔能看见这些复制品"一年一度天上的轮回——"那在他的土地之上的"。这样的形容让人们想到，这种安置在"天花板"上的光孔在巴尔和从埃及到来的神圣工程师之间引起的争执。

关于这些天花板上的光孔或天窗之类的物体，我们有了一些额外的线索。它们能够从形容这种物体的希伯来词语和阿卡德来源中看出一些端倪。特左哈尔在《圣经》中只提到过一次，它是在全密封的诺亚方舟的顶部的唯一的光孔。所有人都同意，它的意思是"一个能让一束光穿透的天窗"。在现代希伯来文中，这个词语同样用于表达"顶点"这个意思，指在头顶正上方的天空上的点；而无论是在现代希伯来语中还是在《圣经》文献中，由这个词演变而来的特左霍拉伊姆，都表示"正午"的意思，因为那时太阳在人们头顶的正上方。由此可以看出特左哈尔不是一个简单的光孔，它是用于将一束阳光在一天的特定时刻引入到一个黑暗的密闭室里的。与它有轻微差别的另外一个词语，左哈尔，意思是"光明、明亮"。都是源于阿卡德语，它是所有闪族语言的母语，其中特兹鲁、特祖鲁的意思是"点燃、闪耀"和"升高"。

在舒格拉姆，古蒂亚写道，他"修定了太阳的形象"。所有这些证据都指出它是一个与升起的太阳有关的观测设备——特别是在（春／秋）分日的日出，这是根据题词中所有的信息得出的——用来确定并宣布新年的到来。

这种建筑安排下的概念是否与乍缝山上的那座以及埃及的神庙相同呢，在既定的一天，一束阳光经由预先设定的轴线点亮最神圣之地？

在埃及，太阳殿的两侧是方尖塔（见图84），法老们将它们立在那里以求长寿；它们的作用是在特定的一天指引太阳光束。E.A.沃利斯巴吉在《埃及方尖塔》一书中指出，法老们，如拉美西斯二世和哈特谢普苏特皇后，常常成

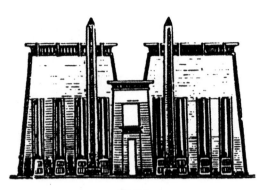

图 84

对地立起这些方尖塔。

哈特谢普苏特皇后甚至将她的皇室名字（由椭圆形装饰包围）写在两个方尖塔之间（见图 85a），以暗指拉的祝福光束在那决定性的一天照耀在她的身上。

学者们曾指出过，所罗门神殿的入口处同样有两根柱子（图 85c），就像伫立在埃尼奴的被古蒂亚命名一样，所罗门王也为这两个柱子命名：

> 然后他在神庙的门廊
> 安置了这柱子。
> 他安放了右边的柱子
> 并把它的名字叫作亚肯；
> 然后他安放了左边的柱子
> 并把它的名字叫作保兹。

当这两个名字的含义一直困扰着学者们（最好的推测是"耶和华使之坚固"和"他体内是力量"）的时候，《圣经》（主要是在《列王纪》上第七章）详细描述了这两根柱子的形状、高度和构成。这两根柱子是由浇注的青铜铸成，18 腕尺（大约 27 英尺）高。每一根柱子上头承载着一个复杂的"束带"，绕成一个冠冕一样的形状，再放上一个顶部呈凹凸锯齿状的花冠，突出部分为七

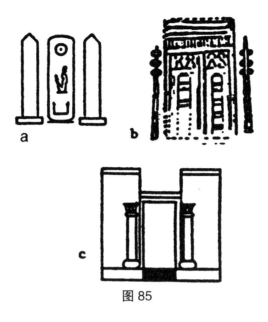

图 85

个。两根柱子中有一根（或两根都是，这取决于如何阅读这段经文）是"被一根 12 腕尺长的绳子所环绕"着的（十二和七是神庙中的占主导地位的数字）。

《圣经》中并没有说出这些柱子的用处，而有关在埃及神庙入口两侧的方尖塔的理论认识，也从纯装饰性发展到与实用性相关。在这样的认知下，埃及语言中用于表达"方尖塔"的词给了我们线索：特肯这个词，巴吉写道，"是一个非常古老的词语，我们在《金字塔文本》中发现了它以复数的形式出现。它们写于第四王朝终结之前。"至于这个单词的意思，他并不知道，他接着说："特肯的实际意思我们还不知道，很有可能埃及人早在一个很遥远的年代就忘了它。"这提出了另外一种可能，就是这个词有可能是外来语，从另一门语言或国度引入的"借用词"，从我们这方面看，我们相信它们的来源，《圣经》中的亚肯和埃及语中的特肯，都是阿卡德语中的克乎努，意思是"正确地建立"和"点起光（或火）"。这个阿卡德词语甚至还可能得追溯至更早的苏美尔词语刚务，它兼具"白昼"和"管"这两个意思。

这些语言学上的线索与早期苏美尔描绘中神庙入口两侧的装有圆形仪器

的柱子相当吻合（见图 85b）。

这些肯定是各地后来所有类似的成对直立的柱子或方尖塔方尖碑的先驱者，因为它们早在千年之前就出现在苏美尔的壁画上了。对有关这些直立柱的疑问的答案的追寻，因对古蒂亚题词中用到的一个词而更加深入。他统称它们七个为尼努——希伯来词语尼尔就是从它演化而来，意思是"蜡烛"。苏美尔文字因为他们的文字工作者发明了楔形文字（用尖笔在湿泥上书写）而不断演变，超越了最初画出代表物体或行为的写作方式。我们发现，尼努最初的象形文字是二根柱子（不是一根），矗立于坚实地基上，有着天线般的突起的柱子（见图 86）。

这样的成对的柱子，在特定的一天指引太阳光束，那时太阳相对地球必须在一个特定的位置——分点或至点。如果吉尔苏的目的是确定在特定的时间和位置指引光束的话，那两根与舒格拉姆成行的柱子就已经足够了。然而古蒂亚却安置了七根柱子，有六个呈圆圈，第七个与太阳呈一条线。为了构成一条视线，这根奇怪的柱子要么得放在圆圈的中心，要么得放在它外面的林荫道上。而无论怎么放，都与位于不列颠群岛的史前巨石阵有着惊人的相似。

六个外层或圆周上的点和一个中心点，将构成一个如此的布局（图 87），如同史前巨石阵二期——它们属于同一个时代——不仅提供了与二分点对应的直线，同时还对应着 4 个至点（夏至的日出和日落，冬至的日出和日落）。由于美索不达米亚的新年紧紧地对应着分点，导致塔庙的确定角向东，那么要

图 86

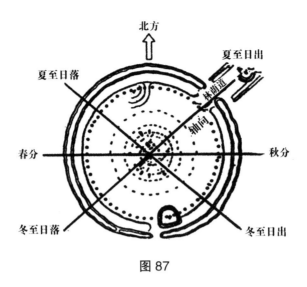

图 87

在一个石柱队列中加入对至点的对应是主要的创新。它同时还展现出了一个绝对的"埃及"影响，因为它的至点朝向是埃及神庙的主要特征——当然是在古蒂亚的时代。

如果真如法尔肯斯坦的研究所提出的，这第七根柱子并不在这六柱圈以内而在其之外——在通往舒格拉姆的道路或林荫道上的话，那么一个更为令人震惊的相似之处出现了。这倒不是与史前巨石阵二期，而是与更早的一期相似——我们可以回想一下——那里只有 7 根石柱：构成矩形的 4 个站点石，伫立于林荫大道入口两侧的两个门廊石，和标示出视准线的踵形石（见图 88）。由于在史前巨石阵的奥布里坑洞是一期工程的部分，所以在既定的那一天，一个观测者可以在坑洞 28 号那里直视坑洞 56 号上所插入的标杆，等待太阳出现在踵形石的上方，从而轻易确定出视准线。

布局上有着如此的相似之处，比我们先前所发现的更有意义，因为如我们之前所说，由 4 个站点石所构成的矩形除了被用作观日台之外，还被用作观月台。由纽汉和霍金斯得出的这种对这个矩形队列的认识引导出了一个更为深远的结论，那就是史前巨石阵一期的策划者绝对是非常高明的。但是由于史前巨

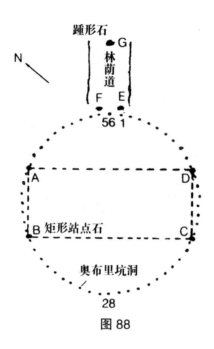

图 88

石阵一期比埃尼奴早了大约 7 个世纪，这种相似可以归结为，是埃尼奴布局的策划者模仿了史前巨石阵一期布局策划者的七石柱构思。

这两座居于世界不同位置的建筑物之间的亲缘关系，看上去是不可思议的。然而，当我们展现出古蒂亚的埃尼奴的更为惊人的特征后，你们就会觉得这是相当合理的。

※

我们刚刚所描述的这个 6 加 1 圆圈，并不是在新埃尼奴的平台上唯一的石圈。

古蒂亚骄傲自己完成了需要不寻常的 "睿智"（科学知识）的 "伟大事物"，他继续描述道，在石柱工程之后，"新月的冠冕之圈" ——一个很独特的石头创造物，"他让它在世界之心的名字里光明地前进"。这第二个圆圈被安排为一个"献给新月的圆形冠冕"并包含了 13 个石块，它们"像是一个网状系统中的英雄"般伫立着——对我们来说，这是描述一个用顶部带有连为网络的横梁的直立石头所组成的圆圈的最为形象的方式，这也和史前巨石阵的巨石牌坊非常相似！

当第一个较小的圆圈能在充当观日台的同时充当观月台还仅仅只是推测的情况下，这第二个较大的圆圈毫无疑问是用来观测月球的。通过在题词中不断出现的新月，我们可以断定，月球观测是根据月球每月的运转，以及每个季度的月满和月亏进行调节。陈述中说，这个圆圈是由两组巨石组成，巩固了我们对这个冠冕之圈的解释——一组为 6 个，一组为 7 个，很明显，后者要比前者更高耸，或位于更高的地方。

13 块巨石（6 加 7），顶部用横梁相连，形成网络系统，初步一看，这种安排似乎是错误的，因为我们期待看到的是仅仅 12 个石柱（它们在一个圆内创出 12 个光孔）。这样安排是对应于在 12 个月里的月相的。而现在出现了 13 个石柱。其实，如果我们按需计算的话，这样反而更有意义，因为人们可以在有些时候加入一个月，以便设置闰年。如果是这样，那么在吉尔苏里的令人震惊的石圈，则是第一例用石头制作与日月周期相关的历法表。

有人会问：这些在吉尔苏的石圈是如何表示以 7 天为周期的一周的？这种对时间的分段法的来源至今困扰着学者——《圣经》中的意义是六个创造日加上一个安息日。数字 7 出现了两次，先是第一个小石圈，然后是第二个石圈中的一个部分；很有可能，日子就是用某种方式照这两者中的一个来计算的，由此导致了 7 天一个周期的划分。同样，四种月相乘以 13 石柱，能将一年划分为 52 个星期，而每星期刚好 7 天。

无论这两个石圈内所蕴含的是什么天文历法的可能（说不定我们也仅仅只触其皮毛而已），但可以证明的是，在拉格什的吉尔苏，一台石质的日月计算机曾伟大地运行着。

如果所有的这些听上去开始有些像是一座"幼发拉底河上的巨石阵"的话——由苏美尔国王在拉格什的吉尔苏立起，在大约公元前2100年的时候，不列颠群岛的史前巨石阵在那时真正成为巨石阵——后面还有更多。正是在那个时候，第二种石头，青石，从遥远的地方被运送到了索尔兹伯里的平原。这一点同样也加强了它们之间的相似：古蒂亚同样不仅仅用到了一种石料，他使用了两种来自遥远地域的石料，它们来自马根（埃及）和美鲁克哈（努比亚）的"石山"，而它们都位于非洲。我们在圆柱A上的题词中读到，他花了一整年的时间从"没有任何一位苏美尔的国王曾涉足过的石山"得到了这些石料，为了到达那里，古蒂亚"在山里开了一条道，并成堆地拿出那些巨石；用船满载华石和拉石"。

虽然这两种石头的名字还无法解释，但可以确定它们来自遥远的地方。来自非洲的两个地方，它们先是走由古蒂亚开辟的一条新的陆路，然后再通过水路穿过海洋去往拉格什（它经由一条可航行的运河联结至幼发拉底河）。

美索不达米亚平原同位于不列颠群岛的索尔兹伯里平原一样：石料精心挑选后从远方运来，布置为两个石圈。如史前巨石阵一期，7个石柱充当着主角；就像拉格什的石阵一样，一块巨石充当着指示太阳朝向的视准线的角色。在两个地方，这台石头"电脑"都被用作日月观测台。

它们两者都是由同样的科学天才，同样的神圣工程师创造，还是仅仅因为科学传统的积累而显示出相似的形式？

毫无疑问，天文学和历法的知识都在其中扮演着重要角色，专业的神圣工程师的插手是不可以被忽视的。在早先的章节中我们已经指出了，史前巨石阵和其他古代世界的神庙最大的不同点：前者是基于圆形布局来观测天空，后者是使用直角来进行观测（矩形或正方形）。这种区别不仅仅表现在其他各种神庙的普遍策划上，还体现在一些发现过直立石柱的例子中，从它们的样式可以看出它们的天文历法作用。在毕博洛斯，一个俯视地中海的海角，我们发现过一个较为醒目的例子。它的神庙的圣域，呈正方形，两侧有直立的巨石所。它们被安置呈一列以观测至点和分点；但是仍然不是呈圆圈。同样明显的还有迦南，以及靠近耶路撒冷的基色的情况，那里发现的一个碑刻上刻着所有月份的列表以及适合它们的农业活动，这似乎显示出那里曾存在过一个历法研究中心。那里同样有一列直立的巨石，证明那里也曾有过和毕博洛斯相似的建筑；保存下来的这些巨石，伫立在一条直线上，看不出任何与圆形有关的事物。

巨石呈圆形排列的例子相当少见，有一个和吉尔苏的布局较为相似的，来自《圣经》。然而，它们的稀有性指出，这与古蒂亚时代的苏美尔有着直接的联系。

关于用 13 个石柱组成圆圈，并在中心伫立一根石柱的知识，在约瑟的故事中显露了出来，他是亚伯拉罕的一个曾孙子，因为给他的 11 位兄弟述说他的梦（他梦见他的兄弟们都臣服于他）而遭到他们的痛恨，哪怕他是最小的弟弟。这个让他们很不舒服的梦，导致他们将他卖到埃及去做奴隶以摆脱他。约瑟陈述道，在梦里，他看见"太阳和月亮和 11 颗星星屈从于我"，这些星体意味着他的父亲母亲和 11 个兄弟。

几个世纪以后，当以色列人离开埃及，去迦南这片应许之地的时候，一个真实的石圈——这一次是 12 个石头组成的——被立起了。在《约书亚书》的第三和第四章中，《圣经》描述了在约书亚的带领下，以色列人奇迹般地跨过了约旦河。应耶和华的指示，12 个部落的首脑们在河心立起了 12 个石头；而且当祭司们拿着约柜进入水中并站在放置那 12 个石头的地方时，流动的河水"被剪断"，向反方向流去，并显露出了干燥的河床，这让以色列人民可以直接步行穿过约旦河。而随着祭司们将约柜带离石头，并带着它过河以后，"约旦河水回到了本来的状态，如过去那样溢出河岸"。

然后，耶和华命令约书亚运走这 12 个石头，并把它们立在河流的西岸，杰里科的东方，呈一个石圈，作为耶和华所显奇迹的永恒纪念。这个曾伫立着12石的地方，从此以后被命名为吉尔加，意思是"圆圈之地"。

这里呈现出的，不仅仅是这个由12个石头组成的圆圈，是一个拥有奇迹般性能的设备；同样还有这个事件的发生时期。我们先是在第三章中发现，这个时候是"收获的时候，约旦河的水溢出河岸。"第四章更为具体：那是历法上的第一个月，新年之月；而且还是在那个月的第十天——在拉格什举行开幕礼的特殊日子——"人们离开约旦在吉尔加安营扎寨，约书亚在那里立起了从约旦河中带来的12个石头。"

这个故事所承载的信息，与古蒂亚在吉尔苏的平台上立起的石圈这件事有着惊人的相似。我们在古蒂亚的题词中读到，尼努尔塔和他的妻子进入他们的新房的那天，是那片土地开始收获的一天——符合吉尔加故事里的"收获的时候"。两个故事里，天文学和历法学都汇集在一起，而且同是圈形建筑。

亚伯拉罕的后代中出现的石圈传统，我们相信，可以追溯到亚伯拉罕本人，以及他的父亲德拉那里。在《众神与人类的战争》(《地球编年史》丛书的第三部)中，我们非常详细地讲述了这件事，我们指出，特拉是一位训练于尼普尔的皇室出生的圣贤祭司。基于《圣经》信息，我们计算出他出生于公元前2193年。这意味着特拉是一位在尼普尔的天文学祭司，当时恩利尔批准了他的儿子尼努尔塔，让古蒂亚修建新埃尼奴的要求。

特拉的儿子亚伯拉母(后来更名为亚伯拉罕)出生了，通过我们的计算，那时应该是公元前2123年，而且当他们一家搬去乌尔的时候他已经10岁了，特拉在那里充当一名联络员。他们一家在那里待到了公元前2096年，然后离开苏美尔去往幼发拉底河上游区域(这次迁移后来导致亚伯拉罕在迦南定居)。亚伯拉罕是在那以后开始精通皇室和祭司事务的，其中就包括了天文学。他受教于尼普尔和乌尔的圣域。正如谈到过的新埃尼奴的荣光那样，他不可能错过对吉尔苏的奇异石圈的学习，而这一点就足以解释他的后世所拥有的知识。

※

圆形观天台——史前巨石阵的最大特点——这种概念是从哪里来的？以我们看来，来自黄道带，这条与行星们在一个轨道平面上的、围绕太阳的十二星宫。

20 世纪初期，考古学家们在以色列北部的加利利发现了一些犹太教堂的遗迹，它们可以追溯至紧接在罗马人于耶路撒冷修建第二神殿（于公元 70 年）之后的时期。让他们吃惊的是，这些犹太教堂的普遍相似之处竟是他们的楼层的马赛克式装饰中包含着黄道带的标志。如同这个发现于特阿尔法的描绘所显示的（见图 89），数量（12 个）和今天是一样的，符号也和我们今天所使用的一样，连名字都是一样的：它们使用和现代希伯来没有差别的字体，（在东边）由代表公羊的塔利开始，象征白羊宫，两侧是代表金牛宫的希尔（公牛）

图 89

和代表双鱼宫的大吉木（鱼），接下去依次是与我们今天所沿用的顺序一致的其他星座。

在阿卡德语中被叫作曼扎鲁（意思是太阳的"站点"）的黄道带，是希伯来词语马扎洛的源头，后来引申为"好运"。其中包含了从它必不可少的天文学和历法属性到占星学含义的转变——这个转变最终掩盖了它原本的黄道含义，以及它在神和人的事务中所处的位置。但至少，它在古蒂亚所建的埃尼奴上，有着极为不错的表现。

认为黄道带的符号是由希腊人发明的观点曾一度非常盛行，因为黄道带这个词是从希腊来的，原意是"动物圈"。其实他们这个观念是来自埃及的，在那个地方，黄道带及其各星宫符号、秩序和名字都已存在（见图90）。虽然一

1.白羊宫　　2.金牛宫　　3.双子宫
4.巨蟹宫　　5.狮子宫
6.处女宫　　7.天秤宫　　8.天蝎宫
9.人马宫　　10.摩羯宫
11.宝瓶宫　　12.双鱼宫

图 90

些埃及的古代描绘——包括一所位于丹德拉赫的神庙中的一幅极为壮观的描绘——但黄道带这个观念并不是在那里开始的。有一些研究，比如 E.C.克拉普就在《探寻远古天文学》一书中不容置疑地指出："所有已知的证据都指出，黄道带这个概念不属于埃及；而且，黄道带的概念"在某个尚不清楚的时候，从"美索不达米亚传递到埃及的事实是不容置疑的"，使用埃及艺术和传统的希腊学者，同时在他们的写作中证明，它们如天文学一样，是从"占星家"——巴比伦王国的天文祭司那里传到他们手中的。

考古学家们发现，巴比伦星盘上清晰地分为 12 个部分，与相对的黄道符号对应（见图 91）。这很能体现出希腊学者们的话。然而，这些天体符号被刻在石头上，呈一个天圈。在比特阿尔法的圆形黄道带之前将近 2000 年，近东的统治者，特别是巴比伦的，在协约文件中向诸神祈求保佑；天圈内的诸神——行星和星座——的天符被装饰在界石（库都鲁，Kudurru）身上，其间

图 91

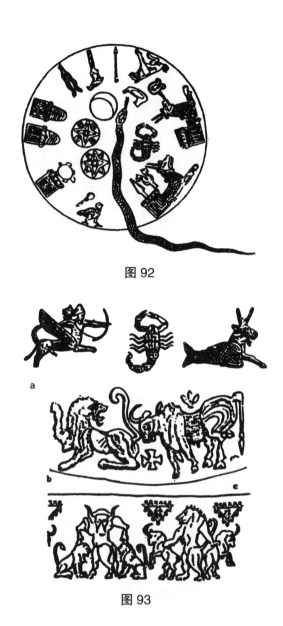

图 92

图 93

是一条波动的巨蛇，后者被认为是银河（见图 92）。

　　然而，人类开始关心黄道，是在遥远的苏美尔时代。正如我们毫不怀疑地展示在《第十二个天体》中的一样，苏美尔对黄道十二宫的了解、描绘（见图 93a）和命名，与 6000 年后的我们一模一样：

古安纳（"天牛"）——金牛座

马西塔巴（"双胞胎"）——双子座

杜布（"蟹螯，夹子"）——巨蟹座

乌尔古拉（"狮子"）——狮子座

阿布辛（"他的父亲是辛"，暗指处女）——处女座

兹巴安纳（"天命"）——天秤座

吉尔塔布（"撕扯者，切割者"）——天蝎座

帕比尔（"防守者"）——射手座

苏忽尔马什（"山羊、鱼"）——摩羯座

古（"水的主人"）——水瓶座

辛穆马（"鱼"）——双鱼座

库玛（"草地居民"）——白羊座

　　强大的证据显示出苏美尔人可以鉴别出黄道年代——不仅仅是名字和形象，还有它们的岁差周期——大约公元前 3800 年的时候，当历法始于尼普尔之时，还属于金牛宫时代。威利·哈特纳在他的《近东星宫学的最早历史》（曾发表于《近东学期刊》）一文中，分析了苏美尔的图画，并指出一头公牛轻触一头狮子的描绘（见图 93b，来自公元前 4000 年左右）或者一头狮子推动公牛（见图 93c，来自公元前 3000 年左右），是对黄道年代的认识，当时，春分点——历法中的新年开始于金牛宫，夏至点占据在狮子宫的位置。

　　阿福雷德·耶利米亚斯在《古近东之光下的〈旧约〉》一书中发现，苏美尔星宫历法的"零点"精确地位于金牛宫和双子宫之间，通过这一点，他指出天上的黄道划分是在苏美尔开始之前就存在的，那时是双子宫时代。对学者们而言，更为困惑的是，一个苏美尔天文表（现存于柏林西亚博物馆），其上的星宫开始的位置是狮子宫，而狮子宫时代是公元前 11000 年的事情了，刚好

图 94

是大洪水的时代。

阿努纳奇将之设计出来，作为连接神圣时间（3600 个地球年为尼比鲁一年的周期）和地球时间的纽带，天时间（2160 个地球年为周期的岁差循环，从一个黄道宫转移到另一个黄道宫）被用于记录地球史前时代的大事件，如同考古天文学所做的。由此，一幅将阿努纳奇描绘为宇航员的图画显示：他们的飞船航行于火星（六芒星）和地球（它用七颗小星星来表示，附近还有月牙）之间，是在双鱼座时代，其中有着两条鱼这样的星宫符号（见图 94）；一部将大洪水放在狮子宫时代的文献是一个例子。

虽然我们还不能精确地指出到底是在什么时候，人类开始关心黄道十二宫，但可以肯定的是，那绝对早于古蒂亚时代很长一段时间。所以，我们并不会因为在拉格什的这座新神庙中出现星宫描绘而感到惊讶；然而，它们并不是出现在比特阿尔法的地板上，也不是刻在界石上的符号，而是出现在一座完全可以被称作是人类第一座天文馆的神秘建筑里！

我们在古蒂亚的题词中读到，他将"星宫的形象"安置在一个"在内部圣域里纯净的、被保护之地"里。在那儿，一个设计独特的"天国拱顶"——一个天圈的复制品，一种古代的天文馆——被作为某种被翻译为"柱上楣构"（一个建筑学术语，意思是支撑上层建筑的圆柱状基础）部分上的一个圆屋顶而修建。古蒂亚让这些星官形象"居住"在这个"天国拱顶"里面。我们发现，其中清晰地列出了"天上的孪生子""神圣摩羯""英雄"（人马宫）狮子、公牛和公羊的"天之生物"。

就像古蒂亚宣称的，这个镶嵌着各星官符号的"天国拱顶"，肯定将成为一道绝美的风景。数千年之后的我们不能再走进这个内部圣域，分享古蒂亚所说的、这个有着闪亮星官的天穹了。不过，我们可以去丹德拉赫，它位于埃及的上半部分，进入它的主神殿的内部圣域，看它的"天花板"。我们同样可以看到一幅布满星星的天空图：这个天圈，四个基点方位分别由何璐斯的儿子支撑着，而四个至点处的日出日落点则由四位少女支撑着（见图95）。一个圆圈描绘出 36 个"黄道十度"（埃及历法中十天的周期，每月三个），它环绕在中心的"天国拱顶"外围，其中以相同的符号（公牛、公羊、狮子、孪生子等）

图 95

描绘着黄道十二宫的形象，顺序也和我们今天所沿用的苏美尔时代的一致。这个神庙在埃及象形文字中表述出来是"塔严特呢特尔提"，意思是"女神柱之地"，这显示出，在丹德拉赫，也如同在吉尔苏一样，用于观天的直立石柱，既与黄道带相关又与历法相关（如 36 个黄道十度所表示出的那样）。

学者们无法就丹德拉赫的黄道描绘代表的时间点达成一致。按照现在的观点，这幅描绘最早是拿破仑进入埃及时发现的，后来就被运到了位于巴黎的卢浮宫博物馆，它被认为可以追溯至当埃及被希腊罗马控制的时代。然而，学者们认为，它是在复制另一个处于更早期神庙中的相似描绘，而那本身是奉献给女神哈托尔的。诺尔曼洛克耶爵士在《天文学的黎明》中翻译了一部第四王朝（公元前 2613 年—公元前 2494 年）的文献，它是对这座更早期的神庙里的天文队列的描述；这样的话，丹德拉赫的"天国拱顶"就回溯到了介于史前巨石阵一期完工和古蒂亚在拉格什修建新埃尼奴之间的一个时期。如果，如其他观点那样，在丹德拉赫中所显示的天空中，那只接触到双子座的脚的猎鹰，在金牛座左边，巨蟹座右边，这意味着丹德拉赫所描绘的天空是介于公元前 6540 年—公元前 4380 年的某个时段的（如我们在现代天文馆中所做的那样，认为在圣诞时节，天空显示出和耶稣时代相同的画面）。按照由祭司们代代相传并被曼捏托记录下来的埃及年代学的说法，那是半神统治埃及的时代。丹德拉赫所显示的天空有这样的回溯现象（与神庙自身修建的年代截然不同），证实了我们在之前提到过的阿尔弗莱德耶利米亚斯对苏美尔黄道历法中"零点"的发现。在埃及和苏美尔出现的黄道时代的回溯由此证实，该为这样的描绘和回溯现象负责的，是在这些文明之前的"诸神"，而非人类。

由于如我们所说的，黄道带和与之伴随的天时间是在第一次登陆地球后不久，由阿努纳奇设计的。一些描绘在圆筒印章中的黄道时期的事件，的确代表的是人类文明之前的黄道时代。例如，双鱼官时代，在图 94 中用两条鱼来表示，它的开始和结束不会晚于公元前 25908 年和公元前 23820 年（或者更早，如果这件事是发生在 25920 年的大周期中的双鱼宫时代之前的话）。

不可思议，却并未让我们吃惊的是，我们在一部被学者们称为《致仁慈的恩利尔的一首赞美歌》中发现，一个对有着黄道十二宫的天圈的"布满星星的天空"的描述，早在苏美尔文明最初的时候就已经存在了。这部文献在描述了位于尼普尔的伊库尔塔庙中，恩利尔的太空航行地面指挥中心的最内层部分后，它陈述道，在一个被称为"迪尔加"的黑暗的房间里，有着"一个天之极点，如遥远的大海般神秘"，在其中，"所有星星的标记"被"完美地对应"。

迪尔加这个词汇的意思是"黑暗、冠冕状"；文献解释道，其中装置的"所有星星的标记"可以确定节庆，也就是说它们有着历法上的作用。这些听起来就像是古蒂亚的天文馆的前身，只是伊库尔的这个不对人类开放罢了。

※

古蒂亚的"天国拱顶"作为一个天文馆，相比丹德拉赫，它与迪尔加的更为相似，因为丹德拉赫仅仅只是把它们画在天花板上而已。然而，我们并不能排除吉尔苏天文馆的灵感是来自埃及，因为吉尔苏和丹德拉赫有着列举不尽的共同点。

一些令人印象深刻的发现现在被存放于一些大博物馆的亚述巴比伦馆中，它们是巨大的石雕，拥有公牛或雄狮的身体，而头部却是戴着角状帽的诸神（见图 96），它们被放置于神庙入口处，像是保镖一样。这些"神话生物"——当然，学者们是这么叫它们的——被用作石雕的牛－狮主题（曾出现在我们之前给出的插图中），我们可以安全地推测，这是因为它们要表现的是一个更早的天时间，以及与它过去的黄道时代相关联的神祇。

考古学家们相信，这些雕塑的灵感来自埃及的斯芬克斯，特别是位于吉萨的狮身人面像，亚述和巴比伦因它们之间的贸易和战争变得熟悉。但是古蒂亚

图 96

图 97

的题词显露出，在这样的黄道－神圣生物出现于亚述神庙之前 1500 年的时候，古蒂亚就已经将斯芬克斯放在埃尼努里面了。这些题词特别提到"一头灌输恐怖的狮子"和"一头野牛，蹲伏着像一头巨大的狮子"。对那些坚决不相信斯芬克斯会被古代苏美尔人知道的考古学家们，可以看看这个尼努尔塔／宁吉尔苏的雕像，将它刻画成一个蹲伏的斯芬克斯（见图 97），是在拉格什的吉尔苏的废墟中发现的。

所有一切该预知的事情都告知了古蒂亚——由此也就告诉了我们——在尼努尔塔给古蒂亚的第二个梦境中，尼努尔塔宣扬了他的权力，并重申了他在阿努纳奇中的地位（我的权威由50颁布），指出他对世界其他部分的熟识（"一位放眼远望的主人"，因为他可以乘坐他的圣黑风鸟漫游），尼努尔塔向古蒂亚确保马根和美鲁克哈（埃及和努比亚）的合作，并向他承诺一位称为"明亮巨蛇"的神，将亲自前来帮助建造这座新埃尼奴："它要被建成一个强大的地方，我神圣的地方将要像伊乎什一样"。

最后陈述的含义简直就是轰动的。

我们已经知道，"伊"的意思是一位神祇的"房子"，神圣的房子，也就是一座神庙；埃尼奴就是一座分层型金字塔。乎什在苏美尔语中的意思是"淡红色的，红色的"。所以，尼努尔塔／宁吉尔苏所要表达的是：这座新埃尼奴将要像那"神圣红屋"一样。这段陈述暗指，新埃尼奴将要效仿甚至超越一座现存的以红色闻名的建筑……

我们对这样的一座建筑的搜寻，可以通过对象征乎什的图画符号的回溯来实现。我们发现的的确让人震惊，因为它（见图98a）是一幅显示了通道、路径和地下室的埃及金字塔的线条画。更为明确的是，它似乎是吉萨大金字塔的剖面图（见图98b）及它的比例模型，小吉萨金字塔（见图98c）——以及第一座法老的金字塔（见图98d），它意义极为重大——被称作红塔，和乎什所指的极为相似。

当拉格什修建埃尼奴的时候，这座红塔就已经在那儿了，它是三个斯奈夫鲁的金字塔之一。他是第四王朝的第一位法老，统治于大约公元前2600年。他的工程师首先尝试在梅德姆为他修建一座金字塔，这座金字塔有着52度的斜面；但是角度过于陡峭，这座金字塔坍塌了。此次坍塌导致在代赫舒尔修建的第二座金字塔的斜面有了突然的转变，变为了相对平整的43度，所以它

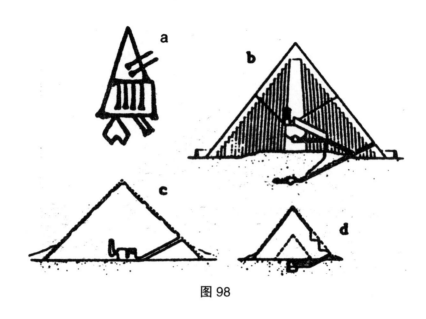

图 98

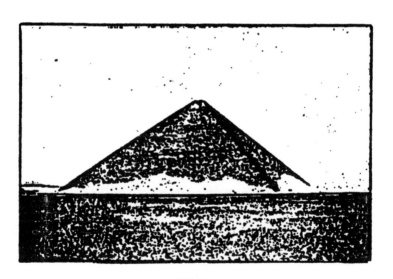

图 99

被戏称为弯曲金字塔。之后的第三座金字塔同样修建在代赫舒尔，被认为是法老的"第一座经典金字塔"，它的斜面处于大约 43.5 度的安全角度上（见图 99）。建造所用的是当地的粉色石灰岩，所以被戏称为红塔。边上的凸起是用来在适当的位置放置白石灰岩铺面的，然而并没有放置多久，今天我们看到的金字塔就是他本身的红色调。

在参加（并获胜）位于埃及的第二次金字塔战争之后，尼努尔塔不会不熟悉那之后的金字塔。他是否看到，随着王权来到埃及，不仅仅是位于吉萨的大金字塔和伴塔，同时还有祖瑟尔法老在塞加拉修建的阶梯金字塔修建了起来，被包围在它的神秘的圣域中（见图78），而那时大约是公元前2650年？他是否在公元前2600年的时候看见法老对大金字塔的效仿取得了最终胜利——斯奈夫鲁的红塔，是在大约公元前2600年的时候修建的吗？那么他是否接着就告诉这位神圣工程师：呵，看，这就是我想要的，一座包含着所有三个元素的独特塔庙？

另外，要如何解释修建于公元前2200年与公元前2100年之间的某个时候的埃尼奴，与埃及及其神祇之间的强烈联系？

再者，又要如何解释位于不列颠群岛的史前巨石阵和"幼发拉底河上的巨石阵"之间的相似呢？

为了一个答案，我们不得不将我们的注意力放到这位神圣的工程师身上，他是金字塔秘密的守护者，被古蒂亚称为宁吉什西达的神；因为他与埃及神祇特忽提，也就是我们所称的透特之间，似乎没有什么差别。

在埃及文献中，透特被称作"他计算着苍天，是诸星的记数者及大地的测量者"，艺术和科学的发明者，诸神的文员，"计算苍天，诸星和大地的神"。作为"时间和季节的计算者"，他被描绘为一个包含着太阳碟的符号，他的头上也有一个月牙，而且使人想到《圣经》中仰慕天主的话——埃及题词和传说讲述了透特的"测算苍天，设计大地的"知识和力量。他的象形文字中的名字特忽提通常被解释为"他是称量者"。亨里奇·布拉格思琪在其《宗教和神学》一书中解释说透特是"平衡之神"，并认为将他描述为"平衡之主"是要指出他与二分点有联系——这是昼夜平分点，在这两天日夜等长。希腊人将透特演化为他们的神赫尔墨斯，他们认为他是天文学和占星学，数学及几何科学，医药和植物学的始祖。

　　当我们跟随透特的脚步之时，我们将偶遇历法的故事，它们将揭开人神事务的神秘面纱——以及各个谜团，比如史前巨石阵。

第八章

历法的故事

历法的故事是一个极具创意、有着高深的天文学和数学知识的故事。同时，它还是一个有关战争、宗教狂热以及通往至尊的斗争的故事。

很久以来，人们一直相信是农夫制定了历法，这样一来，他们就可以得知该在何时播种何时收割；然而这样的假象无论是在理论上还是现实上都是站不住脚的。农民不会需要一部正式的历法来得知季节；而且原始社会也成功地在没有历法的情况下喂饱了一代又一代。历史事实是，历法被设计出来的目的，是为了预定祭神节日的精确时间。这种历法，换句话说，就是一种宗教发明。在苏美尔语中，各月份的最初的名字前面总有埃森这个前缀，这个词的意思不是"月份"，而是"节庆"。各月份则是恩利尔的节日，尼努尔塔的节日，或其他各大神的节日时间。

历法的作用是为了服务宗教庆祝，大家不用为之惊讶。我们发现了一个实例，它至今都在现代通用，控制我们的生活，但实际上那是属于基督教的。它主要的节日以及确定年度休息的焦点是复活节，对耶稣重生的庆祝。按照《新约》中的说法，耶稣在他死后第三天复活了。西方基督教徒在满月后的第一个周日庆祝复活节，而这样的满月发生在春分日或者正好是在那之后。这给罗马的早期基督教徒提出了一个问题，这占支配地位的历法元素在什么地方是以365天为一个周期的太阳年，而且那些月份有着不规范的长度且并不完全符合月相。复活节的确定由此需要依靠于犹太历法，因为最后的晚餐（复活节季的其他重要日子通过它来计算），正好是发生在尼散月第十四天前夜、犹太人的逾越节晚餐开始的时候。所以，最初的复活节是按照犹太历法举行的。罗马皇帝康斯坦丁大帝采用基督教，于公元325年召开教会理事会——尼西亚议会的时候，才结束了对犹太历法的依赖，而基督教直到那时才开始作为犹太教的另一个宗派，变为分开的宗教了。

这次改变之后，基督教的历法由此成为一个宗教信仰的表现，以及一种用于确定朝拜日的方法。同样很久之后，当穆斯林冲出阿拉伯，用剑征服东西的土地和人民之时，强加上他们纯正的月亮历法是他们的第一件事情，因为它有着深刻的宗教意义：它从穆罕默德由麦加到麦地那的逃亡（公元622年）开始计算时间。

罗马基督历法的历史，显露出了一些因其不完善的太阳和月亮时间网而导致的问题，所以，在之后的千年中，需要历法的重组。

通用历法基督历法由教皇格里高利十三世于1582年采用，并因此被称为公历。它对之前的罗马儒略历进行了一次重组，所以以罗马皇帝朱利叶斯·恺撒的名字命名。

这位著名的罗马皇帝，厌烦了混乱的罗马历法，在公元前一世纪邀请了埃及亚历山大港的天文学家索西吉斯，来帮助历法的重组。索西吉斯的建议是放弃月亮计时，并采用"如埃及一样的"太阳历法。结果便有了以365天为周期的一年，以及每四年一次的366天的闰年。但是这同样无法解释，365天之外的，超出季度日的每年额外的11.25分钟。这个问题似乎太微不足道了，但是结果却是，在1582年被尼西亚议会定为的春天的第一天3月21日，提早了 10 天，变为了 3 月 11 日。格里高利教皇用一个简单方法纠正了这个差额，他在 1582 年的 10 月 4 日宣布，第二天是 10 月 15 日。他还有一个其他的创新，就是让 1 月 1 日变为一年的开始。

那位天文学家建议，让一部如埃及所使用的历法进入罗马，得以被认可，那是因为那时候的罗马，特别是朱利叶斯·恺撒时候，与埃及是非常相似的，包括宗教，从此以后还将包括历法。那时候的埃及历法就已经是一部纯正的太阳历法了，有着被分为 12 个月的总共 365 天的年份。每个月 30 天，12 个月为 360 天，每年有额外的最后 5 天是宗教庆典日，祭奠奥西里斯、何璐斯、赛斯、伊西斯和奈芙蒂斯。

埃及人注意到，太阳年好像比 365 天要长——不仅仅是每 4 年加上一天，而且每 120 年历法中就要向前推移一个月，而每 1460 年就得向前推移一整年。埃及历法的神圣周期就是这个 1460 年的循环，因为它符合尼罗河年度泛滥时天狼星（Sirius，埃及语中的 Sept，希腊语中的 Sothis）与日同升一次的周期，而它发生在大约夏至点的位置（于北半球）。

爱德华·米耶尔在《埃及编年史》中指出，当埃及历法被引进的时候，在 7 月 19 日一次天狼星的与日同升与尼罗河的泛滥的同时发生。库尔特·瑟斯，《埃及远古史及宗教》的作者，则基于这一点，通过在太阳城和孟菲斯进行观测，计算出这若不是发生在公元前 4240 年，就是发生在公元前 2780 年。

现在，古埃及历法的研究人员，同意 360 天加 5 天的太阳历法不是那片大地上的第一部史前历法。这个"民用"或俗世的历法，是在埃及的王朝统治刚开始之后被引入的，也就是公元前 3100 年之后；按照理查德·A. 帕克尔在《古埃及历法》中的说法，那发生在公元前 2800 年，"可能是为了行政和财政目的"。这部民用历法排挤掉了（或者可能在一开始的时候是排挤掉了）原本的"神圣"历法。用《大英百科全书》的话来说，"古埃及人最初使用的是一部基于月亮的历法"。按照 R.A. 帕克尔在《古埃及天文学》中的说法，这部更为早期的历法是"如同其他所有古代人一样"，一部 12 个月亮月加上一个使季节保持在适当位置的闰月的立法。

洛克耶的观点认为，这部早期历法同时还是拥有二分点且与太阳城的最早神庙有关，而这座神庙就是分点朝向的。所有这些，如将月份与宗教节庆联系起来，这部最早的埃及历法则与苏美尔的非常相似。

认为埃及历法的根源在埃及文明出现之前的史前时代的结论，只能说明一点，那就是并不是埃及人自己发明了他们的历法。这个结论符合埃及人对黄道带的认识，以及苏美尔人对黄道带和历法的认识：所有这些都是智慧且多才的"诸神"发明的。

在埃及，宗教和对神祇的崇拜是在太阳城开始的，那里离吉萨金字塔非常近；它最初的埃及名字是安努（与尼比鲁的统治者是一个名字），在《圣经》中则被称作昂：当约瑟被命名为埃及总督的时候（《创世记》第四十一章），法老"将阿瑟娜思给他作妻子，她是昂的大祭司波提法拉的女儿"。它最老的圣地是奉献给卜塔（意思是"开发者"）的，埃及传统认为，是他将埃及大陆从大洪水的积水中升了起来，并通过大规模排水和土木工程让埃及大陆变得适合居住。对埃及的神圣统治由卜塔传递给了他的儿子拉（意思是"明亮者"），他还被叫作特恩（意思是"纯洁者"）；还是在太阳城，有一座特别的圣坛，其中有拉的天国之船——圆锥形的本本石，每年都能让朝拜者见上一次。

按照埃及祭司曼捏托（象形文字中他的名字的意思是"透特的礼物"）的说法，拉是第一个神圣王朝的首脑，他在公元前 3 世纪的时候编制了埃及王朝表。拉和他的继承者，神舒、盖布、奥西里斯、赛斯和霍恩斯的统治持续了超过 3000 年。在那之后是第二个神圣王朝，由透特开始，他是卜塔的另一个儿子，它持续了第一个神圣王朝一半的时间。之后是一个由半神统治的王朝，一共有 30 名统治者，统治埃及 3650 年。照曼捏托的说法，卜塔的神圣统治、拉王朝、透特王朝和半神王朝的统治加起来有 17520 年。卡尔·R.莱普修斯注意到，这个时间段刚好是十二个天狼星周期（之前提到过，每个 1460 年），由此证实了埃及的历法学 – 天文学知识的史前起源。

基于强有力的证据，我们在《众神与人类的战争》及《地球编年史》的其他分册中指出，卜塔与恩基没有任何区别，而拉也正是美索不达米亚神话中的马杜克。大洪水之后对地球领域的划分，让埃及被分配给了恩基及其后裔，他们离开伊丁（《圣经》中的伊甸园）和被恩利尔及其后裔控制的美索不达米亚领域。拉／马杜克的一个兄弟，透特，便是苏美尔人所称的宁吉什西达。

地球划分之后的诸多暴力冲突都源于拉／马杜克对这一划分的不满。他相信他的父亲对地球的统治权被不公平地剥夺了（恩基这个名字的意思正是"统治地球"）；因此，是他而非恩利尔的长子尼努尔塔，该在巴比伦统治地球。巴比伦，这座美索不达米亚城市的名字的含义是"众神的门廊"。被这样的野心所困扰，拉／马杜克不仅制造了与恩利尔集团的冲突，同时还激发了他自己的一些兄弟的仇恨，他让他们也牵涉到这样的令人难受的冲突中，如同他在离开埃及后又回来要求重掌政权。

在拉／马杜克的来回挣扎中，他导致了一名弟弟的死亡，他的名字叫杜姆兹，这让他的兄弟透特取得统治并将他流放，而且还让他的兄弟奈格尔在一次导致核屠杀的众神之战中改变立场。尤其是与透特的似有似无的联系，我们相信，这是历法故事的重中之重。

※

再次重申一遍，埃及人，拥有两套而非一套历法。第一套历法有着史前时代的源头，是"基于月亮的"。后面的一套，是在法老统治开始几个世纪之后被引进的，基于 365 天的太阳年。与认为后来的这部"民用历法"是法老的行政改革的观点相反，我们认为，它和前一套历法是相似的，同样是诸神的造

图 100

物；区别在于前者是透特发明的，而后者是拉发明的。

这部民用历法的一个方面被认为是很独特的，它将每月的 30 日划分进"黄道十度分度"，由特定恒星的升起而分别预示的十日周期。每一颗恒星（见图 100，被描绘为一位天神在天海航行）被认为是通知夜晚的最后一个小时的；而在 10 天的最后，一颗新的黄道十度星将开始观测。

我们认为，采用这种基于黄道十度分度的历法，是拉在与他的兄弟透特之间矛盾升温时的蓄意之作。

都是阿努纳奇的大科学家恩基的儿子，人们完全可以推测出他们从父亲那里得来的知识。这在拉／马杜克身上显露无遗，因为一部美索不达米亚文献清晰地陈述了这一点。这部文献的开头记录了一段马杜克向他父亲的抱怨，他认为他缺乏特定的治疗知识。恩基的回应如下：

> 我的儿子，还有什么是你所不知的？
>
> 我还能再给你些什么呢？
>
> 马杜克，还有些什么是你所不知的？
>
> 我还有什么额外的可给你？
>
> 我所知，你所知！

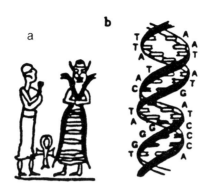

图 101

　　那么，是否可能是在这一点上，两兄弟之间产生了嫉妒？数学知识、天文知识、神圣建筑的朝向知识都是他们共享的；能证实马杜克在这些领域的造诣的，便是巴比伦的神秘塔庙（见图 33），按照伊努玛盘上的说法，它是马杜克自己设计的。但是，如文献所述，在医药卫生领域他就远不如他的兄弟了：他不能复活亡者，而透特却可以。我们既在美索不达米亚又在埃及资料中听说过透特的力量。他在苏美尔描绘中的形象是与缠绕的蛇的符号一起的（见图 101a），蛇符号的起源是因为他父亲能够执行基因工程——我们曾提议过，这个符号是 DNA 的双螺旋结构（见图 101b）。他的苏美尔名字，宁吉什西达，意思是"生命工艺之主"，这显示出他具有通过复活死者来重建生命的能力。"统治医疗者，抓住手的主人，生命工艺之主"，一部苏美尔祈祷书中这么称呼他。他的显著特征是魔法治疗和驱魔术。一个咒语和魔法公式的马克鲁（意思是"提供烧灼"）系列，占据着一整个碑刻。有一个咒语，专用于淹死水手（"那海上之人瞬间安息"），祭司用"西里斯和宁吉什西达，奇迹工人，杰出符咒家"这句话来进行祈祷。

　　西里斯是一位女神的名字，除此之外在苏美尔神话中则一无所知，而它是天狼星的美索不达米亚名字的可能性出现在我们的脑海中，因为在埃及神话里，天狼星是与女神伊西斯相关的天体。在埃及传说故事中，透特是帮助过伊西斯的神祇，而伊西斯是奥西里斯的妻子。他从被肢解的奥西里斯身体中提取出精液，伊西斯用它怀上并生下了何璐斯。这还不是全部。埃及的被称为梅特拉石碑的工艺品上有一段题词，女神伊西斯记述了在她的儿子何璐斯被毒蝎刺中之后，透特是如何将其救活的。作为对她哭泣的回答，透特从天上下来，"他被提供了魔法力量，并占有着创世的伟大力量。"然后他使用魔法，在夜晚移除毒素，让何璐斯醒了过来。

埃及人拥有整部《亡灵书》，其中的经文刻在法老陵墓的墙上，这样死去的法老才能进入来世。它是透特的著作，"他亲笔写下的"。另一部较短的著作，被埃及人称为《生命之书》（又作《呼吸之书》），其中陈述道："透特，最明智的神，赫门努之主，来到你的面前；他为你亲笔写下《生命之书》，以让你的卡（埃及象形文字中类似灵魂之意）永恒地呼吸，你的形在地上被赋予生命。"

我们从苏美尔资料中得知，这种在法老的信仰中不可或缺的知识——死而复生的知识最初是恩基拥有的。一部讲述伊南娜／伊师塔去往下界（非洲南部）——她嫁给恩基另一个儿子的姐妹的领地的长篇文献中，讲到这位不速之客被杀死了。为了回应他们的恳求，恩基进行了药物治疗并监管了对这具死尸的声波和放射脉冲的治疗，然后"伊南娜起身了"。

很显然，这种秘密知识并没有泄露给马杜克；而当他抱怨的时候，他的父亲却给了他一个回避的答复。这一点足以使野心勃勃渴望权力的马杜克对透特产生嫉妒。而被触犯的感受，甚至是感到威胁，也许更为剧烈。首先，是透特而非马杜克／拉，帮助伊西斯挽回了被肢解的奥西里斯（拉的孙子），并救下了他的精液，然后又挽救了中毒的何璐斯（拉的一个曾孙子）。第二，所有这些，诱发了（在苏美尔文献中讲得更为清楚）透特和这颗名叫天狼星的恒星之间的喜爱之情，天狼星（即伊西斯）是埃及历法的控制者和带来生命的尼罗河的泛滥的预示者。

那么这就是嫉妒的全部吗，拉／马杜克对透特是否还有更多的不满呢？

按照曼捏托的说法，由拉开始的第一神圣王朝的长时间的统治，在何璐斯短短的 300 年统治时间后突然就结束了，也就是在被我们称为第一次金字塔战争之后。然后，是透特的另一位后裔接管了对埃及的统治，而他的王朝持续了1570 年。他的统治，是和平与发展的时期，与近东的新石器时代相符——阿努纳奇向人类传授王权的第一个阶段。

为什么在卜塔／恩基那么多儿子当中，是透特被选为替代拉王朝的人呢？W. 奥斯帮所做的研究《古埃及人的宗教》可以给我们一丝线索。其中有关透特的陈述如下："虽然他在神话里是一位第二级别的神祇，然而他身上总是直接或部分地散发出卜塔（太初之神的长子）的气质。"在阿努纳奇复杂的继承制度下，如果是由父亲和其同父异母（或同母异父）的姐妹所生的儿子，那么他的继承优先权将在长子之上（除非长子的母亲也是其父亲的同父异母或同母异父的姐妹），这是导致恩基（阿努的长子）和恩利尔（阿努和他的一位同父异母的姐妹所生）之间永无止境的冲突和摩擦的一个原因。那么，是否是透特出生的环境，为拉／马杜克的至高无上制造了障碍？

已知的是，在一开始统治的"诸神集团"或神圣王朝是在太阳城；后来被孟菲斯的神圣小组取代（当孟菲斯成为一个统一的埃及的首都的时候）。然而在之前，有一个由透特为首的短暂的"神圣集团"。透特的"崇拜中心"是赫尔墨普里斯（希腊语中是"赫尔墨斯之城"的意思），它的埃及名字是赫门努，意思是"8"。透特有一个称号就是"8 之主"，按照亨里奇·布拉格思琪在《古埃及的宗教和神话》中的说法，它所表达的是八个天体朝向，其中包括了 4 个基点方位。它同时还表示透特能够找到并标出月亮的 8 个停滞点——而月球正是透特的天体对应物。

而马杜克，一位"太阳神"，是与数字 10 相关的。在阿努纳奇的数字等级制中，阿努的等级是最高的，是 60，恩利尔是 50，而恩基是 40（然后依次下滑），马杜克的等级是 10，而这可以作为黄道十度的源头。确实，巴比伦版本的《创世史诗》拥有十二月，每月被分为三个"星界"的历法的制定归功于马杜克：

> 他将一年定下来，
>
> 划分出区域：
>
> 为十二月中的每一个
>
> 他设立三个星界，
>
> 由此界定出一年中的日子。

将天空划分为 36 个部分，作为"界定出一年中的日子"的手段，对历法来说是绝对可能的——一部有着 36 个"黄道十度分度"的历法。而在这里，在《伊奴玛·伊立什》（即《创世史诗》）里，这种划分是归功于马杜克的，也就是拉。

这部《创世史诗》，毫无疑问是源于苏美尔的，现在主要是从它的巴比伦译本（《伊奴玛·伊立什》的 7 个碑刻）中得知。所有学者都认为，这是一个用于赞美巴比伦国神马杜克的译本。所以，"马杜克"这个名字被安置在原苏美尔版本中，讲述外层太空来的入侵者，行星尼比鲁的地方，并将其替换掉，将其描述为一个神。而且，在描述地球上的事时，最高神原本是恩利尔，但在巴比伦版本中，他同样被替换成了马杜克。用这种方式，让马杜克既在天上又在地上，成了至高无上的。

在没有对刻有苏美尔原版《创世史诗》的泥板（有些到如今甚至都成为碎片了）进行更为深入研究的情况下，我们不可能说出这种 36 黄道十度分度的划分是马杜克自己的创新，还是他从苏美尔借鉴过来的。

苏美尔天文学的一条基础原则是，将笼罩地球的整个天域划分为三条"道路"——作为中心天带的是阿努之路，北部天域是恩利尔之路，南部天域是艾（就是恩基）之路。这三条道路被认为是表示中部的赤道区域，和分别被南北回归线分割出的区域；然而，我们曾在《第十二个天体》中讲过，阿努之路，跨过了赤道，与赤道向南北分别偏离出 30 度，结果就有了一个 60 度的跨度；而恩利尔之路和艾之路则每个偏离出 60 度，这样一来，从北至南，它们一共覆盖了 180 度的天域。

如果这个对天空的三重划分被用于将一年划分为 12 个月份的历法划分的话，那么结果将是 36 个部分。这样的一种划分——导致黄道十度——在巴比伦，的确实现了。

1900 年，东方学学者 T.G. 平切斯向伦敦的皇家天文学会发表演讲，对一个美索不达米亚星盘做了重建。这是一个圆形盘子，如一个比萨饼一样被划分为 12 瓣，其中有 3 个同心圆环，总共将这个盘子划分为了 36 个部分（见图 102）。刻上名字附近的圆形符号表明了它们与天体的关系；这些都是黄道带上的星座、恒星及行星的名字——总共 36 个。这个划分与历法有着紧密关系，在各月份的名字中可以看得很清楚，它们出现在 12 瓣中的每一瓣的顶部（平切斯标注出了 1 ～ 12，由巴比伦历法中的第一个月尼散月开始）。

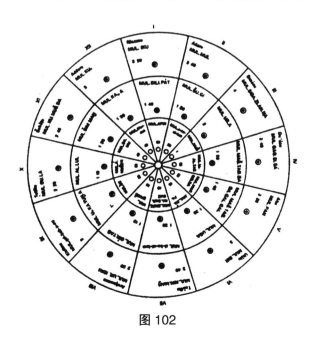

图 102

巴比伦的平面天球图并没有回答我们关于《伊奴玛·伊立什》中关键经文的起源问题，但它却给了我们一个对于埃及问题的可能的答案，即在巴比伦，在马杜克宣布权威的地方，也有一个类似的对应物（如果这不是它的前身的话）。

能够更为肯定的是，这种 36 个黄道十度分度的做法，在第一部埃及历法中是没有出现过的。最初的历法是与月亮紧密相关的，而后者是太阳历法。在埃及神话中，透特是一位月神，拉则是一位太阳神。将这一点延伸至两部历法上，可以看出，前后两部历法分别是由透特和拉／马杜克制定的。

事实是，大约公元前 3100 年的时候，苏美尔的文明等级（人类王权）延伸到埃及的时候，拉／马杜克在巴比伦建立权威失败，返回埃及驱逐了透特。

我们相信，正是在那之后，拉／马杜克并非是为了行政管理上的便利，而是为了彻底根除透特的领导从而重组了历法。《亡灵书》中有一段陈述道，透特被"发生在神圣孩子们身上的事情弄得心烦意乱，他们挑起战争，引发冲突，制造魔鬼，导致麻烦。"结果，透特"当他们（他的对手）混淆年份，弄乱月份的时候，被惹怒了"。所有的这些恶事，文献中声明，"所有他们对你所做的，他们都在秘密地进行这邪恶的举动"。

这就能很好地指出，当透特的历法需要向前重置的时候（原因我们在本章前面有过解释），这场冲突导致其在埃及被拉／马杜克的历法所取代。R.A. 帕克尔，我们之前提到过，相信这次改变发生在大约公元前 2800 年左右。阿道夫·厄尔曼著有《埃及和居住在古代的埃及人》，他的结论则更为明确。他写道，这时刚好是天狼星在完成 1460 年的周期，之后回到它最初位置的时候，是公元前 2776 年 7 月 19 日。

值得注意的是，大约公元前 2800 年这个时期，是英国权威们所采用的史前巨石阵一期的时期。

※

　　为了他在埃及的拥护者，由拉／马杜克采用的这部基于十日周期的历法，很可能与恩利尔集团的历法之间划出了明确区别。的确，这样的一种区别可能会引起月亮历法和太阳历法之间的波动；因为历法，像我们之前提到的以及古代记录中所证实的那样，是阿努纳奇"诸神"设计，为其拥护者们划出朝拜周期用的；而对于至高无上的争夺原本就意味着，到最后究竟是谁在被崇拜。

　　将一年分割为 7 天一个周期，从而计算时间的方式，即周这个概念的起源，学者们曾有过长期的讨论，然而仍然没有被核实。我们曾在《地球编年史》之前的几部书里面展示过，7 是表示我们这颗星球、地球的数字。地球在苏美尔文献中被称为"第七个"，而且它在天体表述中被描绘为 7 个小星点（如图 94），因为当阿努纳奇从他们的星球，也就是我们星系最外层的星球，驶向太阳系中心的时候，他们首先遇到的是冥王星，然后经过海王星和天王星（第二和第三），然后继续经过土星和木星（第四和第五）。他们将火星记为第六个（因此它被描绘为有着 6 个顶点的星星），将地球记为第七个。这样的一次旅行和计数，实际上被描绘在了一个出土于尼尼微皇家图书馆废墟的平面天球图上。它的 8 个部分之一（见图 103），显示出了从尼比鲁开始的飞行，并陈述"神恩利尔去往的行星"。这些行星，由小星点来表示，总共有 7 个。对苏美尔人而言，恩利尔，而非任何其他一位，是"七之主"。美索不达米亚和《圣经》一样，人名（如巴思－示巴，"7 的女儿"）和地名（如比尔－示巴，"七之井"）都用这个称号来赞扬这位神祇。

　　7 这个数字的重要或神圣性，转移到了历法中就成了一周，并渗入到《圣经》及其他古代文书中。当亚伯拉罕与亚比米勒协商的时候，他拿出 7 只小羊；雅各服侍拉班 7 年才能与他的一个女儿结婚，而当他走进他的嫉妒的兄弟以扫的时候，他要鞠躬 7 次。大祭司需要将各种各样的仪式进行 7 次，耶利哥被围

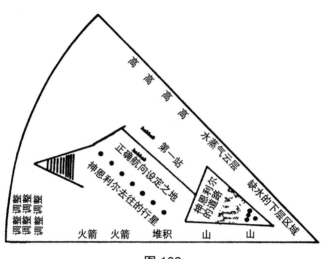

图 103

了 7 次，以让它的城墙倒下，第七天要作为安息日而严格遵守，而重要的五旬节必须是在逾越节之后第七周举行。

虽然没人敢说究竟是谁"发明"了 7 天为一周，但很显然，《圣经》中将之联系到了创世之初的时候，当时间开始的时候:《创世记》中为期 7 天的创世开始之时。用 7 天周期来计算时间——人类的时间——在《圣经》和更早的美索不达米亚大洪水故事中被发现了，由此可以证明出它的古老。在美索不达米亚文献中，恩基给了洪水故事中的英雄 7 天的时间，他"打开水钟并填满它"，以确保他忠诚的追随者不会错过最后期限。在那些版本中，大洪水据说是开始于一场风暴的，它"横扫整个国度 7 天 7 夜"。《圣经》版本的大洪水，同样是在诺亚得到警告 7 天之后才开始的。

《圣经》中的大洪水故事及其持续时间，显露出在很早的时候对历法的深入理解。很有意义的是，它显示出与 7 天一周期及将一年划分为 52 周这种划分法相似。再者，它显示出了对一部复杂的日月历法的理解。

按照《创世记》的说法，大洪水开始于"第二个月的第十七天"，结束于第二年的"第二个月的第二十七天"。表面上看上去是 365 天加上 10 天，然而实际上不是。《圣经》将大洪水拆分为 150 天的大水，150 天的退水，以及诺亚认为外界安全可以打开方舟的 40 天。然后，在间隔两个 7 天之后，他派出一只乌鸦和一只鸽子去搜寻地表；直到鸽子不再回来，诺亚才知道外面已经足够安全，可以出去了。

按照这种拆分，加起来就是 354 天（150+150+40+7+7）。但这不是一个太阳年；这是一个精确的月亮年，有 12 个月，每月 29.5 天（29.5×12=354），犹太人至今都是这样，也就是每月交替拥有 29 或 30 天。

但是在太阳系中，354 并不是完整的一年。在认识到这一点的情况下，《创世记》的讲述者或编制者进行了插入，说大洪水是在第二个月的第十七天开始，在一年之后的第二个月的第二十七天结束。学者们分为了几派，一派认为天数由此加为了月亮的 354 天。另一些——如 S. 甘兹，著有《希伯来数学及天文学研究》——则认为还应该加上 11 天，这种插入法将月历 354 天扩充到了太阳年的完整的 365 天。还有其他一些人，其中有古代的《禧年书》的作者，他们认为，其中加上的天数仅仅是 10 天，将一年增长到了不正确的 364 天。当然，它的意义在于使用了一部将一年分为 52 个 7 天的历法（52×7=364）。

这不是在 354 上再加上 10 天这么简单，而是蓄意地将一年分为 52 周，每周 7 天。这在《禧年书》中讲得很清楚。它（在第六章）陈述道，当大洪水结束的时候，诺亚被给予了"天国之签"：

> 圣训的所有日子，
>
> 将有五十二周的日子，
>
> 它们标志着一年的完成。
>
> 因此它被刻下并颁布
>
> 在天国之签上，
>
> 一年，年年

都不能有疏忽。

指导你们，以色列的孩子，

他们按照这表遵守年岁：

三百六十四天；

这组成一个完整的年份。

这种对每年 52 周每周 7 天的坚持，组成了一部一年 364 天的历法，并不是由于忽略了整个太阳年有 365 天的事实。对这种真实长度的察觉，在《圣经》中，当伊诺克被上帝带走升天的时候（他那时是 365 岁）可以看出来。在《伊诺克书》中"超额的太阳"，必须要加在其他历法的 360（12×30）天上，以组成插入 365 天的那 5 天，被特别提到过。然而，《伊诺克书》形容了太阳和月亮，黄道的 12 个"入口"，二分点二至点的运动，毫不含糊地陈述了历法中的年应该是"严格按照它的天数的年：是 364 天"。这在一个声明中，被重申"有着完美评判的完整的一年"是 364 天——52 周，每周 7 天。

《伊诺克书》，特别是在被称为《伊诺克书2》的版本中，被认为是显示了当时埃及亚历山大港的科学知识的元素。其中有多少可以被追溯到透特那里是不可能说清楚的，但《圣经》和埃及神话却显示出，7 的角色，以及 52 次 7 出现在一个早得多的时候。

较著名的是《圣经》中的约瑟，在成功为法老解梦之后督管埃及的故事。法老的梦，第一个是 7 头肥母牛被 7 头瘦弱的母牛吃掉了，第二个梦是 7 颗饱满的谷粒被 7 个干瘪的谷粒吞了。然而，很少有人意识到这个故事——对一些人来说是"传说"或者"神话"——有着很强的埃及根源，在很早之前埃及传统中有着对应。前者中是希腊西比灵贤明女神的埃及前身，她们被称作七哈瑟尔；哈瑟尔曾是西奈半岛的女神，被描绘为一头母牛。换句话说，这 7 头母牛是象征可以预言未来的哈瑟尔的。

图 104

7 个丰年紧接着 7 个贫瘠之年的故事，在早期的对应是一部象形文字文献（见图 104），E.A.W. 巴吉在《诸神传奇》中将之命名为"神勒母和七荒年的传说"。勒母是作为人类创造者的卜塔／恩基的另一个名字。埃及人相信，在他将对埃及的统治权转交给他的儿子拉之后，他退休到了阿布岛（自从希腊时代开始，就因为它的形状而被称作象岛），他在那里组建了两个地下储槽——两个相连的水库——它们的锁或水闸可以操作，被用来控制尼罗河的水流（现在的阿斯旺大坝几乎就位于这尼罗河的第一个水利工程之上）。

依照这部文献的内容，祖瑟尔法老（塞加拉的阶梯金字塔的修建者）接到了一份来自南部执政官的皇室快件，其中讲到严重的苦难降临到了人民的身上，"因为尼罗河已经有 7 年没有到达正常水位了"。而作为结果，"谷物蔬菜奇缺，所有人类用作食物的东西都没有了，而每个人都抢夺着他的邻居的东西"。

这位国王希望能通过直接向这位神祈求，来结束这次混乱和饥荒，他向南去到阿布岛。他被告知，这位神住在"用芦苇做成入口的木制大建筑里"，他有"绳和签"让他能够"打开尼罗河水闸的两道门"。勒母回应了这位国王的请求，保证"升高尼罗河的水位，让庄稼生长"。

由于尼罗河水位每年的上升与天狼星的与日同升是紧密相连的，有人肯定会想，这个故事的天文特征让人想到的不仅仅是实际的水的短缺（至今都周期性地存在着），同时在一个死板的历法中，天狼星的出现发生了位移（之前讨论过）。这整个故事的历法含义在文献中出现了，它讲述勒母在阿布岛上的住所是有天文朝向的："神的房子向东南方有开口，太阳每天都是出现在它正对面。"这只能解释为，这是一个用来观测去往冬至点和从冬至点回来时的太阳的设施。

对于数字7在诸神和人类事务中的意义和作用的短暂的回顾，足够显示出它的天文起源（从冥王星过来的第七颗行星）和它在历法里的重要性（7天一周，每年有52个这样的周）。然而，在阿努纳奇中的对手里，所有这些都有着另一层含义：这是对谁才是七之神（God of Seven，在希伯来语中是 Eli-Sheva，伊丽莎白这个名字就是由此而来）的确定，也就是对谁才是地球的名誉统治者的确定。

我们相信，这也是在拉／马杜克在巴比伦称霸行动失败后，返回埃及的途中觉察的警告：对这个仍然是恩利尔称号的数字7的崇拜的散布，是通过将7天一星期引入埃及而进行的。

※

在这些条件下，对七哈瑟尔的尊崇，肯定会被拉／马杜克所诅咒。不仅是因为她们的数字7，象征着对恩利尔的崇拜；同时还因她们与哈托尔，埃及神话中一位重要的神祇有关，但拉／马杜克却对这位神祇没有什么兴趣。

哈托尔，我们曾在《地球编年史》的前面部分讲到过，是苏美尔神话中宁呼尔萨格的埃及名字——她是恩基和恩利尔的同父异母的姐妹。由于这两兄弟的正式妻子都不是他们同父异母（或同母异父）的姐妹（恩基的是宁基，恩

图 105

利尔的是宁利尔），所以他们都需要宁呼尔萨格为他们生下一个儿子；一个这
样的儿子，在阿努纳奇的继承制度中，可以成为地球王座无可撼动的合法继承
人。虽然恩基不断与宁呼尔萨格进行房事，但生下来的都是女儿；在这一点上，
恩利尔成功多了，他最宠爱的儿子也是宁呼尔萨格所生。这让尼努尔塔（宁吉
尔苏，古蒂亚的"吉尔苏之主"）有资格继承他父亲的 50 这个衔位——而在
这一刻，恩基的长子，马杜克，丧失了统治地球的资格。

在宣扬对 7 崇拜及其历法的重要性的过程中，还运用了其他方法：发生
在祖瑟尔时代的 7 荒年的故事。考古学家在塞加拉区域发现了一个雪花石膏制
成的圆形"圣坛顶"，它的形状（见图 105）显示出，它被打算用作一个点亮
7 天的圣灯。

另一个发现是一个石"轮"（一些人认为它是一个圆锥形石的底座，后者
是一个神谕式的"肚脐石"），它被很明显地分为有着分别 7 个标记的 4 个部分
（见图 106），这显示出它是一个真正的石头历法表——无疑是月亮历法——其
中包含了 7 天为一周的概念。

用石头制作历法表在古代就已经存在，如不列颠的史前巨石阵和墨西哥的
阿兹特克历法表。这个在埃及发现的应该是他所做的最小的奇迹，因为我们相
信，在这些所有地域上分散的石头历法表，背后的天才是同一位神：透特。令

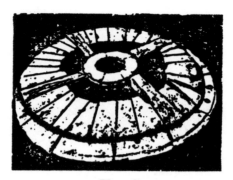

图 106

人惊讶的是，这个历法表包含了 7 天这个周期；但如另一个埃及 "传说" 所显示的，这也就不再是意外了。

被考古学家们认为是游戏或游戏板的东西，在古代近东的几乎每一个地方都有发现，这里展示了一些来自美索不达米亚、迦南和埃及的发现（见图 107）。两名选手按照所掷的骰子将小棒从一个洞移至另一个。考古学家将它们简单地看作是一种游戏而已；但通常这些洞的数目，是 58，很明显每位选手有 29 个——29 是一个月亮月的完整天数。同样有着将这些洞归为更小组别的划分，还有将一些洞与其他洞相连的沟道（也许是表示：选手可以跳至那里）。我们注意到，例如，洞 15 和洞 22 是相连的，洞 10 与洞 24 相连，这意

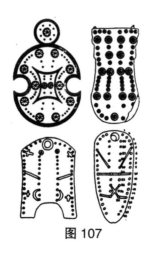

图 107

味着可以"跳跃"一个 7 天的星期和一个 14 天的两周。

现在的我们通过歌谣（"9 月有着 30 天"，国外儿歌歌词）和游戏来将历法教给小孩子；那么为什么要排除在古代就有这种教学方式的可能呢？

这些历法游戏，至少有一种是透特的最爱，它用于教导人们一年被划分为 52 个星期，这在一部被称为《萨特尼哈摩伊与木乃伊的冒险》的埃及故事中得到了证实。

这是一个有关魔法、神秘主义和冒险的故事，它将神秘数字 52 与透特及历法的秘密连在了一起。这个故事被记录在一个草莎纸文本上（被编录为开罗 -30646），它是在底比斯的一个墓穴中发现的，能够追溯到公元前 3 世纪。其他记录此故事的草莎纸碎片同样被发现了，说明它是记录神和人的故事的古埃及国家或权威文学的一部分。

故事中的英雄是赛特尼，他是法老的儿子，"通晓所有事情"。他习惯在孟菲斯的大墓地里漫游，学习神庙墙上的神圣文字，探索古代的"魔法书"。最后他自己成了"一名在埃及大陆无与伦比的魔法师"。一天，一位神秘的老人告诉他，有一座坟墓，"那里存放着由透特亲手写下的文书"，在书中显露了地球的奥秘和天国的秘密。这神秘的知识包含了有关"日月升起和诸天神（行星）绕着太阳的圈（轨道）运行"的神圣信息；换句话说，它包含着天文学和历法的秘密。

这个被谈论到的墓穴是尼诺菲尔赫卜塔的，他是之前的一位国王的儿子。当赛特尼问这个墓穴的地址时，这位老人警告他，虽然尼诺菲尔赫卜塔已经被埋葬并被制成木乃伊了，但他并没有死掉，他仍然可以攻击任何一个敢于从他脚下夺走透特之书的人。赛特尼并不畏惧，他寻找着这个地下墓穴，当他到达正确地点的时候，他"对它诵读了一段咒语，大地开了一道口，然后赛特尼就下到了这本书所在的地方"。

在墓穴里，赛特尼看见了尼诺菲尔赫卜塔及其姐妹兼妻子，还有其儿子的木乃伊。而这本书确实是在尼诺菲尔赫卜塔的脚下，并且"发出太阳一样的光芒"。当赛特尼靠近它的时候，尼诺菲尔赫卜塔妻子的木乃伊大声警告他别再前进，接着她告诉赛特尼，她丈夫在试图得到这本书时的冒险。透特将书藏在了一个秘密地点，把它装在一个黄金盒子里，黄金盒子外面是一个白银盒子，以及一系列的盒子套盒子。最外层的盒子是由青铜和铁制成的。当她的丈夫尼诺菲尔赫卜塔忽视警告和危险抓住书本的时候，透特让尼诺菲尔赫卜塔和他的妻子以及他们的儿子停止动作：虽然活着，但他们被埋葬了；虽然被制成了木乃伊，但他们仍旧能看、能听、能说话。他警告赛特尼，如果他接触到了这本书的话，那么他的下场将会与他们相同甚至更糟。

对于这种下场的警告及先王的悲惨遭遇，并没能阻止赛特尼。经过长途跋涉，他一定要得到这本书。当他再一次向这本书靠近的时候，尼诺菲尔赫卜塔的木乃伊说话了。有一种方法既可以得到书，又不会引起透特的狂怒，他说：那就是进行"透特的魔力数字"52 的游戏，并取得胜利。

打算向命运挑战的赛特尼同意了，他输掉了第一局，这时他发现他的部分身体已经开始向墓穴的地板里下陷了。他又输掉了第二局、第三局，越来越多的身体陷到了地板里。他是如何带着书逃离这场降临到他身上的灾祸，又是如何在最后将书放回它原本的隐藏处的，的确非常精彩，但已经偏离我们的主题了：事实上，这本天文学和历法的"透特之书"包含着 52 这个游戏——将一年划分为 52 个 7 天，《禧年书》和《伊诺克书》中所讲到的只有 364 天的神秘的纪年法。

这个神秘的数字促使我们漂洋过海，去往美洲，又将我们带回史前巨石阵，帮我们解密与人类记录下的第一个新纪元密切相关的事件。

第九章

太阳还在何处升起

　　没有什么比在夏日最长的白昼那一天穿过沉静的撒森岩巨石的阳光，更能成为史前巨石阵缩影的事物了，当时的太阳处于向北移动的过程中，然后慢慢放慢、停止，最后开始返回。也许是命中注定，现在仍然耸立并被顶部的横梁连接的巨石柱只有四个了。它们形成三个拉长的窗户，通过它们，我们仍然可以看到并确定一个新的年度循环的开始（见图108）。

　　也许仍是命运的决定，在这世界的另一个角落，有着另一个用巨石建成的三个窗口——按照当地传统说法，也是由巨人修建的——同样向人们提供了一个壮观的视野，太阳从厚厚的白云中现身，它的光芒在一个精准的排列中直射。在南美洲的秘鲁（见图109），也有一个三窗设计的建筑，在历法中某个特定的日子，太阳会从这里升起。

　　这种相似是否仅仅是视觉上的感受，一种纯粹的巧合呢？我们不这么认为。

　　现在这个地方被叫作马丘比丘，这个名字源于该城市所位于的乌鲁般巴河一个弯曲处陡然升起的1万英尺高的陡峭山峰。它深处密林及绵绵不绝的安

图 108

图 109

第斯山中，由此躲开了西班牙征服者并留下了"印加失落的城市"，直到1911年才被海勒姆·冰汉所发现。现在知道的是，它的修建要比印加帝国早得多，而且它过去的名字叫作坦普塔科，意思是"三窗之港"。这个地方，和它独特的三窗建筑，在当地传统中是这么说的：在安第斯山文明起源的时候，当维拉克查带领的诸神，将4位阿雅尔兄弟和他们的4名姐妹兼妻子放进坦普塔科，有三个兄弟从三个窗口处出来了，在安第斯大地定居，并进行开发；他们其中一名建立了一个比印加帝国要早上数千年的古代帝国。

这三个窗口构成了一堵由巨石建造的巨墙的一部分，这些石头——正如史前巨石阵——并不是从本地得来的，而是穿越高山、越过峡谷，从极为遥远的地方运送过来的。这些巨石，被仔细地磨平，让表面变得圆滑，它们被切为多边的，且拥有多种角度。每个石头的边数和角的大小都与邻近的石块相符。所有这些多边巨石由此两两相扣，就像拼板玩具一样，不需要任何泥灰或其他黏合物就能紧紧相连，并承受住这一地区并不少见的地震和其他人为或自然的破坏。

冰汉称呼它为三窗神殿。它只有三道墙：有窗口的一面向东，其他两道墙像是保护翼。西面是完全敞开的，为一个石柱提供空间，石柱大概有 7 英尺高；由两个水平放置、精心塑性后的石头从两边支撑着，这个石柱精确地朝向中部的窗口。因为这个石柱顶端的一个壁孔，冰汉推测，它可能曾有一个梁柱用以撑起一个茅草屋顶；然而这在马丘比丘可是唯一的，我们反倒相信这个石柱与史前巨石阵的踵形石（在最初）或圣坛石（后来出现的）有着同样的用处，换言之，如同提供视准线的古蒂亚的第七根石柱。很有创意的是，三窗设计的优越性促进了三根视准线的出现——指向夏至日、冬至日和分日的日出（见图 110）。

三窗建筑加上石柱构成了冰汉所命名的东边部分，而学者们仍然称它为神圣广场。它的其他主建筑，同样是三面的，在广场的背部末端有它的最长的墙，南部是敞开的。它同样是用进口的花岗岩巨石建成，同样是扣在一起的不规则形状或多边形状。中部的北面墙作为 7 个伪窗口——模仿三窗设计，呈梯形，但并没有穿透石墙——而建造。一个巨大的独立矩形巨石，位于建筑地板之上，在这些伪窗口下方。虽然这个建筑的用途尚不明确，但仍然被认为是主神殿，冰汉就是这样为它命名的。

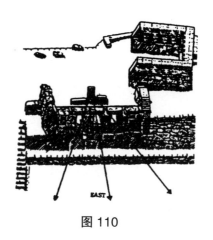

图 110

　　因为这块巨石的高度为 5 英尺，所以不能作为座椅来用，冰汉推测它是被用作贡品桌的，"一种祭坛，可能用来放置食物贡品，或是安置受崇敬的死者的木乃伊，节日的时候在这里取出来并进行崇拜"。虽然这种风俗纯属想象，但至于说这个建筑与节日有关的看法——换言之，与历法有关——是很有吸引力的。在 7 个伪窗口上面有 6 个醒目的凸起的石栓，所以某种牵涉到 6 与 7 的计算——如拉格什的吉尔苏——是不能被排除的。两堵边墙每堵有 5 个伪窗口，所以每堵边墙——东边一堵，西边一堵——与中墙（北边那堵墙）一起组成了 12。这同样应用了历法的功能。

　　同属于一个巨石器时代的一个较小的围场，被建为了主神殿的附属建筑，它在主神殿的西北角的后面。它非常适合被描述为一个有着石头长凳的没有屋顶的房间。冰汉推测它是祭司的住所，但是却没有任何证据能够指明它的用途。明显的是，它是使用相同的不规则形状或多边形花岗岩巨石精心建造的，被打磨抛光得十分完美。的确，拥有最多边数和棱角——32！——的石块是在这里被发现的。这些举世瞩目的巨石究竟是谁、使用什么方法制造并安放的？这个问题一直困扰着它的造访者。

　　在这个房间正后方是一道阶梯，总体形状呈矩形，但阶梯本身却是由未经加工的卵石组成。它回旋向上，从神圣广场一直通向一座山丘上，在上面能够俯瞰全城。山顶被压平，为修建一个围场提供了场地。它同样是用形状漂亮、打磨平滑的石头建成的，但石头并不是很大。但更高的入口墙形成了一个通向山顶的门廊，稍低的围墙是使用方琢石（矩形石头）建成的。这种建筑方法既不是巨石器时代的阿波罗神像的建造方式，也不是较为低等的原石（直接用泥灰将不规则形状的石头黏合在一起）建筑方式，如马丘比丘的其他大多数建筑物。后者毫无疑问是属于印加时期；而方琢石建筑，如同这座山顶上的，是属于一个更早的时代，在《失落的国度》（《地球编年史》丛书第四部）中，我们将其辨认为是古帝国时代的产物。

这个山顶上的方琢石建筑，很明显只是为山顶主要部分提供装饰和保护。在它中间，山顶被压平，形成一个平台，有一个原本就在那里的向外凸起的石头被保留了下来，被精心塑性打磨成了一个不规则形状或多边形基底，其上有一个短石柱向上升起。从它的名字我们可以看出，这个基底上的石头是用于天文－历法目的的：它叫作印提瓦塔纳，在当地语言里的意思是"捆绑太阳（之物）"，按照印加人及他们后裔的解释，它是一个用于观测和确定至点的石头仪器（见图111）。

距离第一次对马丘比丘进行严肃的天文学研究，已经过去了接近四分之一个世纪的时间。直到20世纪30年代，德国波茨坦大学的天文学教授罗尔夫·穆

图111

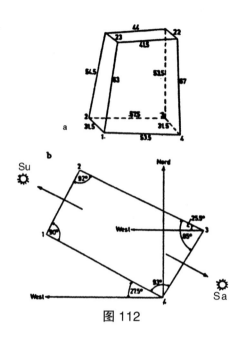

图 112

勒尔，在玻利维亚和秘鲁的多个重要遗址开始了一系列的学术调查，他将洛克耶首先提出的考古天文学的原理，应用到了他的发现上。因此，除了有关马丘比丘、库斯科（曾经为印加帝国首都）和蒂亚瓦纳科的有趣的天文学特征的结论外，穆勒尔还能够准确地指出它们的修建时间。

穆勒尔指出［在《古代秘鲁的印提瓦塔纳（观日台）》和其他著作中］，这个基底上的短石柱，以及这个基底本身，都是被仔细切割、塑性，以在这一特定的地理位置和海拔高度提供精确的天文观测。这个柱子（见图 112a）作为日晷，这个基底作为阴影记录仪。然而，这个基底本身的形状和朝向，导致顺着它的沟槽的观测，能够准确地测算出重要日子的日出和日落（见图 112b）。

穆勒尔指出，这是冬至日（南半球是 6 月 21 日）的日落（图中 Su）和夏至日（南半球是 12 月 23 日）的日出（图中 Sa）。他还测定了这个矩形基底的角度，指出，如果有人顺着由凸起 3 和凸起 1 连接成的对角线去观测地平线的话，那么他将观测到印提瓦塔纳被修建的那个时代，在二分日的精确的日落

点。他指出，基于当时，也就是 4000 年前（大概在公元前 2100 年和公元前
2300 年之间）地球较大的倾斜度，可以得知，马丘比丘的印提瓦塔纳与拉格
什的埃尼奴及史前巨石阵二期处于同一时代——如果不是比它们都还要稍微早
些的话。更显著的可能是，印提瓦塔纳的天文功用的基底的矩形布局，因为它
和史前巨石阵一期的 4 个站点石的杰出的矩形布局极为相似（虽然，很明显前
者不带有观月作用）。

阿亚尔兄弟的传说告诉我们，派生出安第斯诸国的这三个兄弟——《圣
经》中哈姆、闪和雅弗的故事的南美版本——通过将他们的第四个兄弟囚禁在
一个巨石里的洞穴中，从而摆脱他。他在里面变成了一块石头。在这样一个
裂开的巨石中，里面有着白色的直立柱或短石柱的洞穴存在于马丘比丘。在
它之上，是至今仍然伫立着的整个南美洲最为醒目的建筑。其上的房屋和印
提瓦塔纳的平台上，使用的是同样种类的方琢石，由此可以看出是同一时代
的建筑。它有两堵围墙互呈完美的直角，另外两堵墙弯曲形成完美的半圆（见
图 113a）。它现在被称为托利恩（意思是石塔，特指史前石塔）。

这座石塔建在一个巨石之上，经由 7 层石梯才能到达，如印提瓦塔纳一样，
它包围了这个巨石凸起的石峰。相同的是，这个凸起部分同样被雕刻过，并且
被给予了一个充满目的性的形状，只是上面没有日晷针。然而，穿过这块"圣
石"的沟槽和不规则形状或多边形表面的天文视准线，直指半圆墙上的两个窗
口。穆勒尔和其他在他之后的天文学家，例如 D.S.迪尔伯恩和 R.E.怀特在其
合著的《马丘比丘天文考古学》中指出，在超过 4000 年之前的时候，这些视
准线是朝向冬至和夏至日的日出点的（见图 113b）。

这两个窗口的梯形外观和著名的神圣广场的三窗设计非常相似，在形状和
用途上，都效仿了这个来自巨石器时代的设计。相似处还有同是使用完美方琢
石的建筑，在半圆结束的地方出现了向北的直墙，其上有第三个窗口。它比其
他两个都大，它的窗台也不是直的，反而像一个倒置的阶梯；它的顶部也不是

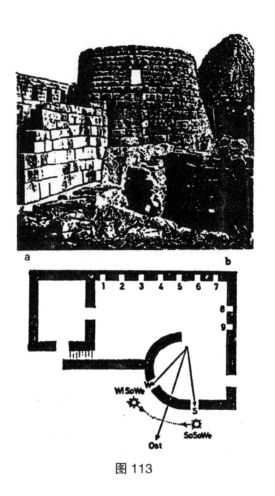

图 113

直的，而是一个楔形开口，形状就像倒置的字母 V（见图 114）。

因为从这个开口看出去（从托利恩里面）的视野被印加时代的卵石建筑阻碍了，曾研究过托利恩的天文学家并没有为这第三个窗口指明任何天文学方面的意义。冰汉指出，这个窗口的墙面显示出了明显的火烧的证据，他由此推测，这里曾是在特定节日焚烧祭品的地方。我们的研究显示出，当印加建筑还不在这里的时候，也就是说，当还处于古帝国时代的时候，一条从圣石出发，穿过窗口上的 V 字开口，向西北方指向山顶部印提瓦塔纳的视准线，很可能会指明托利恩修建时代的冬至日的日落点。

图 114

图 115

　　这个建筑还在其他特征上与神圣广场相仿。除了 3 个窗口，在围墙的直面部分上还有 9 个梯形伪窗口（见图 113）。这些伪窗口之间的墙上伸出了石栓，或用冰汉的话说就是"石轴"（见图 115）。有着 7 个伪窗口的较长的一道墙，有 6 个这样的石栓——与主神殿（之前介绍过）较长的那堵墙的安排一模一样。

所有窗口的数目——加上伪窗口——是 12 个，毫无疑问地显示出此建筑的历法功能，正如一年 12 个月。和主神殿一样的长墙上的伪窗口（7）和石栓（6）的数目，可能是一种有关置闰的历法需求——周期性地对太阳周期进行月亮周期的调节，每隔几年便加入第 13 个月。将这种组合和用于观测并确定至点和分点的窗口相结合，这些带着石栓的伪窗口引出了一个结论：在马丘比丘，某个人曾制造了一台用作历法表的、复杂的日月系统的石头电脑。

※

与埃尼奴和史前巨石阵二期同一时代的托利恩，在一个方面，要比印提瓦塔纳的矩形样式更为显著，因为它出现了极为少见的圆形的石头建筑——这在南美极其少见，但与拉格什和史前巨石阵的石圈有着明显的亲缘关系。

按照西班牙人费尔南多·蒙特希罗斯在 17 世纪初所收集编制的传说和资料来说，印加帝国并不是第一个定都于秘鲁库斯科的王国。研究者们现在得知，被西班牙人遇到并征服的传奇般的印加帝国，是在 1021 年才在库斯科掌权的。在这很久之前，由神维拉克查给阿亚尔兄弟中的一人，曼科卡帕克，指出他的金棒沉入大地的正确位置时，他建立了这座城市。通过蒙特希罗斯的计算，这发生在大约公元前 2400 年——比印加帝国早了接近 3500 年。这个古帝国持续了接近 2500 年，直到发生了一系列的瘟疫、地震以及其他的灾难，导致人们离开了库斯科。这位国王，在少数被选定的人的陪同下，撤退到了坦普塔科的隐匿处；在那里，这王朝的过渡期持续了大约 1000 年，直到一位贵族出生的年轻人被挑选了出来，带领人们重返库斯科，建立了一个新的王国——印加帝国。

1533 年，当西班牙征服者们到达印加帝国都城库斯科的时候，他们惊讶

图 116

地发现，这座超级大都市有大概 10 万个住宅，它们包围着一个由宏伟的宫殿、神庙、广场、花园、集市、检阅场组成的皇家宗教中心。让他们很难理解的是，为什么当地人说这座城市被划分为了 12 个区域，它按一个椭圆形布置，建在环绕城市山峰上的观测塔所提供的视准线则是各区的分界线（见图 116）。他们还被这座城市和帝国最神圣的神殿所震撼——不仅因为它极为华美，还因为它是完全镀金的。正如它的名字科里堪查，意思是黄金围场，这座神庙的围墙被黄金板片覆盖着；而里面则是夺目的工艺品和鸟类以及其他动物的雕像，它们由黄金、白银和宝石制成；而且在神殿的主要庭院里，全人工制造的谷物和其他生长物，也都是用黄金白银制成。只是西班牙人最初的侦察队，就带走了 700 个这样的金板（同时还带走了大量其他珍贵的工艺品）。

曾看见完整的卡利勘察（被天主教神父破坏，改建为一座教堂）的年代记录员（编年者）记录道，这个建筑物包括了一座主神殿，用来供奉神维拉克查；还有用于崇拜月亮、金星、一颗被称为科洛尔的神秘行星、彩虹以及雷电之神的圣堂或小礼堂。尽管如此，西班牙人还是称这座神殿为太阳殿，认为太阳是印加人崇拜的最高神祇。

西班牙人之所以这么认为，可能是因为在科里堪查的圣域——一个半圆形

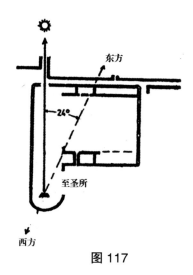

图 117

房间里，在大祭坛上方的墙上挂着一个"太阳的形象"。这是一个黄金大圆盘，西班牙人推测，它所代表的是太阳。事实上，在更早的时代，它是用来反射每年仅照进这个黑暗房间一次的太阳光束的——冬至日时日出的那一刻。

很有意义的一点是这种安排与位于埃及卡马克的亚蒙大神殿有着紧密的联系。这个圣域呈极为少见的半圆形，就像马丘比丘的托尼恩石塔。而且，这座神殿最早的部分，包括圣域，都是用与托尼恩和印提瓦塔纳——古帝国时代的标志性建筑——围墙相同的完美方琢石修建的。由穆勒尔进行的仔细的研究和测量显示，它的朝向让太阳光线能够穿过走廊击打在"太阳的形象"上，如果地球的倾斜度为 24 度的话（见图 117）。这种倾斜度在年代学上的意义，他写道，超过 4000 年之前，这与蒙特希罗斯所述说的年代表是相符合的，后者曾告诉我们，古帝国开始于公元前 2500 年至公元前 2400 年之间，而这座位于库斯科的神殿，就是在那之后不久修建的。

其实，在见过如此多的神庙之后，这已不再让人惊讶，反倒合情合理。

一个有着巨大建筑物的巨石器时代，很明显是在古帝国之前的——这些建筑物不仅是通过它们的巨大尺寸来进行鉴别，同时还要注意它们所使用石块的惊人的多边造型，以及这些巨石的平滑甚至偏圆形的表面。然而，与位于马丘比丘建筑物的年代一样令人难以置信的是，它们既不是最大的，也不是最神秘的。这种荣誉毫无疑问地应该授予位于萨克撒赫曼的废墟，那里是俯瞰整个库斯科的岬角。

它的两边由深深的峡谷组成，它的顶点形成一座陡峰，高出它底部的城市大约 800 英尺。这个岬角可以被分为 3 个部分。最宽阔的部分，成为三角形的基底，其中耸立出凸起的巨石，巨石被某些人——当地传统中说是"巨人"——切割并塑性，它惊人的精细度和角度不可能是用简陋的手持工具打造的。它被用作巨大的梯台或平台，并在石头上穿孔，形成弯曲的沟槽和壁龛。这个岬角的中间部分，由一个有着数百英尺长宽的区域形成，它被压平以形成一个巨大的水平区域。这个被压平的区域，很明显的是和三角形及更高的岬角顶部分开的，因为那里有一座最为醒目，而且绝对独特的石头建筑。它包括了三道锯齿形的巨墙，从岬角的一边延伸至另一边，相互平行（见图118）。这些巨墙，一道在另一道的后面升起，加起来的高度大约 60 英尺。它们用巨石修建，每块巨石都是这个巨石器时代的特征形状——不规则形状或多边形；在最前面的，支撑着形成第二、第三梯台的上升阶梯的土坝是最大的。它的最小的石块的重量，介于 10～20 吨之间；大多数都是 15 英尺高，厚度和宽度则在 10～14 英尺之间。还有很多更大的石块；第一排有一个石块有

图 118

图 119

27 英尺高，重量则超过 300 吨（见图 119）。

如其他在马丘比丘的巨石建筑一样，位于萨克撒赫曼的建筑物的建材同样是从极其遥远的地方运送来的，并被打磨光滑，呈斜面和不规则的多边造型，并在没有黏合物的情况下被拼合在一起。

是谁，在什么时候，为了什么原因，修建了这些建筑，制造了那些刻进岩石里的沟槽、坑洞、通道等奇怪形状的？当地传统认为，这些都是"巨人"所为。而西班牙人，如编年者加西拉索·维嘉所写，认为"不是人类而是恶魔"制造了它们。斯奎尔写道，这些锯齿状的巨墙"毋庸置疑地"体现出了"被称为蛮石建筑的现存于美洲的最壮丽的建筑风格"，但并没有提供任何解释或理论。

不久前的发掘行动，在将中部平坦区域与岩石区域分割开来的巨大岩石突起的后方，发现了南美最奇特的建筑形式之一：正圆形。精心塑性的石块陈列开来，形成一个完美正圆形的下沉区域的边缘部分。在《失落的国度》中，我们列举了我们得出结论的各个原因，而我们的结论是它是用作储藏库的，矿石——特别是金矿在这里进行加工，就像是在一个巨大的盆子里。

然而，这还不是岬角上唯一的一个圆形建筑。三排巨墙被推测是一个要塞

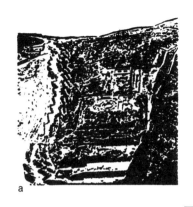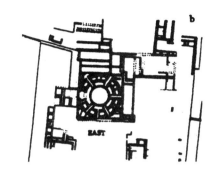

图 120

的护墙，西班牙人曾将这个岬角最高、最狭窄的部分作为他们的补给点，而在这些巨墙的后上方，则是印加的一个防御工事。当地传说中，有一个小孩子曾掉进了这里的一个洞中，后来出现在了 800 英尺下的库斯科城，当地考古学家进行过有限的调查。他们发现在这 3 堵巨墙的后上方，是带着地下隧道和房间的蜂巢状区域。更重要的是，他们在那里发现了一系列连接在一起的正方形和矩形建筑的地基（见图 120a）；在它们的最中间，是一个正圆形建筑物的遗迹。当地人认为，这个建筑是木犹克马尔卡，意思是"圆形建筑物"；考古学家们称它为托利恩塔——和位于马丘比丘的半圆形建筑物使用相同的名字，并推测它原是一座防御塔，萨克撒赫曼"要塞"的一部分。

然而，考古天文学家却在这个建筑中发现了天文学功能的明显证据。R.T.祖德玛在他的《印加日月观测台手记》一书和其他研究记录中注意到，靠近圆形建筑的巨墙排列，正是能够确定出的南方和北方的天顶和天底。在这个圆形建筑中组成正方形围场的围墙，正好于基点方位排成一线（见图 120b）；但它们仅仅形成了这个圆形建筑物的构架，而这个建筑物拥有 3 个同心圆围墙，它们被石头辐条连接在一起，将外围的两个圆墙分为若干部分。一个开口——如果更高的石塔的通道与这个平面图一样的话，那么它就是入口——向南，并由此能够测定出天底日的日落点。然而，另外 4 个开口很明显都是朝向东北方、东南方、西南方和西北方的——这是南半球的冬至日和夏至日的日落和日出点。

如果，正如它看起来那样，是一个成熟的天文观测台遗迹的话，那它只可能是南美洲最早的圆形观测台，也可能是整个美洲最早的。

这个圆形观测台与二至点所形成的直线，与史前巨石阵是一类，与埃及神庙的定向也是一样的。然而，证据显示，在巨石器时代之后，以及在维拉克查的庇护下的古帝国时代开始的时候，二分点和月亮周期，都在安第斯文明的历法中占据着重要角色。

编年者加西拉索，对这个在库斯科周围的塔状建筑物（见图116）陈述道，它们是用于测定至点的。但他同时描述了另一个未能保存下来的"石头里的历法表"，让人联想到伫立于拉格什的平台上的石圈……按照加西拉索的话来说，立于库斯科的石柱是用于测定分点的，而非至点。以下是他的原话："为了精确地指出分日，上等大理石柱被立于卡利勘察前面的空地上，当太阳接近这个时候，祭司们每天都观察着这些柱子投下的阴影；为了让它更为精确，他们在上面加装了日晷一样的针。因此，当太阳升起时，通过它投下正确的阴影，而当太阳位于最高点，在正午之时没有阴影的情况下，他们便指出，这时太阳进入了分点。"

按照一个权威研究记录，由 L.E. 维卡赛尔所著的《安第斯历法》的说法，这样的一种加装和对分点的崇拜被带进了印加时代，虽然它们从一个更早的分点历法转变到了一部至点历法。他的研究揭示了印加月份名字的奥秘，他们为现在是我们的三月和九月的两个月份赋予两个充满意义的名字，而这两个月正好是分点月。"印加人相信，"他写道，"在两个分日，太阳父亲将下来与人同居。"

在一个千年周期内调整太阳历，是因为岁差现象，可能同时还因为在一个至日新年和分日新年中的摇摆不停，导致哪怕是在古帝国时代就开始不停地重组历法表。按照蒙特希罗斯的说法，古帝国的第 5 位、第 22 位、第 23 位、第 39 位和第 52 位君王，"更新了对陷入混乱时间的计算法"。这种历法的重组，与在至日和分日之间犹疑不决有关的看法，在帝王曼科卡帕克四世的声明中稳定了下来："命令一年开始于春分日"，这很可能因为他是一位阿矛塔，意思是一位"懂得天文的人"。但很显然，在进行的过程中，他仅仅是恢复了一套在更早时曾使用过的历法；因为，按照蒙特希罗斯的说法，比曼科卡帕克早上 1000 年的第 40 位帝王，"建立了一所学习天文学和分点测定的学院。他熟知天文并发现了二分点，二分点被印第安人称为伊拉里"。

所有这些事件表明，历法好像并不需要不断地重组，其他一些证据也指出了对这套月亮历法——至少是与之相似的——的使用。在罗尔夫·穆勒尔的研究中（详见《安第斯考古天文学》），他记录了在被称作盘帕德安塔（萨克撒赫曼西方 10 英里左右）的遗址上，陡峭的岩石被雕刻成了一系列台阶，形成一个半圆或月牙。由于除了东方的萨克撒赫曼的岬角之外，那里看不到任何东西，穆勒尔由此指出，这个地点是以其自身和萨克撒赫曼岬角所形成的视准线来进行天文观测的——很显然，这与月亮的出现有着密切联系。这个大型建筑的当地名字，叫作奎拉鲁密，意思是"月石"，也指出了这种可能。

由于被印加人崇拜太阳这样的观念所束缚，现代学者在一开始的时候，很难发现印加人的观测对象还包括月球。事实上，早期西班牙编年者们就不断陈述着，印加人有着既包含太阳系统又包含月亮系统的详细且精准的历法。编年者费利佩·加曼·坡玛·德·阿维拉陈述道，印加人"知道太阳和月亮的循环周期……以及一年中的月份和世界的四季风"。印加人既观测太阳又观测月亮的观点，被卡利勘察太阳圣坛附近的月亮圣坛证实。在圣域中，中心符号是一个被左边的太阳和右边的月亮夹在中间的椭圆；当西班牙人到来的时候，正在为争夺王座而大打出手的两位同父异母（或同母异父）的兄弟中的一位，统治者瓦斯加，用一个代表太阳的黄金圆盘，换下了这个椭圆符号。

这其中有着美索不达米亚的历法特征；在遥远的安第斯山发现这些特征，让学者们大为困惑。更令人费解的是，印加人熟知黄道十二宫的事实——这是一种纯主观的划分，将绕日轨道等分为 12 个部分——所有证据都显示这是苏美尔人"首创"。

E.G.斯奎尔，在他对库斯科及其名字含义（"地球之脐"）的报告中，提到了这个城市被分为了 12 个区域，围绕着椭圆形的中心或"肚脐"（见图 121），呈一个真实的轨道形状。克莱门·马克汉姆爵士在《库斯科和利马：秘鲁的印加人》中援引编年者加西拉索的信息，认为这 12 个区域代表着黄道十二宫。斯坦布里·哈加尔则在《库斯科，天之城》提到，按照印加传统，库斯科是按照一个效仿天国的神圣策划进行布局的，并指出，第一个区域名字叫作"下跪之台"，代表的是白羊宫。这显示——如在美索不达米亚一样——印加人同样将每个黄道宫对应到了历法中的各个月份。这些黄道月的名字与源于苏美尔的近东名字有着极不寻常的相似。秋分月，对应着历法在苏美尔开始时

图 121

候的春分月和金牛宫，被称作土拔塔鲁卡，意思是"牧鹿"。另一个例子是处女宫，被称作萨拉妈妈，意思是"玉米母亲"。为了抓住其中的相似处，我们应该可以回想到，在美索不达米亚，这个星座（见图 91）被描绘为一位少女拿着一团谷物——在美索不达米亚是小麦或大麦，而在安第斯山区则成了玉米。哈加尔的结论是，库斯科的黄道布局，将第一个区域对应到白羊宫而非苏美尔的金牛宫，说明这座城市的策划时间，是在公元前 2150 年左右金牛宫时代结束之后的事了。按照蒙特希罗斯的说法，是古帝国的第五位统治者完成了科里堪查，并在公元前 1900 年之后的某个时候采用了一部新的历法。这位卡帕克（即统治者）被给予了帕查库提这个称号，是"重组者"的意思，而且我们完全可以指出，在它的时代对历法的重组，是因为从金牛宫到白羊宫的黄道时代的转换——另一个熟知黄道十二宫的证据，甚至是在安第斯区域的前印加时代，就显露在了他们的历法中。

还有其他存在于古代近东历法中的特征——复杂的特征——存在于印加人从古帝国时代得来的历法里面。当太阳出现在相应的黄道宫，并在当月第一个满月之后的时候举行春节（如逾越节、复活节）的需求（至今仍存在于犹太和基督历法中），逼迫古代的祭司－天文学家向历法中置闰，插入太阳和月亮的周期。R.T.祖德玛和其他人的研究指出，不仅只是这些置闰出现在了安第斯，而且月亮周期还额外地联系上了两个其他现象：6 月至点之后是第一个满月，它还要与一个特定恒星的第一次与日同升相一致。这种双重联系是让人很感兴趣的，因为让人联想到埃及人的历法周期的开始，既联系到了太阳日期（尼罗河的上涨），又联系到了一颗恒星（天狼星）的与日同升。

库斯科往东北方向大概 20 里，在被称作皮萨克的地方，有一个建筑物的遗迹，可能是来自早期印加时代，它看上去像是对位于马丘比丘的神圣建筑的某种仿制：一座半圆边建筑，它的中间是一个未加工的印提瓦塔纳。在一个被称为肯克的、离萨克撒赫曼不远的地方，有一座大型的、用精心塑性的方琢石建造的半圆建筑，在它后面是一块独立巨石，可能曾是一只动物的形状（它的模样因毁损严重而无法辨认）；这个大型建筑是否拥有历法功能则不得而知。这些遗址，加上那些位于马丘比丘、萨克撒赫曼和库斯科的建筑，阐明了在这个被称为神圣峡谷的区域之中——也只有在这里——宗教、历法和天文学导致了对圆形或半圆形观测台的建造；在南美洲的其他任何地方，我们都没有发现过此类建筑。

是谁，在大约同一时间，应用相同的天文学原理，在早期不列颠，在苏美尔的拉格什，在南美洲的古帝国，采用圆形来进行天文观测？

※

所有的传奇，在地理学证据和考古发现的支持下，将的的喀喀湖的南岸指为南美洲开始——不仅仅人类文明在这里开始，还包括诸神。按照传说，在那个地方，安第斯大地开始了大洪水之后的再生；而诸神，在维拉克查的带领下，拥有了他们的住处；命中注定要开始古帝国的那一对情人被赐予了知识、道路指引和定位地球之脐的金棒——在那里建立了库斯科城。

至于对人类在安第斯的开始的关注，故事将他们联系到了位于的的喀喀湖南岸沿海的两座截然不同的小岛上。它们被称为太阳岛和月亮岛，这两个天体被认为是维拉克查的两个最主要的帮手；许多学者都注意到了在这些故事中的历法含义。然而，维拉克查在大陆的一座诸神的城市里的住所，是在湖的南岸。这个地方，被称作蒂亚瓦纳科，是在（按照当地传统看法）上古之时由诸神建立起来的；传说记录道，它是一个有着只有巨人才能立起的巨大的建筑物的地方。

编年者佩德罗·尼昂——跟随西班牙征服者穿越了现今是秘鲁和玻利维亚的地方——毫无疑问地记录说，在安第斯土地上的所有古迹中，位于蒂亚瓦纳科的废墟是"所有之中最为古老的"。在所有大型建筑中，让他感到震惊的,是一座"在一个巨石地基上的"人造假山,它的基底的长宽分别超过900英尺和400英尺,向上升起120英尺高。他在附近的地方看见庞大的石块散落在地上,其中有"很多用一块石头制成的,带着门框、横梁和门槛的门道",它们甚至还只是更大的石块的一部分,"它们中有些有30英尺宽,15英尺甚至更长,有6英尺厚。"他猜想着"人类力量"是否"能够将它们移至我们现在看见它们的地方,它们太大了"。然而,困扰他的并不仅仅是这些石块巨大的尺寸,同时还有它们的"宏伟和富丽堂皇"。"对我自己而言",他写道,"我无法理解,这是使用什么仪器或工具来完成的,因为在将这些巨石能够打造得如此完美,并让它们如我们现在所见之前,那些工具肯定要比现在的印第安人使用的任何工具都要好得多"。"两个石质雕像,有着人类的形状和特征,其上的细节精雕细琢……看上去就像是小巨人",他毫不怀疑是巨人修建了这些壮观的建筑。

数世纪以来,大多数较小的石块都被运走,用在玻利维亚首都拉巴斯的铁路工程和周围的农村。然而即便这样,旅行者们仍然络绎不绝地来到这里,记录下这些让人难以置信的巨石遗迹;在19世纪末期,艾夫莱姆·乔治·斯奎尔(著有《秘鲁:于印加之地的探索旅行》),A.斯图贝尔和马克思·乌赫尔(著有《古代秘鲁高山上的蒂亚瓦纳科遗址》)所作的报告,有着更为科学的结论。他们被20世纪早期最著名也是最持久的蒂亚瓦纳科研究者,亚瑟·波尚南斯基(著有《蒂亚瓦纳科——美洲人的摇篮》)跟随。他们的研究及更近期的发掘表明,蒂亚瓦纳科是古代世界的锡都,有着大量的露天的或地下的冶金设施,巨大的多层石块是古代湖岸的港口设施的一部分,而且,蒂亚瓦纳科并不是人类修建的,而是阿努纳奇"诸神"在淘金的途中所建,人类被教导锡的使用是很久以后的事情了。

从的的喀喀湖南岸延展出的一个稀少而狭窄的平原,是曾经极为壮观的蒂亚瓦纳科和它的港口(现在被叫作普玛彭古),比起它的过去,现在只剩下三个主要建筑。位于废墟东南部的是被称为阿卡帕纳的人造小山，学者们推测，它曾是一座要塞；然而，就现在的研究来看，它更像是一个带有内置储存库、水管、通道和闸门的阶梯金字塔，从而指明了它真正的用途：一个分类和加工矿石的设施。

这座假山，一些人认为它在过去和美索不达米亚的塔庙形状相似。当到访者驻足凝视的时候，另一个建筑出现了。它位于阿卡帕纳的西北方，晃眼一看似乎是巴黎的凯旋门。它的确是一个大门，使用一块单独的巨大蛮石复杂地切割雕刻而成；不过它可不是用来纪念凯旋的——它被用来记录一部非凡的历法。

它被称作"太阳门"，它所使用的巨石的长宽大概为 20 英尺和 10 英尺，而重量则超过 100 吨。在大门的下半部分，有着壁龛和精确的几何图样，特别是在被认为是它背面的部分（见图 122b）。最复杂也是最神秘的刻画是在正面的上半部分（见图 122a），面朝东方。在大门的门拱部分，鲜明地刻画出一个中心符号——可能是维拉克查的符号，符号两旁是 3 排带翼的仆从（见图 123a）；这个中心符号和那 3 排仆从被置于一个弯曲的几何构图之上，如一条蛇在维拉克查的形象附近（见图 123b）。

波上南斯基的著作认为，这座大门上的雕刻代表着一部有着 12 个月，一

图 122

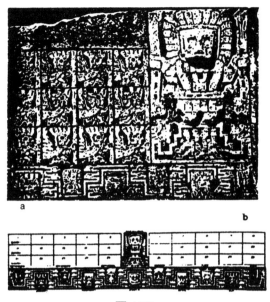

图 123

年开始于春分日（南半球的九月）的历法，然而，太阳年的其他特点——秋分和二至点也被这些较小形象的位置和形状所表达。他指出，这部历法只有 11 个普通月，每月 30 天，但还要加上一个拥有 35 天的"大月"，就形成了拥有 365 天的太阳年。

一个开始于春分日的拥有 12 个月的年，如我们所知，是首先出现在苏美尔的尼普尔的，那时大约是公元前 3800 年。

考古学家们发现，这个"太阳门"，曾伫立在一个由直立的石柱建成的、一个矩形围场的西北角，其中伫立着第三个最醒目的大型建筑。一些人相信，在这个围场的西南角，曾是一个相似的大门，与之前的大门一起，围在精确立于西墙中部的 13 个独立巨石的两侧。这个巨石列，是一个独特的平台的一部分，直面建在对面的东墙中部的巨石台阶。这个巨大的台阶，已经出土并修复过了，将人带向一系列升起的矩形平台，它们包围着一个下沉的庭院（见图 124a）。

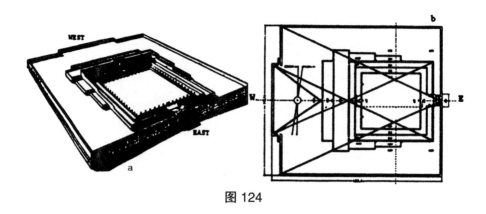

图 124

这个巨大的建筑被称作卡拉萨萨亚（意思是"直立石柱"），有着精确的东西朝向的轴线，如同近东神庙。这是关于它的天文用途的第一个线索。后来的研究人员确实发现，它是一个用于观测至点和分点的先进的观测台，这是通过围场角落与立于东西墙的石柱形成的视准线来观测在特定位置的日出和日落（见图 124b）。波上南斯基发现，太阳门的背面被如此雕刻，可能上面曾插有两个能被固定在青铜轴上的金板；这就能够让天文祭司将这些金板调整为一定的角度，然后它们所反射的日落时的光线将投射在卡拉萨萨亚预先设定好的观测柱上。这种多重视准线，已经超出了观测至日和分日的需要了。如果，正如传说中那样，太阳和月亮都是维拉克查的大帮手的话；又如它自身的设计那样，在西墙有着 13 根而非 12 根石柱，这显示出，卡拉萨萨亚不仅是一个观日台，还是一个与月历有关的建筑。

对这个比安第斯山高出 20000 英尺，被雪山围绕的荒芜狭窄平原上的古代建筑的认识是，它是一个先进的历法观测台，这种观点因对它年代的探索而变得不可思议。波上南斯基是第一个指出，由视准线形成的角度向我们显示出的当时的地球倾斜度，要比我们现在的呈 23.5 度的地球倾斜度稍微大一些；意思是说，他自己不得不承认，卡拉萨萨亚的设计和建造比公元纪元的原点早了数千年。

当时大多数人认为，就算这些废墟早于印加时代，最多也就是公元前几世纪的产物。科学界认为这一观点无法理解。导致一个德国天文学委员会去了秘鲁和玻利维亚。罗尔夫·穆勒尔教授，我们之前曾提到过他所做的大量其他的研究，当时也是被选中执行此任务的三位天文学家之一。这次学术调查和彻底的测定毫无疑问地表明，按照建造时的地球倾斜度，卡拉萨萨亚的建造时间可以追溯至公元前 4050 年，（因为地球的倾斜度是不断波动的，于是可能导致第二个年代的出现）或者是公元前 10050 年。穆勒尔，这位将马丘比丘的巨石遗迹定位于公元前 4000 年的学者，也将卡拉萨萨亚定位在这个时代——波上南斯基最终同意了这个结论。

到底是谁拥有如此先进的知识，来策划、朝向并竖立起这些历法观测台——而且还与古代近东的天文原理和建筑设计一样？在《失落的国度》中，我们陈列了一系列证据，并由此得出，它们的建造者都是阿努纳奇，那些从尼比鲁到地球上来的星际淘金者。而且，正如千年之后寻找黄金国的人一样，他们同样也在新大陆（即美洲）寻找黄金。大洪水冲走了非洲东南部的金矿，但却将安第斯的大量黄金隆上地表。

我们相信，阿努和他的妻子安图，在大约公元前 3800 年的时候造访地球，同时也去了的喀喀湖南岸，为他们寻找新的冶金中心，最后他们从普玛彭古的港口离开。

普玛彭古的遗址有着另一个神秘线索，它向我们展示了位于的喀喀湖的建筑和古蒂亚修建的尼努尔塔的奇特神庙之间的惊人联系。这个遗址的挖掘者对于他们的发现十分惊讶，因为他们发现，这些巨石建筑的建造者用到了青铜夹具，将 T 状图案雕刻连接进附近的石头，将巨石块固定在一起（见图 125）。这种固定方法，以及这样使用青铜，在巨石器时代是十分罕见的，只在普玛彭古和另一个巨石遗址奥兰特姆发现过，它在库斯科西北方向大约45 英里的地方。

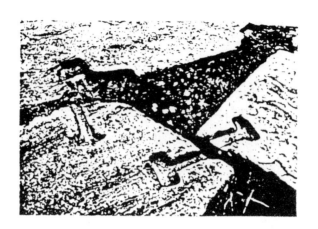

图 125

然而，数千英里之外，世界的另一边，在苏美尔的拉格什，古蒂亚使用了极为相似的独特方法，并用极为相似的独特的青铜夹具来将石块固定在一起。古蒂亚在题词中称赞了自己的功劳，记录下了这种独特的石头和青铜的用法：

> 他用石头建造了埃尼奴，
>
> 他用珠宝把它变得明亮；
>
> 用铜和锡相混合（即青铜）
>
> 他让这更快。

在工程中，有一位"祭司锻工"，从"熔炼之地"被带来。我们相信，那就是安第斯的蒂亚瓦纳科。

第十章
跟随他们的脚步

埃及狮身人面像的凝望,精确地朝向东方,迎向北纬30度的日出。在古代,当阿努纳奇"诸神"在西奈半岛着陆的时候,也是它的凝望向他们行着注目礼。后来,它又守护着升天去加入诸神的逝去的法老的灵魂。而在这之间,它也许还目睹了一位伟大神祇带着他的追随者的离去——透特。

纪念哥伦布意义重大的航海500周年庆,让发现演变为了再发现,并加强了对"第一批美洲人"的真实身份的探究。认为是来自亚洲的迁移家族,在最后一个冰河时代突然结束之前,穿过冰冻的陆地桥来到阿拉斯加,成为第一批美洲居民的观点,很不情愿地败给了大量的考古证据,它们证明,人类到达美洲是在数千年之前,而南美洲,是整个新大陆人类出现最早的区域。

"在最近的50年中,被公认的睿智之物是发现于新墨西哥州克洛维斯的拥有11500年历史的工艺品,它们是在第一批美洲人穿过白令桥之后不久就制成的",《科学杂志》(1992年2月21日出版)将这一段写在了最新情报中;"那些敢于怀疑这个一致看法的人都遭遇了刺耳的批评"。要同意一个更早的时代,和一条不同的到达线路是一件很勉强的事,主要是源于一个简单的假设——在那样的史前时代，人类不可能穿越分割新旧大陆的海洋，因为航海技术还不存在。尽管证据相反，潜意识中还是认为，如果人类做不到，那就不可能。

关于狮身人面像的年代前不久引发了一场类似的争论，科学家们拒绝相信新证据，因为它包含了对人类来说绝不可能完成的事情；而"诸神"——外星人的引导和协助则简直不在逻辑范畴里。

在《地球编年史》系列前面几部书中，我们已经展示了大量的证据，证明吉萨大金字塔并不是大约公元前 2600 年的第四王朝法老修建的，而是在此千年以前，由阿努纳奇"诸神"修建，作为位于西奈半岛的太空站的着陆通道的部件。我们将这些金字塔定位于公元前 1 万年左右的时期——大约 12000 年之前；证据还显示了，狮身人面像是在那之后不久修建的，而在第四王朝几百年之前，法老统治一开始的时候，它就已经位于吉萨高原了。我们所依靠和展现的证据是苏美尔和埃及的描绘、题词和文献。

在 1991 年 10 月，在我们将那些证据放进《第十二个天体》这本书中之后大约 15 年，一位波士顿大学的地理学家，罗伯特·M.修齐博士，在美国地理学会的年度会议上，对狮身人面像的气象学研究和对其所使用的压条法进行了报告，指出，它们是在"法老王朝之前很久的时候"用本地岩石进行雕刻的。这种研究方法包括对地下岩石的地震勘测，由一位来自休斯敦的地球物理学家托马斯·L.杜比奇和一位来自纽约的埃及学家安东尼·维斯特进行。还包括对狮身人面像及其包围物体上的风化作用和水印（降水引发的侵蚀）的研究。修齐博士陈述道："狮身人面像的工程开始于公元前 5000 年到公元前 1 万年之间的时期，那时的埃及气候更为湿润。"

《洛杉矶时报》将这一结论加在了它的报告中。其他看过修齐先生研究的埃及学家不能解释这些地质学证据，但他们坚决认为，说狮身人面像的年代比他们自己所想的要早上千年的观点，与已知情况"并不相符"。报纸援引伯克利的加利福尼亚大学考古学家卡罗雷德蒙特的话："这简直就没办法成真……狮身人面像是用比其他任何已知年代的埃及奇迹都要先进得多的技术建造的，而数千年之前，这一地区的居民不会拥有如此的技术、管理制度和意愿，来修建这样的一个建筑。"

在 1992 年 2 月，美国科学促进社在芝加哥举行集会，为"狮身人面像有多老？"这个问题专门召开了一期会议。在会上，罗伯特和托马斯与两位反对者争辩了他们的发现，他们是芝加哥大学的马克·雷勒和路易斯维尔大学的 K.L. 高里。按照美联社的说法，这场发展到走廊上对抗的激烈争论，所关注的并不是这些气象学发现的科学价值，而是如马克雷勒所表达的，"基于一个现象，比如一个侵蚀轮廓，就想推翻埃及历史"是否是被许可的。这些反驳者的最后的论据是，没有任何现存证据能够证明，在公元前 7000 年到公元前 5000 年之间的埃及，存在一个足够先进，能够制造狮身人面像的文明。"那个时代的居民还是猎人和采集者，他们连城市都不会建"，雷勒博士说道，也正是因为这一点，这次争论结束了。

当然，对这个逻辑上的争论唯一的回应，就是在这个时代找出除了"猎人和采集者"的人——阿努纳奇。然而，要让大家都把所有这些证据指向一个来自外星球的先进许多的生物，这一道门槛，不是每个人都能跨过，包括那些曾亲自发现狮身人面像有着 9000 年历史的人。

一个相似的难以跨越的门槛，多年来，不仅没有人跨过，甚至根本就没有人走近它：在美洲的人类及其文明的古老证据。

1932 年，在新墨西哥州，靠近克洛维斯的地方，出土了树叶状、边缘锋利的石头尖端，它们能够安置在矛或棍上，用于打猎，随后又发现了其他的北美洲遗址，这引发了一个学说，认为在大约 12000 年前，一群追捕大猎物的猎人从亚洲迁移到太平洋的西北部，当时西伯利亚和亚洲由冰冻的大陆桥连接着。最后，这个理论认为，这些"克洛维斯人"和他们的近亲人种分布到了整个北美洲，并经由中美洲，最终到达了南美。

第一批美洲人保持着自己简单的形象，虽然，哪怕是在美国西南部分，都偶有发现碎骨或被削尖的石器——人类存在的有争议的证据——它们比克洛维斯早了2万年。一个较为能够肯定的发现，是位于宾夕法尼亚州的麦德克罗夫特岩穴，那里有石头工具、动物骨骸，以及，最重要的是，发现了木炭，通过碳定年检测，它们的时期可以回溯到15000～19000年前——比克洛维斯早了数千年，而且还是在美国的东部。

随着语言学研究和遗传学回溯加入到其他具有研究性质的工具中，在20世纪80年代的时候，能够证明人类在大约3万年之前到达新大陆的证据开始变多——也许还不止是一次迁移，可能也并不是必须通过冰桥过来，也许是用木筏或独木舟紧靠海岸线航行。然而，基础信条——从亚洲东北部出来，进入美洲西北部——还顽固地保留了下来，虽然在南美有着极具突破的证据。但他的发现不仅被忽略了，甚至在一开始就被压制了，这个证据，有关两个有着石器时代的工具、兽骨碎片，甚至史前岩画的遗址。

这些遗址中的第一个是位于智利的蒙地维德，在这块大陆靠近太平洋的一面。考古学家在那里发现了钻木取火的痕迹、石器、骨头器具，以及棚屋的木头地基——13000年前。这个时期，如果用来自北美洲的克洛维斯人的缓慢地向南迁移来解释的话，那实在是太早了。而且，这个棚屋的下层有着破碎的石质工具，这显示出，在这个地点，人类早在2万年之前就出现了。第二个地点刚好在南美洲的另一边，在巴西的东北方。在一个叫作佩德拉富拉达的地方，有一座石头棚屋，其中包括圆形的火坑，内部填满了被燧石包围的木炭；最近的燧石资源有一英里的距离，这表明，这些石头是被蓄意带来的。用放射性碳及一些更新的方法进行检测，结果表明它们所处的时代跨度为14300～47000年前。而在多数著名考古学家继续认为这种年代"简直无法相信"的时候，这个岩石棚屋在公元前1万年的地层处，有着岩画，毫无疑问地标示出了它的年龄。其中一个，是一只有着长脖子的动物，就像长颈鹿——一种从未在美洲存在过的动物。

在到达的时间上，这些证据对克洛维斯理论产生着不断的冲击，同时还伴随着对白令海峡是唯一到达通道这一观点的冲击。位于华盛顿特区的史密森学会的北极研究中心曾指出，手持长矛，身着兽皮的猎人（带着女人和小孩）穿越冰原的形象，是对第一批美洲人完全错误的认识。相反，他们是航行于木筏或兽皮船上的海员，去往更为宜人的美洲南海岸。俄勒冈州立大学的首批美洲人研究中心，并没有排除经由群岛和澳大利亚（在大约 4 万年之前就有人类定居了）穿越太平洋的可能。

其他大多数人仍然认为，"原始人"在那么早的时候要进行这样的漂洋过海是绝不可能的；这些相当早的日期被蔑视为测量错误，石头工具被认为是岩石碎片，动物碎骨被认为是山体坍塌等原因导致，而不是猎人所为。将狮身人面像的年代争论带进死胡同的问题，同样出现在了对第一批美洲人的争论上：数万年前，有谁会拥有横穿大洋所需的知识和技术，而那些史前的水手们又是如何得知在大洋彼岸，有着一块适合居住的大陆的？

《圣经》中记载了两例有计划迁移的例子，而这两次都是在神的指引下进行的。第一例是亚伯拉罕，在超过 4000 年前，神命令他"从你的国家你的出生地和你父亲的房子中出来"。他将要去的地方，耶和华告诉他，"去我将要向你显示的地方"。第二例是，以色列人的《出埃及记》。那是在大约 3400 年前，为了向以色列人显示通往应许之地的路线。

> 白天耶和华在一柱云里，
>
> 走在他们前面，
>
> 给他们带路，
>
> 夜晚在一柱火里

　　给他们光亮，

　　夜以继日地前行。

　　人类跟随着诸神的脚步，得到帮助和指引——在古代近东是这样，在大洋彼岸的新大陆也是这样。

※

　　最新的考古发现不断印证着那些曾被称为"神话"和"传说"的正在消失的记忆。它们总是述说着大量的迁移和漂洋过海的故事。有意思的是，它们常常涉及到数字 7 和数字 12——这不是对人类的思维和计数的反映，而是一条通往天文和历法知识的线索，也是与美索不达米亚旧大陆之间的联系。

　　被保存得最为完整的传说之一，是墨西哥中部的那瓦特部落的传说。他们的迁移故事围绕着四个时代，或"太阳"，第一个时代结束于大洪水；有一个版本中提供的这些时代的信息指出，这第一个"太阳"是在 17141 年之前这个故事被传到西班牙人那里开始的，换言之，它开始于公元前 15600 年，的确比大洪水早了上千年。口头传说和用图画记录在被称为古抄本的书籍中的故事，是这样陈述的，最早的部落来自"白地"阿兹特兰，而它正与数字 7 有关。这个地方有时用图形表示为带有七个洞穴，而先祖们就是从那些洞穴中出来的。或者，它被画为一个有着七座神庙的地方：六座小圣坛，环绕中间的一座大阶梯金字塔（塔庙）。《波图里尼古抄本》包含了一系列漫画似的图画，图画描述的是四个部落从这里开始的迁移，他们坐船穿越了一片海洋，并在一个有洞穴屋的地方着陆；将这些移民带向未知土地的那位神祇的符号，是某种装在椭圆柱上的视眼（见图 126a）。接着，四个移民家族开始了在内陆的长途跋涉（见图 126b），经过并追随着诸多路标后，分为了多个部落，其中一支是墨

图 126

西哥人，最终抵达了那个指定的河谷，因为有一只老鹰栖息在仙人掌上——这是他们最终目的地的标志，那瓦特人的都城也正是在这个地方建立起来的。后来它发展成了阿兹特克的都城，但标志仍然保留了仙人掌上的鹰。它被称为特洛奇提特兰，意思是特洛奇之城。这些最早的移民被称为特洛奇提斯，意思是特洛奇的人民；在《失落的国度》中我们详细地列出了他们可能是伊诺克后代的诸多原因。而伊诺克的父亲是该隐，他们仍然承受着他们的祖宗弑兄之罪的七重报复。《圣经》里，该隐被流放到了一个遥远的"流浪之地"，修建了一座城市并用儿子伊诺克的名字为其命名；而伊诺克有四个后代，分别延伸出四个宗族。

西班牙编年者福利亚·博纳蒂诺·德·萨哈冈，他的资料来源如同那瓦特故事那样的口头传说，他记录了航海旅行，以及登陆点的名字帕罗特兰；这个名字的意思很简单，就是"走海路到达的地方"，他指出，这个地方位于现在的危地马拉。他的信息中加入了这些移民是由四位睿智者带领的这个有趣的细节，"他们带着仪式手稿，而且他们同时还知道历法的秘密"。我们现在知道，此二者——仪式和历法——是同一个银币的两面，而这枚银币就是对诸神的崇拜。我们敢说，那瓦特历法绝对是按照 12 个月安排的，说不定甚至还有对黄道十二宫的划分；因为我们在萨哈冈的纪年里读到，在阿兹特克之前，教导过阿兹特克人的那瓦特部落托提克斯，"知道天上的很多秘密；他们说其中有 12 个分层的划分"。

向南，在太平洋与南美海岸搭界的地方，安第斯"神话"没有重提前大洪水时代的迁移，但提到了大洪水，并宣称，是已经存在于那片土地之上的诸神，帮助了那些在很高的山峰上的幸存者重建家园。传说还相当清楚地讲到，一批在大洪水之后走海路而来的人；他们之中第一个且最令人难忘的是一个名叫奈兰普的人。他带领他的人民在一批轻木船上，在一个"偶像"的指引下，穿过太平洋；"偶像"是一个绿色石头，大神通过它发出航海或其他指令。登陆点是在南美洲大陆伸进太平洋的最西点，也就是现在的厄瓜多尔的圣海伦那海角。在他们登陆之后，这位大神（仍通过绿石头说话）指导人们耕种、建筑，进行手工业。

一个用纯金制成的古代遗物（见图 127），现在存放于哥伦比亚首都波哥大的黄金博物馆。它描绘的是一个很高的领导者和他的随从一起，在一艘轻木船上。这个工艺品能够很好地表现出奈兰谱的航海之旅。按照奈兰谱传说的说

图 127

法，他们精通历法，并崇拜着由 12 位神祇组成的神祇集团。在现在的厄瓜多尔首都基多，他们修建了两座相对的神庙：一座献给太阳，一座献给月亮。在太阳殿的大门前面，有两根石柱，而在前院里有一个由 12 根石柱组成的圆圈。

与神圣数字 12 的亲缘关系——美索不达米亚神话和历法的标志——预示着我们将看到一个与苏美尔历法不无相似的历法。对太阳和月亮的崇拜，衍生出一部日月历法，如苏美尔的那部也是一样。大门前面的两根石柱让我们联想到，散布在整个古代近东的立于神庙入口处的一对石柱，它们从美索不达米亚一直向西延伸到亚洲和埃及。而且，似乎与旧大陆的联系仅仅是这些还不够，我们竟还能发现一个用 12 根石柱组成的圆圈。无论穿越太平洋的人是谁，他一定曾注意过拉格什的天文石圈，或是史前巨石阵——或是两者都是。

现存于利马的秘鲁国家博物馆的若干石头物件，我们相信是用于作为沿海居民的历法计算机的。例如其中一个，编号为 15-278（见图 128），它被划分为 16 个正方形部分，其中包含着插槽，数目为 6 至 12 个；顶部和底部分别拥有 29 和 28 个插槽——这强有力地指出，这是基于对月亮月份的计算的。

弗利兹·巴克让这个课题成了他的专长，他的观点是，位于 16 个正方形中的这 116 个插槽或凹部，向我们指示出了一条同墨西哥与危地马拉的玛雅人历法之间的联系。认为安第斯地区的北部与中美洲的居民和文明有着紧密联系的观点很难被怀疑。那些来自中美洲的人，毫无疑问地包括了非洲和闪族人，

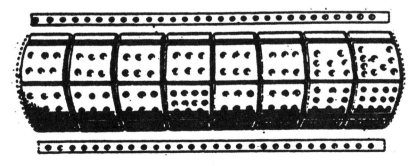

图 128

图 129

如大量的石刻和雕塑证明的（见图129a）。在他们走海路到达之前，人们被描绘为印欧人种（见图129b）；而在这之间的某个时候，这片海岸登陆了一些装备着金属武器，头戴护具的"鸟人"（见图129c）。另一支鸟人也许是走陆路，经过亚马孙流域和它的支流到来的；与他们相关的符号（见图130）与赫梯人代表"诸神"的符号是一样的。由于赫梯神话是苏美尔神话的一个改写版本，它也许能够解释在哥伦比亚发现的一个黄金小雕像。那是一位拿着脐带剪符号的女神——脐带剪是宁呼尔萨格的符号，她是苏美尔人的母亲女神（见图131）。

安第斯北部海岸的中间地带居住着使用盖丘亚语的居民。印加人在这些更早的居民留下的废墟上，建造了他们的帝国，以及他们著名的公路系统。再往南，大约在利马（秘鲁首都）这个地方——沿着面朝的的喀喀湖的海岸和山脉，在智利的南方，处于主导地位的部落语言是艾马拉语。艾马拉人同样在他们的传说中提到了早期走海路抵达太平洋附近海岸，以及从的的喀喀湖东部区域抵

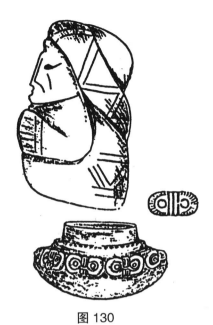

图 130

图 131

达的事情。艾马拉人认为，前者是不友好的入侵者；后者被称作乌鲁，意思是"古人"，他们是一支独立的人种，而且他们留下的遗迹至今仍存在于神圣山谷，那里有属于他们自己的文化和传统。他们是苏美尔人，在乌尔是苏美尔首都的时候（公元前 2200 年—公元前 2000 年）抵达的的喀喀湖的这种可能，必须要严肃对待。事实是，连接着神圣山谷的地区，的的喀喀湖的东岸，以及巴西西部，到现在仍然被称作马德鲁·德尔·迪奥斯——意思是"众神之母"，而这正是宁呼尔萨格的称号，难道这一切仅仅是巧合吗？

学者们发现，在数千年之中，影响着所有这些居民的占主导地位的文化造物是蒂亚瓦纳科；在上千个泥质和金属物件中，维拉克查的形象（如同太阳门上的）是它最明显的表现形式，太阳门上，和他们历法中的符号被用作装饰（包括包裹木乃伊的神秘织布）。

这些符号——或如波上南斯基和其他学者所认为的，那是象形文字——其中最著名的是阶梯符号（见图 132a），它同样在埃及使用（见图 132b），它常常用在安第斯地区的手工艺品上，以指示一个"视眼"塔（见图 132c）。这种观测台，是根据卡拉萨萨亚的天文视准线和与蒂亚瓦纳科相关的，包括月亮（月亮的符号是被月牙包围的一个圆圈，见图 132d）在内的天体符号

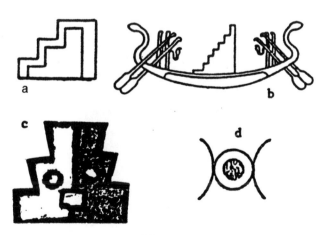

图 132

而做出判断的。

之前提到过，因为证明了在极为古老的时候美洲大陆就有人类居住，以及由于他们所到达的路线，而产生了对这些证据的批评。

※

法国高级社会学研究会的尼德·吉东博士，与巴西考古学家们共同发现了佩德拉富拉达，他说："从非洲横跨大西洋的可能不能被排除。"

芝加哥自然历史博物馆的一支考古团队于 1991 年 12 月 13 日宣布了对"美洲最早陶器"的发现，《科学》杂志说，"它推翻了标准推测"——认为美洲，特别是这一发现所在的亚马孙流域，"资源太过贫乏而不足以支撑一个复杂的史前文明"。与长期所持的观念相反，"亚马孙流域有着如同尼罗河、恒河，以及世界其他大河流域的洪泛区一样肥沃的土地。"团队领导人，安尼·C.罗斯福博士这么说道。这些红棕色的陶器碎片，其中一些装饰着图画样式。所有这些被最新的科技测量得出的结论是，它们有着不低于 7000 年的历史。它们发现于被称作撒布塔里木的遗址那里，其上覆盖着古代居住者——一支渔业民族——丢下的成堆的贝壳和其他垃圾。

这些陶器，以及其上绘出的直线设计，让它与发现于古近东的陶器出现了异曲同工之处。后者发现于苏美尔文明发展所处平原上的一座分界山里。在《失落的国度》中，我们展示了能证明亚马孙流域，以及秘鲁的黄金－锡制造区的苏美尔之源的证据。通过校正这些陶器的确切时期，和一个早期到达者更为可能的时代，从而得到最新的发现，主要是证实了早期非正统观点的结论：在古代，来自近东的人，通过穿越大西洋到达美洲。

来自如此一个地区的人不会没有带着他们的历法。他们最具戏剧性和神秘性的一面，发现于亚马孙河流域的东北部，靠近巴西和圭亚那的边界。在那个巨大的平原上，升起了一个鸡蛋形状的岩石，有大约 100 英尺高，从中心到周长最长距离为 300 英尺，最短距离为 250 英尺。它顶端的一个天然空洞被刻成了一个池槽，水流在上面，通过管道进入这块巨大的岩石。一个洞穴状的空洞被放大，形成一个巨大的岩石棚屋，后来被继续挖刻成了一个洞室和多层平台。进入岩石内部的入口上面，画了一条大约长 22 英尺的蛇，它的嘴由 3 个进入岩石的开口组成，各个开口被神秘且无法辨认的铭刻包围着；岩石内外是数百个图画符号和标志。

由更早期的探索者留下的记录以及当地传统说法，勾起了我们的兴趣。他们认为这些岩洞中有"脸部为欧洲人的巨人的"骨骸。玛瑟尔·F. 霍尔雷特教授（著有《太阳之子》）在 20 世纪 50 年代的时候考察了这块巨岩，并提供了比从前所知的更为精确的信息。他发现，平塔达洞穴的三面指向 3 个方向：最大的一面是东西朝向，较小的两面分别朝向南 – 东南和南 – 西南。他的观测是"从外部来看，它的建筑的朝向……完全与古代欧洲和地中海文化的规则一样"。他认为很多画在岩石表面的符号和标志是"有规律的无误的数码，不是基于十进制"，而是"属于已知的最早的地中海东部文化"。他还认为，布满小星点的表面代表的是乘法表，诸如 9 乘以 7 或 5 乘以 7 或 7 乘以 7，以及 12 乘以 12。

这个古代岩石造物最为精彩的部分，是墓石牌坊，一些更为早期的探索者曾叫它石书之地——架在支柱石上面的平铺的巨石——每块有 15 ~ 20 吨。其表面精细地画着符号和图案；两个较大的被切割为精确的形状——一个呈五边形（见图 133a），另一个呈椭圆形（见图 133b）。放置在入口处，两者都用蛇来作为它们的主要符号，再加上其他的符号，让霍尔雷特联想到了古埃及和东部地中海。他指出，如同印第安传说所述，这里正是埋葬领导者或其他名人的圣地，而后者在传说中"为这里的人民发展文明，正如他们在很久很久以前，在安第斯的伟大城市蒂亚瓦纳科所做的那样"。

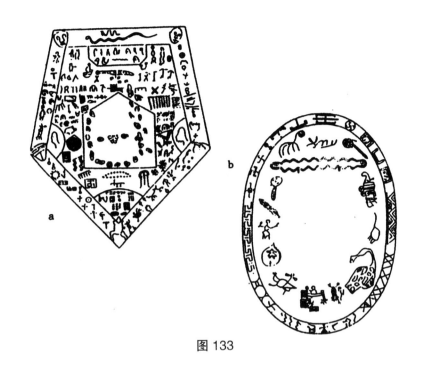

图 133

　　霍尔雷特针对那些似乎存在于岩石表面的数学系统的观测结果，"不是基于十进制"而是基于"已知的最早的地中海东部文化"，其实是绕了个弯子，表示散布在整个古代近东的苏美尔六十进制数学系统。有关这种联系，他的其他结论一方面提到"东部地中海"，一方面又提到了"基督之前数千年的"蒂亚瓦纳科，这是非常值得注意的。

　　虽然在这两个特定牌坊上的图画还无法破解，但在我们的观点中，它们包含着一个有关诸多重要线索的数字。五边形的那个，毫无疑问地记录着一些连贯的故事，可能就像后来的中美洲图画书，讲述的是一个有关迁移以及所走路线的故事。在它的四角，石板上描绘了 4 种类型的人；就这一点，它就能够成为那幅著名的玛雅图画——《菲丽尔维尼古抄本》封面上所显示的四分地球（用不同颜色）和它们不同的人种——的先行者。如同在这个五边形牌坊上那样，那幅玛雅图画上同样有着一个中部的几何面板。

除了这个中心面板，这个牌坊的表面覆盖着似乎无法解释的书写。我们在它和一个来自东部地中海的书写（被称为线A）之间找到了相似点；它是克里特岛上书写的先行者，同时也是小亚细亚的赫梯（现在那里是土耳其）的先行者。

在五边形牌坊上的主要符号是蛇，它同时也是克里特前希腊时代文化和古埃及的著名符号。就古代近东神话来说，蛇是恩基及其氏族的符号。在椭圆牌坊上，它被描绘为一朵云，让人联想到美索不达米亚库都鲁（见图92）上的蛇的符号，在那里，它所表示的是银河。

这个牌坊的中心面板上的许多符号，与苏美尔和埃兰符号（比如纳粹曾使用过的十字记号）都很相似。椭圆内部的较大的符号所显示的还更多。如果我们认为中部最上方的符号是一个书写代号，就刚好只剩下12个符号了。在我们的观点中，它们是黄道十二宫的符号。

也不是所有的符号都被认为是源于苏美尔的，因为在很多地方（比如中国），黄道带（本身就是"动物圈"的意思）所使用的符号是当地的动物。但在这个椭圆牌坊上的一些符号，比如两条鱼（双鱼座），两个人像（双子座），以及拿着一把谷物的女性（处女座）形象，很明显是源于苏美尔，被整个旧大陆所采用的星宫符号。

这些亚马孙描绘的意义很难被放大。如我们曾指出过的，黄道十二宫是对天圈的完全主观的一种划分；它不是对自然现象的简单观测，如日月周期、月相变化，或太阳的季节性变化一样，可以通过总结而得来。发现了黄道十二宫的概念和知识，而且还用美索不达米亚的符号来表示，这绝对能够证明，在亚马孙河流域曾存在过熟知近东知识的人。

和围绕在椭圆牌坊上的星宫符号一样惊人的是五边形牌坊中部的描绘。它显示了围绕在两个独立巨石外的石圈，在两块巨石之间，是一个已经被部分擦除的人头的图画，他的眼睛盯着其中一块独立巨石。类似的一个"凝视的人头"，可以在玛雅天文学古卷中找到，这个符号所代表的是天文学祭司。

所有这些，再加上这块岩石三个面的天文学朝向，显示出这里曾有着熟知天文观测的人。

这些人是谁？是谁能在如此早的年代横渡大洋？所有人都明白，这样的漂洋过海，不可能是独立完成的。无论他们是从其他地方被带到南美海岸的已经懂得历法天文知识的人，还是在这片新大陆上被教授了这些知识的人，反正，都不可能在没有"诸神"的情况下，让这一切发生。

※

在没有文字记录的情况下，在南美发现的史前岩画，则是能够展示古代居民所知所见的重要线索。它们中的大多数都被发现于这块大陆的东北部，深入亚马孙河流域，在这条大河及其众多支流之上，开始于遥远的安第斯。印加的神圣山谷的主要河流乌鲁般巴，是亚马孙河的一条支流；其他从那些被指认为冶金加工中心遗址流出来的秘鲁河流也是一样。这些已知的遗址，若是对它们进行适当的考古工作，哪怕只发现它们真实身份的一小部分，就能印证当地传统的真实性——认为有人穿越大西洋，在这些海岸地带登陆，并经过亚马孙河流域，开采金矿和锡和安第斯的其他财富。

光是在曾经被叫作英属圭亚那的地方，就发现了超出一打覆盖着刻画的岩石遗址。在一个靠近帕卡赖马山的卡拉卡兰克的遗址上，这些岩画（见图134a）描绘的是放射出不同数量的光束，或有着不同数目的顶点的星星（这本是苏美尔"首创"的）、月牙和太阳符号，以及靠近一座阶梯的能够用作观测仪的器具。在一个叫作玛丽萨的地方，一长片顺着河岸的花岗石上，覆盖着大量的图画；其中一些作为了英属圭亚那皇家农商研究院所发行的期刊（1919年第六期）的封面（见图134b）。出现在这个岩石上的，是举起双手戴着独眼头盔的

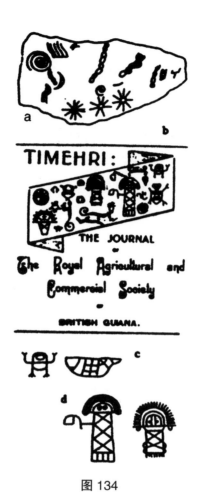

图 134

奇怪人物，在他一旁的东西看上去是一艘大船（见图 134c）。这些穿着紧身服，头顶光环的生物，出现过很多次（见图 134d），从尺寸上看，就像巨人：在一个例子中，他们有 13 英尺高，而在另一个例子中，有 8 英尺高。

在邻近的苏里南，过去的荷属圭亚那，在其中的弗雷德里克·威勒四世瀑布地区，发现了太多的岩画，以至于让研究者们觉得有必要给每一个遗址、各遗址的每组岩画及每组岩画内的独特符号进行编号。它们之中有一些（见图 135）在今天能够被辨认为 UFO（unidentified flying object，不明飞行物）及其拥有者，如同位于乌诺土波瀑布遗址 13 的一幅岩画（见图 136）。在那个

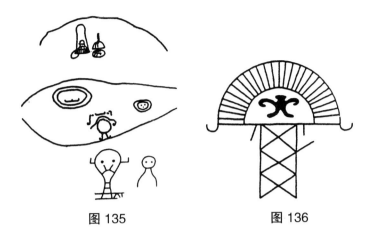

图 135 图 136

地方，描绘中精确地显示了那些长得高，头带光环的生物转变为了一个圆顶的独特装置，在它的开口处还有放下的阶梯，在这个开口处站着一位强大的人。

这些岩画所传递的信息是，当一些乘船而来的人抵达这里的时候，其他神一样的"人"乘"飞碟"而来。

在这些岩画中，至少有两个符号可以被看作是近东的书写标记，特别是源于小亚细亚的赫梯文字。一个出现在戴有头盔和角饰的脸的一旁（见图137a），与赫梯象形文字中的"伟大"（见图137b）没有任何区别。这个象形符号在赫梯题词中常常与"国王、统治者"的符号一同出现，以表达"伟大的国王"的意思（见图137c）；而事实上，在苏里南的乌诺土波大瀑布附近的岩画中，我们发现了不少此类的象形文字短语（见图137d）。

事实上，岩画覆盖在整个南美的大小岩石上；其上的记录和形象，讲述了世界这一角的人类的故事，这是一个还没有被完全破解的故事。超过一个世纪的时间，研究者们证明了南美能够步行穿越，骑马穿越，乘独木舟和木筏穿越。一条主要路线，是开始于巴西／圭亚那／委内瑞拉东北部，主要使用亚马孙河系进入秘鲁北部和中部；另一条开始于巴西的靠近圣保罗的地方，向西经过马托格里索，到达玻利维亚和的的喀喀湖，然后在那里向北，进入神圣河谷或

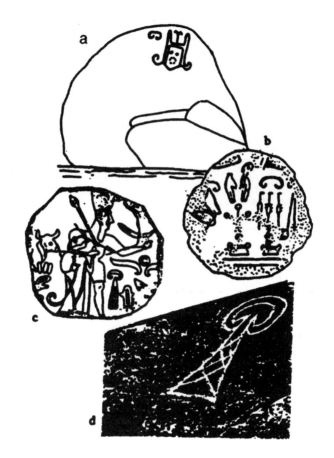

图 137

沿海区域——两条线路交会的两个地方。

如同在本章前部分讲到的发现，人类到达美洲，特别是到达南美，是在数万年之前的事。根据这些岩画证据而推测出的这些迁移，被分为了三个被认可的阶段。在巴西东北部的佩德拉富拉达的大量工作，为这些阶段提供了一个很好的例子。

佩德拉富拉达是这个区域被研究最多的遗址。那里发现了超过 260 个考古遗址，其中 240 个包含了岩石艺术。对木炭样本进行的碳测年测试的结果显示，人类在 32000 年以前就开始在这里生活。这整个区域的史前人类生活，在大约 12000 年前的时候突然结束了，同时发生的是一场显著的气候变化。我们的观点是，这场气候突变与大洪水导致的最后一个冰河时代的突然结束有关。那个时候的岩画艺术家画下了他们身边的事物：当地动物、树木和其他植物，以及人。

一个 2000 年左右的裂缝一直持续到人类重新占领这个地方。他们的岩石艺术显示，他们是从一个遥远的地方过来的，因为在他们的图画中包含了不属于当地的动物：巨树懒、马、一种早期的美洲驼（按照发掘者的记录）和骆驼（然而，在我们的眼中，更像是长颈鹿）。这第二个阶段一直持续到了 5000 年前，在它的后半段，包括了带装饰的陶器的制造。同时，按照这些发掘的领导人尼德吉东的说法，在他们的艺术中出现了"抽象符号"，"看上去与仪式或神话事务有关"——这是宗教，人们意识到"诸神"的反应。是在这个阶段的最后，出现了向包含类似于近东符号、标志和书写的岩画的转变。这将第三个阶段，带入了在岩石上出现天文和历法特征的阶段。

这些岩画，既在登陆区域，又在两条穿越大陆的主要路线的沿途被发现。它们越是属于第三阶段，其中的天文符号和含义也就越多。它们越是发现于大陆南部，如巴西、玻利维亚或秘鲁，就越是能让人联想到苏美尔、美索不达米亚和小亚细亚。一些学者，特别是在南美洲，将大量的符号按照苏美尔楔形文字来作解释。这片区域最大的岩画，是面朝南美洲太平洋沿岸的帕拉卡司港的，所谓的叉状大烛台或三叉戟（见图 138a）。在当地传统中，那是维拉克查的闪电棒，如曾在蒂亚瓦纳科的太阳门顶部所看到的那样；我们将它看作是近东"暴风神"的标志（见图 138b），他是恩利尔的小儿子，被苏美尔人称作伊希库尔，也就是巴比伦河亚述的阿达德，赫梯人的特舒布（意思是"鼓风者"）。

苏美尔元素的出现或影响，虽然很小，但能在许多方面收集到，如我们在《失落的国度》中所做的那样。在有关苏美尔的发现越来越多的时候，却没有任何人试图在南美寻找赫梯文化的出场。我们已经展示了一些在巴西发现的赫

图 138

梯符号，但在这种吻合的背后，还有更多的相似之处深埋地下或根本没有被重视，哪怕这些来自安纳托利亚（即小亚细亚）的居民是旧大陆首先使用铁的人，而且，巴西这个国家的名字，Brazil，能被识别为阿卡德文字中代表铁的词汇，Barzel——这个相似之处，被居鲁士·H.戈登（在《哥伦布之前的历史之谜》中）认为，是一个极有意义的线索，能够带领人们识别早期美洲人。其他线索是发现于厄瓜多尔和秘鲁北部的半身像画出的印欧符号，还有在智利对面的太平洋里的复活节岛上发现的神秘题词，它们的排版如同赫梯题词所使用的"牛犁地"系统——从最上面的一行的左边到右开始，在下面的第二行从右到左，然后在第三行从左到右，以此类推。

　　与地处冲积平原，没有石料作为建材的苏美尔不同，安纳托利亚这个恩利尔集团的领地全是 KUR.KI，也就是我们语言里的"山地"，由伊希库尔／阿达德／特舒布管辖。安第斯地区的建筑和其他大型建筑也都是用石头建成的——从最初的蛮石工程，经过古帝国精细的方琢石建筑，再到印加的原石建筑，而后便是现在。是谁，在安第斯土地上还没有人类居住，安第斯文明还没有开始的时候，就拥有应用石料的深刻知识？我们认为，他们是来自安纳托利亚的石工，他们同时还是专业的矿工——因为安纳托利亚是古代世界重要的铁

图 139

矿来源，也是第一批将铜和锡混合制造青铜的地方之一。

　　研究者们对古代赫梯首都，哈图萨斯的废墟——在现在的土耳其首都安卡拉东北方向 150 英里——以及附近其他要塞，进行一次实地造访，能够让人们认识到它们与安第斯石料工程的相似，这种相似，甚至还包括了在这些坚硬的石头上的独特且复杂的切口，它们形成一种"阶梯图案"（见图 139）。

　　一个人要是能够区分安纳托利亚的陶器与安第斯陶器之间的不同，特别是来自青铜时代的精美的抛光后的深黄色品种的话，那么他一定是古代陶器工艺方面的专家。然而，他不需要成为专家，就能注意到出现在秘鲁海岸地区的工艺品上的奇怪的武士（见图 140a），和出现在地中海东部工艺品上的前希腊武士（见图 140b）之间的相似之处。

图 140

对于这种相似，我们首先要明白的是，早期希腊人的家园，爱奥尼亚，不在希腊而在安纳托利亚，即小亚细亚的西部。早期的神话和传说，如荷马的《伊利亚特》，如实地记录了这些位于小亚细亚的地点。特洛伊就在那个地方，而不是位于希腊。同样如此的还有著名的萨迪斯，吕底亚（小亚细亚古国）之王克立萨斯的都城，这位国王因他的残暴而著称。也许，如一些人所相信的那样，奥德修斯的旅行和苦难同时将他带到了我们现在所称的美洲，这种观点也并不是很牵强。

※

很奇怪的是，在关于第一批美洲人的日益激烈的争论中，只有很少一部分是针对古代人究竟拥有多少航海知识这一论题的。有太多的证据可以证明，他们的航海知识是非常广泛且先进的；这种原本不可能的事再一次成了可能，而承认这一点所需要的，仅仅是承认由阿努纳奇给予的一点小小的帮助。

苏美尔国王列表描述了一位早期的以利国王，他是吉尔伽美什的一位前任，它描述说："在伊安纳，梅斯克亚加什，圣乌图之子，成了大祭司和国王，统治了 324 年。梅斯克亚加什进入西海向那片山脉前进。"在没有任何航海术的帮助下——如果它们那时还不存在——这种越洋航行是如何实现的，学者们百思不得其解。

几百年之后，一位女神生下的吉尔伽美什，踏上了寻求永生之路。在他最后的旅途中，他必须穿越死亡之海，而这只能在船夫乌尔萨那比的帮助下才能完成。他们两人开始渡河后不久，乌尔萨那比就指责吉尔伽美什弄坏了"石具"，而船夫没有了"石具"就无法行船了。这部古代文献用三行文字记录了因"破坏石具"而导致的乌尔萨那比的悲歌，但很不幸的是，泥板上尚能辨认出的内容就只剩一部分了；这三行的开头部分是"我在看，但我不能……"，这很明显地指出这是一种航海仪器。为了解决这个问题，乌尔萨那比命令吉尔伽美什回到岸上，砍下 120 个长木桩。当他们开始航行的时候，乌尔萨那比让吉尔伽美什每次丢掉一组，一组 12 个。这一共重复了 10 次，将 120 根木头柱子都用完了："当吉尔伽美什用完了两个 60 根柱子"，他们到达了海对面的目的地。由此，这个特定数目的木桩，按照命令来使用，代替了已经不能用的"石具"。

吉尔伽美什是历史上一位著名的古代苏美尔的统治者，他在大约公元前 2900 年的时候统治着以利（乌鲁克）。几个世纪之后，苏美尔商人经由海路抵达了遥远的陆地，出口谷物、羊毛，以及使苏美尔出名的服饰，并进口——如古蒂亚提到过的——金属、木料、建材和宝石。这种重复的往返航行，不可能发生在没有航海仪器的时代。

我们可以根据一个于 20 世纪初期发现于地中海东部爱琴海安梯基齐拉的物品，推断出此类仪器在古代是的确存在的。横穿地中海，从东部的克里特岛航行至西部的基齐拉岛，潜水员发现了沉入海底的古船遗物。这些遗物里的工艺品，包含了大理石和青铜雕像，可以追溯至公元前 4 世纪。这艘船本身是属

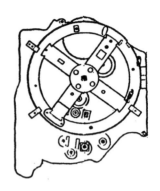

图 141

于公元前 200 年左右的；装着酒、橄榄油和其他食物的双耳罐和器皿可以追溯至公元前 75 年。由此，完全可以证实这艘船及其上所容纳的物品都是公元前的产物，而且它是在小亚细亚海岸或邻近的地方承担工作的。

从船骸中打捞起来的物品和材料被运送到雅典以供检测和研究。在它们之中，有一个青铜块和脱落的碎片，当把它们清洁之后组合在一起的时候，它震惊了博物馆的官员们。这个"物件"（见图 141）似乎是一个精密的机械装置，其中有一个圆形构架，内含分层的诸多互锁的齿轮。它看上去像是一个"带有球状投射和一套圆环的"星盘。经过数十年的研究，包括 X 光测试和冶金学分析，它现在被陈列于希腊雅典的国家考古博物馆中（编号为 X.15087）。在它的保护罩上，有一块介绍牌，内容如下：

> 在 1900 年，此装置在安梯基齐拉岛的海里被海绵采集潜水员们发现。它是发生在公元前一世纪的一场海难中的货物的一部分。
>
> 这个装置被认为是一个日月历法计算器，最新的证据显示，它可以被追溯到大约公元前 80 年。

针对它的一项最彻底的研究是一本名叫《来自希腊的齿轮》的书，作者是耶鲁大学的德里克·德·索拉·普莱斯教授。他发现，三个包含了齿轮和标度盘以及分层薄板的破损部分，依次用至少 10 个独立部分安装而成。齿轮是装置在几种不同的基底上——我们能在汽车的自动变速箱中找到它——与其他齿轮相连的，其中包括了太阳周期和月球的墨冬（古代雅典天文学家）周期。齿轮上布满了细齿，在多个轮轴上运行；在圆和角的部位上的标记伴随着希腊题词，上面提到了许多黄道星座。

这个仪器毫无疑问是高技术和先进科学知识结合的产物。没有任何在复杂程度上接近于它的物体被发现，对它的发现可谓是空前绝后的。虽然德·索拉·普莱斯猜测，它可能是在天象仪模型被阿基米德使用之后，在位于罗德岛的波塞冬尼欧斯学校里制作——或仅仅是修复的。虽然他"同情人们在修改希腊技术史时所受到的打击"，他写道，他仍然不同意诸如"这个仪器的复杂程度和它的机械成熟度，让它远远超出了希腊技术的范围，由此，它只可能是那些从外层空间来到我们文明的外星宇航员所设计并制造"的这种"激进的解释"。

然而，事实是，纵观此次沉船事件前后数百年，没有任何一件属于那个时间段的稍微类似于这个物品的文物被发现过。哪怕是比它晚了 1000 多年的中古世纪的星盘（见图 142a），在这个古物（见图 142b）的面前也就像是玩具

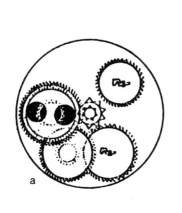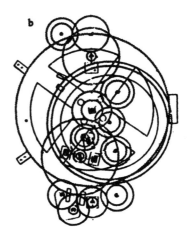

图 142

一样。而且，中世纪及之后欧洲的星盘和类似仪器是用黄铜制成的，很容易锻造，然而这个古物是用青铜制造的——这种金属在铸造工程中十分有用，但总的来说极难打磨和塑形，特别是用它来制造一个比现代的精密计时器还要复杂的机械设备，更是难上加难。

但这个仪器就在这里；而且无论是谁提供了它所需的科学和技术，它都在很早的时候提供了一个先进得超乎想象的计时和天文导向功能。

似乎，对于承认这种难以接受的事实的勉强，同样还因为在关于第一批美洲人的争论中，没有提出任何有关早期制图学的证据——哪怕是在哥伦布1492年航海500周年纪念会上。

从雅典和基齐拉岛穿越爱琴海，在伊斯坦布尔（前土耳其帝国首都，前拜占庭帝国首都）一座被改为现在的托普卡比博物馆的宫殿里，存放着另一个能向世人展示古代航海能力的文物。它被称作皮里·雷斯地图，因制作它的土耳其将军而命名（见图143a）。它是数个从地理大发现时代留下来的世界地图

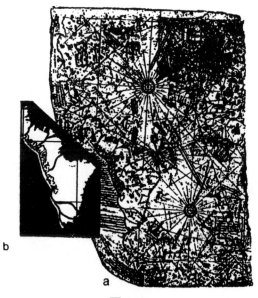

图143

中的一个，它引人注目有多个原因：首先，因为它的精确度，以及它在一个平面上表现球面特征的先进技术；第二，因为它清晰地显示了整个南美洲（见图143b），即标出了大西洋沿岸地理地形特征，又标出了太平洋沿岸地理地形特征；第三，因为它正确标示出了南极大陆。虽然是在哥伦布航海之后几年才绘制的，但令人吃惊的是，在1513年的时候，南美洲的南部应该还是未知的才对——皮萨罗从巴拿马航行到秘鲁是在1530年，而且西班牙人并没有继续往下前进到海岸或进入内陆探险，探索安第斯山脉是几年之后的事情。然而这幅地图显示了整个南美洲，包括巴塔哥尼亚（位于南美洲南端）末端。至于南极洲，不仅是它的外貌，包括它的存在本身，在1820年以前都是不知道的——比皮里·雷斯地图晚了3个世纪。自1929年在苏丹宝藏中发现这幅地图以来，对它的艰苦研究再次肯定了它的奇怪特征。

这幅地图的页边空白处的简短标注，在这位海军将领的一部名为《巴哈利亚》（意思是"关于大海"）的专著中有着更为完整的解释。对于这些如同安得列斯群岛的地理学地标，他解释了他从"热那亚的异教徒的地图"那里得到的信息。同时还重提了哥伦布按照他所用的一本书首先尝试说服热那亚的贵族，然后说服西班牙国王的故事，"在西海（大西洋）的末端，在它的西侧，有着海岸和群岛以及所有品种的金属与宝石"。土耳其海军将领的这本书中的这个细节，证实了来自资料的记录，认为哥伦布事先非常清楚他将要去的地方，因为他拥有来自古代的地图和地理信息。

事实上，这种更为早期的地图的存在同样被皮里·雷斯提及。在一段后面的注释中，他解释了这幅地图是如何绘制的，他列出了由阿拉伯绘图家所绘的地图，葡萄牙地图（"其中显示了亨德、信德及中国"），"哥伦布地图"，以及"大约20部航海图和世界地图；这些是双角之主，亚历山大时代绘制的航海图"。这是亚历山大大帝的阿拉伯头衔，这个声明的意思是，皮里·雷斯见到用到了这些来自公元前4世纪的地图。学者们推测，这样的地图被存放在亚历山大图书馆，其中肯定有一些躲过了那场在公元642年发生的大火，当时阿拉伯入侵者放火烧毁了其中的科学大厅。

现在，我们相信，在大西洋上向西航行到达存在的海岸的壮举，不是哥伦布首先完成的，而是另一位来自佛罗伦萨（意大利都市）的天文学家、数学家、地理学家，他的名字叫作保罗·德尔·波佐·托斯卡内利，那时是1474年。还有那些地图，例如来自1351年的美蒂奇，以及1367年的皮兹吉，对后来的海员和绘图家来说也是有用的；后者中最出名的是格哈特·克雷默，别名墨卡托，他在1569年制成的地图集和测量绘制方法，一直到今天都是绘图学的标准要素。

关于墨卡托世界地图的一个奇怪之处是，它们显示了南极洲，虽然这块冰冻的大陆是在250年之后的1820年，才被英国和俄罗斯水手们发现的！

如同那些在他之前（和之后）的人一样，墨卡托的地图集参考了之前的绘图家所绘制的地图。关于旧大陆，特别是邻近地中海的土地，他很明显地依赖了当腓尼基人和迦太基人还统治着大海时，由推罗的马里诺所绘制的地图，他被生活在公元2世纪的埃及的天文学家、数学家和地理学家克劳迪亚斯·托勒密介绍给了后世。至于墨卡托对新大陆的信息，他既依靠了旧地图，又依靠了探索美洲的探险家们的记录。但是，他是从哪里得来南极洲的存在及其形状的信息呢？

学者们同意，他的可能来源是一幅由奥隆邱斯菲那伊斯于1531年制定的世界地图（见图144a）。这幅地图通过将地球划分为分别以北极点和南极点为中心的北半球和南半球，从而正确地表示出地球是呈球形；其上不仅仅显示了南极洲，同时显示出了这块大陆上被冰层掩埋了数千年之久的地理学和地形学特征！

这幅地图毫无错误地详细地显示出了海岸线、海湾、小湾、海口和山脉，甚至河流，不过现在看不到了，因为冰帽遮盖了它们。现在我们知道这些细节

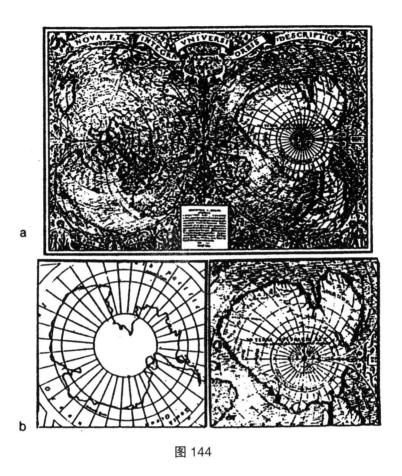

图 144

是存在的，因为它们在 1958 年国际地球物理学之年，被诸多团队进行的科学的冰下探索勘测发现。由此也证实菲那伊斯地图上的描绘与南极洲本来的地理特征，是多么惊人地吻合（见图 144b）。

作为对这个课题最彻底的研究之一，查尔斯·H.哈普古德在其大名鼎鼎的畅销书《古代海王的地图》一书中指出，菲那伊斯地图是基于古代航海图所绘制的，在后者所绘制的时代，南极大陆在解冻之后，在它的西部地区开始再度结冰。而这个时代，他所带领的团队指出，是在大约 6000 年以前，大约公元前 4000 年的时候。

后续的研究，例如约翰·W.威浩特所做的，证实了之前的发现。认识到"哪怕只是对一个大陆的粗略描绘，都需要一种可能超出于原始导航员视野的导航和几何知识"，他仍然相信这幅地图是基于 2600 ～ 9000 年前的信息而绘制的。这种信息的来源，他陈述道，还是一个谜。

他将他的观点发表在《古代海王的地图》中，查尔斯写道："很清楚的是，古代的旅行者们从极点旅行到了另一个极点。和它本身一样难以置信，这些证据指出，一些古代人在南极的海岸线没有结冰的时候探索了南极洲。同样清楚的是，他们拥有一种用于精确测定经度的导航仪，这比古代人、中世纪人和 18 世纪中叶之前的现代人所拥有过的任何东西都要先进得多。"

然而这些古代海员们，正如我们之前所显示的，仅仅是在追随诸神的脚步。

第十一章

流放在摇摆的地球上

历史学家们相信，在公元前 18 世纪的时候，亚述人将流放作为一种惩罚"杀害"国王、元老和法官的策略。事实上，将某人强制流放是由诸神开始的一种惩罚，而第一批被流放的人是阿努纳奇的领导人自己。这种强制驱逐，从诸神开始传到人类，更改了历史的方向。它们同样在历法上留下了痕迹，并且与一个新时代相连。

当西班牙人和其他欧洲人发现，美洲原住民和《圣经》中的希伯来人的传统、习俗、信仰上有着诸多共同点的时候，他们只有通过"印第安人"是以色列人 10 个失落部落的后代来进行解释。这重提了围绕在组成北部王国的 10 支以色列部落下落的谜团，属于这些部落的居民后来被亚述王莎尔玛尼瑟流放。《圣经》和之后的资料都显示，虽然被驱逐了，但这些流亡者仍然保持着他们的信仰和习俗，这样才能够重返家园。从中世纪到现在，旅行者和学者们声称，在遥远的地方找到了这 10 支失落部落的踪迹，比如在中国，或是在近一点的地方，如爱尔兰和苏格兰。在 16 世纪，西班牙人非常肯定地认为，是这些流亡者将文明带到了美洲。

亚述人在公元前 18 世纪将这 10 个部落流放，而两个世纪之后巴比伦人将剩下的两个部落流放，这些都是历史事实，而这 10 支部落与新大陆的联系还存在于神秘传说的国度里。然而，不知不觉地，西班牙人正确地推测了，一个有着自己历法的正式文明在美洲的开始，就是由流放者建立的。不过不是被流放的人类，相反，是一位被流放的神。

中美洲的居民——玛雅人和阿兹特克人、托尔特克人和奥尔梅克人，以及其他了解不多的部落——有着 3 套历法。其中两套是循环性的，测量着日月和金星的循环周期。另一个是编年体的，从一个特定的点，"零点"，开始计算时间的流逝。学者们已经研究出，这部极长的编年体历法的开始点是公元前 3113 年，但他们并不知道这个时间意味着什么。在《失落的国度》里，我们提出，它标志着透特带着一小群助手和追随者抵达美洲的时间。

中美洲的主神，羽蛇神奎兹尔科亚特尔，我们曾说过，与透特没有任何差别。他的称号，长羽或翼蛇，在埃及图画中是很常见的（见图 145）。羽蛇神，就像透特，是懂得并教授神庙建造、数学、天文学和历法的秘密的神。的确，中美洲的另外两部历法提供了能证明与埃及之间的联系，以及羽蛇神即透特这一事实的线索。毫无疑问，这两者显露了它们与很久之前的近东历法之间的亲密关系。

图 145

这两部历法中的第一部是哈伯历，这是一部太阳历，一年有 365 天，被等分为 18 个月，每个月 20 天，并在一年的最后加入 5 个特别日。虽然 18×20 这种划分方式与近东 12×30 的划分方式不一样，但同样都是基于 360 天加 5 天这样的构架的。这部纯粹的太阳历法，如我们所见那样，是受拉／马杜克宠爱的；在划分上更改一下的话，可以让透特将之与他的对手的历法区别开来。

这部纯太阳历不允许置闰——在美索不达米亚，每隔特定的年份就会加入第十三个月，来保证历法的持续适用。在中美洲，13 这个数字，出现在下一部历法中。

和在埃及一样，既有一部民用历法（纯太阳年），又有一部神圣历法。中美洲的这部神圣历法叫作卓尔金历。其中，每个部分 20 天的划分仍然使用着；然而却只有 13 个循环。13×20 的结果一共只有 260 天。260，这个数字所表示的含义和它的起源引发了诸多理论，但无一能够提供一个明确的解释，无论从历法学上还是从历史学上。有意思的是，这两部循环使用的历法是交织在一起的，如同齿轮将它们的锯齿卡在一起（见图 9b），制造出一个壮丽的 52 周太阳年的神圣循环；因为 13、20 与 365 的结合要每隔 18980 天才能重复一次，而这么多天正好是 52 年。

这个拥有 52 年的壮丽的循环对中美洲所有的居民来说都是很神圣的，而且他们还将过去和未来的事件联系到它上面。这些事件的核心，是中美洲最伟大的神羽蛇神，他被战神流放，穿越东部海域到达这片土地，但他发誓将在这 52 年神圣周期的"一里德（本意为芦苇）"之后的那一年回去。在公元纪年中，符合 52 年周期的年份为公元 1363 年、1415 年、1467 年和 1519 年；后者是赫尔南多科尔特斯出现在墨西哥海岸的那年，他有着和羽蛇神同样的皮肤和胡须；所以，他们的登录在阿兹特克人的眼中，是这位返回的神祇的预言的实现。

数字 52 的中心，如果不是别的，那就是中美洲所信仰的宗教和期望的救世主的一个标志，这指向了羽蛇神及其神圣历法与透特的 52 周历法之间的一个关键的共同点。52 的游戏是透特的游戏，之前我们讲过的赛特尼的故事，也清晰地讲述了"52 是透特的魔法数字"。我们已经就透特与拉／马杜克的争斗这一方面，解释了 52 周的埃及历法的意义。这个中美洲的"52"，浑身上下都能看到"透特"的特征。

透特的另一个标志，是用大型圆形建筑来进行历法方面的天文观测。美索不达米亚的塔庙呈方形，四角与基点方位呈一线。近东神庙——美索不达米亚、埃及、迦南，甚至以色列——是轴线朝向分点或至点的矩形建筑（这种布局至今都使用在教堂和神庙建设中）。只有透特在拉格什帮忙修建的神庙才采用了圆形设计。它仅有的其他近东仿制品，为位于丹德拉赫的哈托尔（即宁呼尔萨格）神庙，和几乎与新大陆隔海（大西洋）相望的史前巨石阵。

在新大陆，在阿达德（恩利尔的小儿子，赫梯的主神）的领地上，矩形的、拥有美索不达米亚朝向规律的神庙占主要地位。它们之中最大最古老的，是位于蒂亚瓦纳科的卡拉萨萨亚，它呈矩形并拥有着和所罗门神殿相同的东西朝向的轴线。的确，肯定有人会猜测，当上帝向以西结显示未来的耶路撒冷神庙的设计形象的时候，是不是带他飞到了蒂亚瓦纳科去观看卡拉萨萨亚的形象，就像《圣经》中详细讲述的，以及对比图 50 和图 124 所得出的那样。另一座位于安第斯南部的主要神庙（位于现在的利马南部不远的地方），是奉献给大创造者的，同样是矩形设计。

根据这些建筑的设计，透特并没有参与到它们的建设中。然而，如果像我们相信的那样，他是圆形观测台的神圣工程师，那他肯定曾出现在神圣山谷中。在巨石器时代的建筑中，他的标志是位于萨克撒赫曼岬角顶部的圆形观测所，位于库斯科的半圆形圣域，和位于马丘比丘的托利恩石塔。

真正属于羽蛇神／透特的领地是中美洲，那里是玛雅部落和那瓦特语居民的土地；但他的影响向南延伸到了南美大陆的北部。在秘鲁北部靠近卡哈马尔

图 146

卡的地方发现的岩画（见图 146）描绘了太阳、月亮、拥有五个顶点的星星和
其他天体符号，在它们旁边不断重复地出现了蛇的符号——这毫无疑问就是恩
基和他的氏族的标志，特别是被称为"羽蛇神"的神祇的标志。这些岩画同时
还包括对天文观测设备的描绘，它们被人（祭司？）拿着，看上去就像是古代
近东的物品，其他一些则有着弯曲的触角，就像是立于埃及敏神庙（见图 61）
的那些观测设备。

　　这个遗址似乎曾是古代路线的交会点。一条从大西洋沿岸出发，一条从太
平洋沿岸出发，到达安第斯的黄金之地。卡哈马尔卡，稍微靠近内陆，在太平
洋沿岸拥有天然海港特鲁希略，实际上后来被欧洲人用于征服秘鲁。就是在这
个地方，在特鲁希略，弗朗西斯科皮萨罗和他的一小队水手，在 1530 年进行
了登陆。他们向内陆行进，并在卡哈马尔卡建立了他们的基地，他们记录说，

这座城市的"广场比西班牙任何一个都要大",而且"建筑有一个男人的三倍高"。在卡哈马尔卡,最后一位印加皇帝阿塔瓦尔帕被诱捕了,并被索要黄金和白银作为赎金。这些由贵重金属组成的赎金填满了一个有着25英尺长,15英尺宽,比一个男人还要高的房间。这位国王的大臣和祭司要求从整片大地上运来金银制造的物件和工艺品;S.K. 罗斯罗普在其《西班牙史学家描述的印加宝藏》一书中计算出,后来这批西班牙人从这些赎金中运回西班牙的部分,总共有黄金18万盎司,而白银则是两倍(在得到赎金之后,这些西班牙人几乎是在同一时间处决了阿塔瓦尔帕)。

北上进入哥伦比亚,在靠近中美洲的地方,有一个位于马格达来纳河河岸上的遗址,那里毫无疑问地曾出现过赫梯人和埃及人,因为那里的岩画中出现了大量的埃及符号:椭圆装饰(埃及独有的,在皇家名字或神祇名字周围的装饰),和表示"荣耀"的象形文字(一个圈内的星点,如同太阳和光芒),以及敏的"双月"斧;同时,顺着这些符号,还伴有赫梯的象形文字(如同"神"和"国王"的符号,见图147)。

继续向北,在危地马拉,何尔木的墓区中的"涂鸦"里,发现了埃及的标志,

图 147

图 148

一幅金字塔的图画（见图 148）。由此可以推断，中美洲的早期居民肯定是熟识埃及的。同时出现的还有一座圆形阶梯塔的形象，而在它一旁，很明显是它的平面图。它有一个圆形观测台，很像出现在南部的萨克撒赫曼岬角的那样。

如同它听起来那样的不可思议，古代近东的文献中的确将岩画与天文符号联系在了一起。在《禧年书》中，充满了有关《圣经》中记录的大洪水之后的世代的内容，描述了诺亚通过给他的后人，讲述伊诺克的故事以及他所获得的知识来教导他们。故事是这样的：

在第二十九个周年纪中，第一个星期的一开始，阿帕扎德娶了个妻子，她的名字叫作拉苏亚，她是舒兰的女儿，埃兰之女，她在第三年的这一周为他生了一个儿子，他为儿子取名为开兰。

儿子在成长，他的父亲教导他书写，他去为自己寻觅一块地，用来做他自己的一座城市。

然后他发现了一个字迹，那是先辈们刻在岩石上的，他阅读着，他将它抄写了下来；因为它包含了守护者们的教导，他们曾按照它，在所有这些天的符号里，观察日月星辰的神谕。

这个岩刻，我们从这部千年古书中得知，它并非是乱写乱画；它们是"守护者的教导"——阿努纳奇——的知识的表现，"他们曾按照它""观察日月星辰的神谕"；这些岩画是"先辈们"留下的"天的符号"。

在我们刚刚显示的这些岩石上的描绘中，包括了圆形观测台，它们肯定都是古代美洲人亲眼所见的东西。

※

的确，在墨西哥的羽蛇神领地的心脏地带，岩画逐渐演化为了类似埃及早期所使用的象形文字。在这个地方，透特出现过的最明显证据是，用于天文观测的神庙，包括圆形和半圆形的，还有球形观测台。这些遗迹开始于拉文塔，这里是奥尔梅克人最早的遗址之一，两个正球形堆标出了一天的天文视准线。我们相信，奥尔梅克人是在公元前大约2500年的时候，跟随透特横穿大西洋抵达墨西哥的非洲人。在从那时开始直到西班牙人征服的4000年中，这种球形观测台的最后一例，是位于特诺奇提特兰的阿兹特克圣域中的半圆金字塔。从它的位置可以看出，它是用来测定分日的，通过从球形的"羽蛇神之塔"中观测，那时太阳将会从双庙塔的正中间升起（见图149）。

按照时间先后来排序，在早期的奥尔梅克人和后来的阿兹特克人之间，是玛雅人的数不胜数的金字塔和神圣观测台。其中一些，如位于奎奎尔科的金字塔（见图150a），是呈完美圆形的。其他一些，如同坎波拉金字塔（见图150b），如考古学家们已经发现的那样，在一开始的时候是完全的圆形建筑，但后来改变了

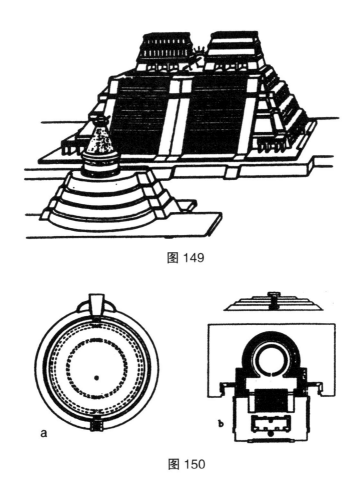

图 149

图 150

形状，加入了通向屋顶的外层阶梯，演化成了大型阶梯塔和广场。

这些建筑物中最负盛名的，是位于尤卡坦半岛奇琴伊察的卡拉科尔大旋梯（见图 151）一座圆形天文观测台，它的天文功能与朝向被广泛深刻地研究过。虽然现在看到的这座建筑被认为是公元 800 年左右修建的，但大家都知道，玛雅人是从更早的居民那里接管奇琴伊察的，并在之前建筑的地方加盖自己的建筑。学者们推测，这个最初的观测台，肯定是在一个早得多的时候就存在的。

这个现存建筑所提供的视准线被深入研究过了，毫无疑问地包含了与太阳有关的主要的点——二至点和二分点，还有一些月亮的主要的观测点。同时，

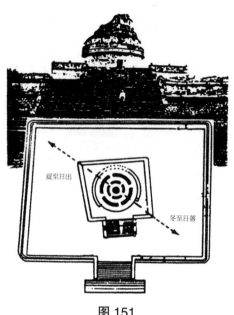

夏至日出

冬至日落

图 151

它的布局还与天上的很多星星相对应，不过没有金星；这是很是奇怪的，因为在玛雅古抄本中，金星的运行是一个重要课题。由此，有理由相信，这些视准线并不是由玛雅的天文学家所设定，而是在玛雅人更早的岁月中制定的。

大旋梯的平面图——一个大型矩形建筑构架中，有一个方形围场部分，其中有一座圆塔——这让人想到库斯科之上，萨克撒赫曼的建筑造型（现在只能看见它的地基了），那里同样是一个方形围场中有一座圆形观测台，和一个更大的矩形建筑（见图120）。还会有人怀疑这不是同一位神圣工程师设计的吗？我们相信他就是透特。

玛雅天文学家在观测过程中使用了观测仪器，这些仪器常常出现在他们的古抄本中（见图152），它们的符号与近东的仪器符号极为相似，而且数目之多也证明了这不是巧合。在所有的例子中，这些观测设备和美索不达米亚观测塔顶部的仪器都是一样的；它们的符号或由它们演化而来的"阶梯"，及无处不在的蒂亚瓦纳科观测台的符号，在玛雅古抄本中都能清晰地找出来。出自《博

图 152

得里抄本》的一个图（见图 152）显示出两名天文祭司，正在观测从两座山中间升起的太阳；而这正好就是埃及象形文字文献所描述的方法和"地平线"一词；而且，在这部玛雅抄本中的两座山，看上去就像是吉萨的两座大金字塔，这也绝非巧合。

与古代近东的普遍联系，以及与埃及的特定联系，在被字形、浮雕和遗迹证明之后，又被传说加强了。

《波波乌》，这部高地玛雅人的"议会之书"，包含了天空和地球是如何形成的记录，和地球是如何被分割为四个区域，以及测量绳是怎样被带过来，在空中和地球上伸展开，创造出四角落的。这些元素都是基于近东宇宙观和科学的，其中回忆着阿努纳奇划分地球，以及神圣测量器的功能。同样如此的，还有那瓦特部落，他们的传说详细地记录了部落先祖，"父亲和母亲"的到来，他们是越洋而来的。一部那瓦特记录，《卡克其奎尔记录》陈述道，当他们自己从西方赶来的时候，还有从东边而来的人，他们也是"从海的另一边而来"。弗坦的传说中，讲述弗坦建立了第一座城市，而这里正是中美洲文明的摇篮——这个故事被西班牙的编年者们根据玛雅人口述传说记录了下来。他们记录道，弗坦的标志，是蛇；"他是守护者的后代，属于坎的族群"。"守护者"是埃及词汇勒特鲁（即"诸神"）的含义。至于坎，齐利亚·努塔（著有《皮博迪博物馆的文卷》）所做的研究提出，是迦南人的一支，按照《圣经》中的说法，他们是非洲哈姆族人的成员，是埃及人的兄弟民族。

※

我们曾提出过，早期移民有可能是该隐的后代，那瓦特的起源与被记录下来的第一次流放有很大联系：将该隐驱逐，作为对它杀害亚伯的惩罚。《圣经》中，第一次驱逐，是将亚当和夏娃赶出伊甸园。在我们这个时代，用流放作为对国王的惩罚已不足为奇；将拿破仑流放到圣赫勒拿岛就是一个很好的例子。《圣经》中的记录显示，这种惩罚模式可以溯源到人类最开始的时候，当时的人类还被"诸神"的道德规范约束着。根据更早且更为详细的苏美尔文献可以看出，事实上，是诸神自己将这种惩罚用在自己的罪人身上；而且，第一个被记录下来的例子是他们的首领，恩利尔：他因为强奸一位年轻的阿努纳奇护士，而被驱逐到了一个流放之地（后来他娶了她并得到了赦免）。

在那瓦特和玛雅传说中我们能够清晰地看出，羽蛇神奎兹尔科亚特尔（在玛雅传统的名字是库库尔坎）是带着一小队追随者来到他们的土地上的，而且他最终离开是迫不得已的——被战神强制性地流放。我们相信他的到来也是被迫之举，是从他的地盘埃及被流放而来的。而这第一次流放的日期，在中美洲对时间的计算中是极其重要的一点。

我们已经讨论过中美洲历法，宗教和历史事务里52年这个神圣周期的中心点了，也证明过那是透特的神圣数字。其次，是一个"完美之年"的大循环，它围绕着13个巴克顿时代，这是一个400年的单位，在这个被称为长历的线性历法中占有重要角色。

在长历中，最小的单位是金，也就是一天，它被不断增加至更大的数，通过一些列乘数为 20 和 360 的乘法，被累计至数百万天：

1 金 =1 天

1 乌纳尔 =1 金 ×20=20 天

1 顿 =1 金 ×360=360 天

1 卡顿 =1 顿 ×20=7200 天

1 巴克顿 =1 卡顿 ×20=144000 天

作为一种纯数学计算，这种乘以 20 的乘法还可以继续下去，将天数增加至每个阶段和它的象形文字所表示的 288 万和 5760 万以及更多。但实际上，玛雅人并没有超出巴克顿阶段；因为这次开始于公元前 3113 年的这个神秘零点的计数，被认为是在 13 个巴克顿循环中进行的。现代学者分析了记录在玛雅纪念碑上的一些长历中日子的数目，发现如果想要将它们划分开来，不能使用"完美之年"的 360 天这个数，而要使用一个太阳年的切实天数 365.25；由此，一个玛雅纪念碑上刻有"1243615"天，意思是从公元前 3113 年 8 月开始 3404.8 年之后，也就是公元 292 年。

对于地球历史的"时代"这个概念，是中美洲前哥伦布文明的一个基本元素。按照阿兹特克人的传统，他们的时代，也就是他们所说的"太阳"，是第五个，"开始于 5042 年前"。在那瓦特资料中，我们没有找到对这个时代将持续多久的精确说法，但玛雅人的资料却提供了一个精确的答案。现在这个"太阳（即时代）"，他们说，将会持续 13 个巴克顿，分秒不差，也就是从零点开始持续 1872000 年。这意味着一个 5200 个"完美之年"的壮丽循环。

在《玛雅的元素》中，何塞·阿吉里斯指出，每个巴克顿日期都在中美洲的历史中充当着里程碑的作用，直到 2012 年，这个从公元前 3113 年开始算起的 13 个巴克顿将结束。他认为，数字 5200 是将人们带往玛雅宇宙观和时代观的钥匙。

在 20 世纪 30 年代，弗利兹·巴克看到了玛雅历法和蒂亚瓦纳科历法的相似元素，他认为，开始日期和其他周期标志，都是与曾发生在美洲居民身上的真实事情有关的。他相信，在太阳门上的一个重要符号表示着 52，而另一个表示着 520，并在历史学的角度上被作为是 5200 年的象征；然而，他认为，需要仔细研究的不是一个大循环，而是两个；而且由于第一个大循环中剩有 1040 年，所以第一个开始于公元前 9360 年。他相信，是在这之后，安第斯才开始了诸神的故事和传说中的事件。这第二个大圈，开始于公元前 4160 年。

何塞·阿吉里斯使用现在通用的划分法，用 365.25 这个太阳年的实际天数来划分 1872000 天，结果是，从公元前 3113 年这个零点开始，到第五个时代结束的 2012 年，为 5125 年的时间。相反，弗利兹·巴克却认为，没必要进行这样的调整，认为应该使用玛雅"完美之年"的 360 天来进行划分。按照巴克的做法，阿兹特克人和玛雅人所生活的时代刚好持续 5200 年。

这个数字，在古埃及留下的资料中，和 52 一样是与透特有关的。这些资料里有一位埃及祭司的著作，这位祭司，希腊人称他为曼捏托（他的象形文字名字的意思是"透特的礼物"）。他记录了将君主统治划分为各朝代，其中包括了对法老统治之前的神圣王朝和半神王朝的划分。同时，他还记录了每位君王的统治时段。

从其他资料中证明诸神的故事和传说，曼捏托列出了 7 位大神——卜塔、拉、舒、盖布、奥西里斯、赛斯和何璐斯，总共统治了 12300 年；然后开始了第二个神圣王朝，由透特为首，它持续了 1570 年。之后紧接着是 30 位半神的统治，总共时间为 3650 年。之后是一个混乱的年代，总共 350 年，埃及处于混乱和分离之中。在那之后，一位名叫门的人建立了第一个法老王朝。学者们相信，这个事件发生在公元前 3100 年。

我们相信，中美洲长历的起点是公元前 3113 年，我们还相信，正是在那个时候，马杜克／拉重拾埃及统治权，将透特和他的追随者驱逐出了这片土地，迫使他们流亡到一个遥远的地方。而如果之前透特自己的统治（1570 年）及他所指定的半神的统治（3650 年）是正确记录的话，那么加起来就是 5220年——这与 13 个巴克顿组成的玛雅大循环的精确年数 5200 年只有 20 年的微小误差。

就像 52 一样，5200 也是"透特的数字"。

※

在很久很久之前，当阿努纳奇还是老大的时候，诸神的惩罚和流放在我们的《地球编年史》中标出了里程碑事件。大部分马杜克／拉的故事，以及历法——对神圣时间、天时间和地球时间的记录——在这些事件中扮演着重要角色。

透特及其王朝中半神的统治，在大约公元前 3450 年的时候结束，之后的埃及出现了持续 350 年的混乱时期，在之后就是拉带领的法老王的统治。《亡灵书》第 175 章，有部分记录到了透特和再次出现的拉之间的愤怒的转换。"噢，透特，到底发生了什么？"拉想要知道。他说，这些神祇"制造了骚动，他们引发了争执，他们做了邪恶之事，他们要造反"。他们的造反蔑视了拉／马杜克，"他们将大的变作小的"。

拉，这位大神，将这些怪罪在透特头上；他对透特的责难直接联系着历法上的改变。拉怪罪透特："他们的年变短了，月份被限制了"，说透特是通过"毁掉为他们而做的隐秘事物"而办成。

这些因被毁掉而缩短年月的隐秘事物至今还没有发现，不过结果只可能是一个较长的太阳年缩减为了一个较短的月亮年——"将大的变作小的"。文段的结尾是透特答应了被驱逐以作为惩罚："我将离开去往不毛之地、寂静之地"，文献解释道，的确有这么一个艰苦的地方，"在那里不能享受性行为的快感"……

另一部还没有被完全破译的象形文字文献，发现于图坦卡蒙的一座圣堂里，也许其中正记录着拉／马杜克的驱逐令，并给出发生在"太阳神"和"月神（透特）"之间的历法冲突的原因。这部文献，被学者们肯定为是来自一个更早的时代，其中陈述了拉将透特传唤到他那里。当透特被交付给拉的时候，拉宣布说："你看呀，我在天上，在这适合我的地方。"他继续说道："你用你闪耀的光束包围那两片天；也就是说，透特要如围绕的月亮。"他还说："因此我将让你一直走，走到浩尼布特之地。"一些学者将这部文献命名为"为透特分配工作"。事实上，这是将透特"分配"到一个不知名的遥远的地方，因为他的"工作"——历法方面——与月亮有关。

透特的流放在中美洲的计时系统长历中被作为了零点，也就是公历的公元前 3113 年。这一定是一件影响很深远的事，因为我们在印度教传统（同样将地球历史划分为诸多时代）中发现，现在这个时代，喀利俞佳，开始于公元前 3102 年 2 月 17 日和 18 日之间的一个日夜等同的时候。这个时期与中美洲长历的零点时间惊人地相似，所以，它也曾因某种方式而受到了透特流放的影响。

但当马杜克／拉将透特强行驱逐出他的非洲领地之后没过多久，他自己也成了相同命运的主角：拉也遭到了流放。

透特走了，他的兄弟奈格尔和吉比尔也远离埃及权力，拉／马杜克原本可以就此称霸。但此时却出现了一个新的对手。他就是杜姆兹，恩基最小的儿子，他的领地是位于上层埃及南部的草原。出人意料的是，他竟然想要篡夺埃及的统治权；当马杜克发现的时候，这些野心被一段马杜克最厌恶的爱情加强了。数千年之前的罗密欧与朱丽叶，杜姆兹的新娘除了伊南娜／伊师塔不会是别人，伊南娜是恩利尔的孙女，她在金字塔战争中帮助她的哥哥和叔叔击败了恩基集团。

怀着无止境的野心，伊南娜在杜姆兹的身上看见了自己未来也许会有的伟大地位——只要他停止继续做一位牧师（他的称号），转而称霸埃及："我预见，一个伟大的民族将选择杜姆兹作为他们国家的神"，后来她吐露："因为我将杜姆兹的名号变得崇高，我给了他地位。"

马杜克被他们的野心激怒了，他派出他的"司法官"去拘捕杜姆兹。但不知为何，拘捕过程出了些问题；而试图躲在羊圈里的杜姆兹，在被发现的时候已经死了。

伊南娜发出了"最苦涩的哭泣"，并打算复仇。马杜克出于对她的狂怒的恐惧，躲进了大金字塔，他始终声称自己是无辜的，因为杜姆兹的死并不是刻意而为，纯属意外。伊南娜"不停地进攻"金字塔，"进攻它的角落，甚至它大量的石头"。马杜克警告说，他将使用"爆发起来很恐怖"的可怕武器。阿努纳奇们可不想再次看见一场可怕的战争，他们召开了至高无上的七审判法庭。审判决定，马杜克必须被惩罚，但由于他并没有直接杀害杜姆兹，所以罪不至死。最终决定，将马杜克活埋在他用来躲藏的大金字塔中，将他密封在里面，软禁起来。

我们曾在《众神与人类的战争》中引用了大量的文献，其中讲到了后来发生的事情，对马杜克的减刑，以及其后运用最初的建筑草图，穿越金字塔找到马杜克的戏剧性的故事。这次营救行动在文献中被详细地记录了下来。同样戏剧性的还有这样一个结果：马杜克被流放，而在埃及，拉变为了阿蒙——隐藏者，一位不再被看见的神。

至于伊南娜，因杜姆兹的去世而失去了成为埃及女主人的机会，她将以利作为了她的"崇拜中心"，而在大约公元前 2900 年阿拉塔之地成了第三个文明地区——印度河流域。

之后的几个世纪，透特去了哪里？很明显是在遥远的地方——在不列颠群岛带领着史前巨石阵一期的修建，并在安第斯地区帮助修建那些巨石天文建筑。那么这段时期马杜克又在什么地方呢？我们还真不知道，但他肯定不会在太远的地方，因为他一直在静观近东的发展，并继续谋划着称霸地球的计划。

在美索不达米亚，伊南娜冷酷且狡猾地将苏美尔的王权，交到了一位她喜欢的园丁的手中。她为他取名为舍鲁－金，"正直的统治者"，我们通常称他为萨尔贡一世。在伊南娜的帮助下，他扩展了疆域，并为一个更加强大的苏美尔创建了一座新的都城，从此那里被叫作苏美尔和亚甲。然而为了寻求正统性，他前往巴比伦——马杜克的城市——并在那里窃取了一些神圣泥土，用作他新都城里的地基。这对马杜克来说，是一次重出江湖的机会。"由于这种亵渎的行为"，巴比伦文献记录道，"大神马杜克愤怒了"，并摧毁了萨尔贡和他的人民；而后，当然，他重掌了巴比伦的政权。接着他开始加强城防，增强地下水系统，让这座城市无法被攻破。

古代文献中显示，这一切都跟天时间有关。

预感到了另一场毁灭性的神之战争，阿努纳奇们举行了集会。主要对手是尼努尔塔，恩利尔的继承人，他的天赋权利是马杜克最为厌恶的。他们邀请来奈格尔，他是马杜克的一个很有权势的兄弟，他参加议会，和大家一起商量出一个对这场即将降临的危机的解决之道。一面恭维一面劝告，奈格尔首先让尼努尔塔平静了下来，随后便答应前往巴比伦，劝告马杜克停止走向这场即将展开的武装冲突。这一系列事件非常戏剧性，在被称为《伊拉史诗》（伊拉曾是奈格尔的称号）的文献中有详细记载。它的内容包括了这些参与者之间很多的语言交流，好像当时现场有一名速记员在记录着一样。而的确，这部文献被一名参与到这个事件中的阿努纳奇，口授给了一名抄写员。

随着故事慢慢地呈现在眼前，我们越来越清楚地发现，在地球上发生的这么多事情原来都和天国有关——与黄道十二宫有关。回忆一下，争夺地球霸权的两位——恩基之子马杜克和恩利尔之子尼努尔塔——所发表的声明及所处的位置，都指向一点——一个新时代的到来：即将发生的从金牛座向白羊座的转变，从此，春分日，也就是历法中的新年，将出现在这个新的时代中。

尼努尔塔的陈述列出了他所有的特点属性：

在天上我是一头野公牛，

在地上我是一头雄狮。

在这片土地我是主人，

在众神之中我是最强的。

我是伊吉吉的英雄，

在阿努纳奇之中我是强大的。

这段陈述从字面上描述了我们曾给出的插图，图93的内容：黄道带时间中，当春分点开始于金牛宫，夏至点出现在狮子宫的时候，这是属于恩利尔集团的，由此他的"崇拜动物"是公牛和狮子。

奈格尔小心翼翼地回应了尼努尔塔。"是的，"他说，"这些都对，但是——"

在山顶上，

在灌木丛里，

你没有看见公羊？

"这是很要命的，"奈格尔继续说，"这是无法避免的。"

在那片小树林里，

哪怕是最强的计时者，

标准的承载者，

也无法改变这一进程。

人们可以像风一样吹，

像风暴那样咆哮，然而

在太阳轨道的圆周上，

无论怎么挣扎，

都将看见公羊。

在这种毫不留情的岁差延迟中，当黄道时间尚在金牛宫的时候，"在太阳轨道的圆周上"，人们已经能够看见即将到来的公羊时代了。

虽然这种改变是不可避免的，但这个时候毕竟还未到来。"其他诸神都害怕战争"，奈格尔总结说。他认为这些都可以向马杜克解释。"我这就走，请王子马杜克从他的住所中出来"，让他舒服地离开，奈格尔建议道。

就这样，在尼努尔塔不情愿的同意之下，奈格尔动身前往巴比伦执行这项重要的任务。在途中，他在以利停了一下，在阿努的神庙伊安那中为他找寻一位贤者。他从"众神之王"那里带给马杜克的消息是：时间还没到。

被提到的这个时间，让奈格尔和马杜克之间的谈话和争论变得清楚了，是即将发生的黄道剧变——一个新时代的到来。马杜克在埃萨吉拉接见了他的兄弟，那里是巴比伦的塔庙；他们的会谈是在一间被叫作舒安纳的神圣房间中举行的，这个房间的名字的意思是"天的至高之地"，这很明显地表明了这次讨论在马杜克心中的地位；因为他很肯定地相信他的时代已经来临，他甚至还向奈格尔显示了他所用来测量它的仪器［一位巴比伦画家描绘出了奈格尔和马杜克这两兄弟此时的情景。奈格尔拿着他的标志性武器，戴着头盔的马杜克站在

图 153

他的塔庙顶端，手里拿着一个仪器（见图 153）看上去很像放在埃及敏神庙前的观测仪器]。

　　奈格尔认识到了现在的状况，他表达了相反的意见。你"宝贵的仪器"，他告诉马杜克，是不精确的，而这正是导致他错误地解读"如审判日之光般的天国诸星的燃烧闪耀"的原因。在你的圣域中，你指出"荣光将在你统治的王冠上闪耀"，但在奈格尔曾停留过的伊安那却不是这样的。奈格尔说："伊安那里面，伊哈安基的表面还被遮盖着。"伊哈安基这个词字面上的意思是"天地之圈的房屋"，以我们的观点来看，这里是测定地球岁差切换的设施。

　　但马杜克却不这么想。到底谁的仪器有问题？在大洪水的时候，他说，"天地的调节超出了它们的常规，而且天神的站点，天上的星辰都改变了，都没有回到它们过去的位置"。马杜克指出，这种剧变的主要原因，是"伊卡鲁姆震动，它的覆盖物减少，测量无法继续进行"。

　　这是一段非常有意义的陈述，它在科学领域的重要性——如同整篇《伊拉史诗》——被学者们忽略了。伊卡鲁姆曾被翻译为"下界",更为普遍的情况是根本就不翻译这个词,让它的真实意义一直被埋没着。我们建议,这个词所指代的是位于地球底部的大陆——南极洲;而"覆盖物",或更字面上一点"覆盖的毛发"所指代的,正是其上的冰盖。

当这一切结束之后,马杜克派出使者去检查下界。他自己也去看了一眼。但这些"覆盖物",他说,"变为了广阔海域上的数百英里的水域":这些冰盖还在融化。

这是一段证实我们观点的陈述,在本丛书的第一部《第十二个天体》中,我们讲到,大洪水是一次因南极洲冰盖下滑至邻近海域而导致的巨大潮汐波,发生在大约 13000 年之前。我们相信,这次事件是导致最后一个冰河时代突然结束及随后产生的气候剧变的原因。它同时还移去了南极洲上面的冰盖,让看见——事实上,他们把它绘制了出来——这块大陆的地表和海岸线成为可能。

马杜克所说的因巨大冰盖融化和世界海水重量重新划分,而导致的"天地的调节超出了它们的常规"这句话的含义,还需要更加深入的研究。它是否是在暗示地球倾斜度的一次改变?一次稍微不同的延迟,以及由此而来的一个不同的岁差进程表?也许地球自转的一次放慢,还是公转的放慢?我们现在需要知道的是,在拥有南极冰盖和失去南极冰盖的情况下,模拟地球运转和晃动的实验的检测结果。

所有这些,马杜克说,被位于非洲东南部的阿普苏的仪器的毁坏恶化了。我们从其他文献中得知,阿努纳奇在那里拥有一座科学站,在大洪水之前,他们用它进行监测,从而预警这次即将到来的灾难。"天地控制毁坏了之后",马杜克继续说,他一直等到地基烘干,洪水退去。然后他"回去一看再看;这真令人难过"。他所发现的是,"能到达阿努的天国"的特定仪器消失了,没了。用于描述它们的词汇,被学者们认为是暗指某种尚没有鉴别的晶体的。"颁布命令的仪器在哪里？"他生气地问道，还有，"发布统治符号的诸神的神谕石……神圣的放射石在哪里？"

这些针对丢失的宝贵仪器的问题，听起来更像是责难而非询问。我们之前曾讲到过一部埃及文献，其中拉／马杜克指责透特毁掉了用于测定地球运行和历法的"隐藏之物"；这些扔给奈格尔的带有修辞色彩的问题，暗示着对马杜克的蓄意攻击。在这种情况下，马杜克指出，他使用自己的仪器来测定属于他的时代——白羊座时代——的到来，难道是不对的吗？

奈格尔的完整的反应我们并不清楚，因为这时，碑刻上的几行字被破坏掉了。似乎，基于他自己巨大的非洲地盘，他知道哪里有这些仪器。由此，他建议马杜克前往阿普苏的指示地点，并核实一下，完全是为马杜克着想。他肯定，马杜克将由此认识到，他的长子继承权并不危险；被挑战的只是他处于支配地位的时间。

为了让马杜克放下心中的顾虑，奈格尔承诺说，他将在马杜克不在巴比伦的时候帮他看好这个地方，不让任何意外发生。然而，为了让马杜克彻底放下顾虑，他还承诺，要将恩利尔集团时代的天体符号，"阿努和恩利尔的公牛"制作出来，"蹲伏在你的神庙大门下"。

这种符号上的臣服，让恩利尔的天牛在马杜克神庙的入口处向马杜克鞠躬，劝服了马杜克答应他兄弟的请求：

> 马杜克听见这个。
> 由发现他喜好的伊拉（奈格尔）许下的承诺。
> 于是他从他的座位走下，
> 并向矿井之地，阿努纳奇的住处之一。
> 他定好了他的方向。

由此，这次针对黄道星宫改变的正确时间的讨论，导致了马杜克的第二次流亡——他相信这只是暂时的。

但一切就像是命中注定，这一个即将到来的新时代，并不是一个和平的时代。

第十二章
大公羊的时代

　　白羊宫时代并没有如同一个新时代的黎明那样到来。相反，伴随它的是死亡的黑暗——地球上第一次核武器爆炸而盛开的死亡之花。它成了超过两个世纪以来，神与神、国与国之间冲突和对抗的顶点；而结果是，长达近2000年的苏美尔文明毁于一旦，它的人民大规模地死去，残留部分流亡各地。马杜克的确夺得了霸权，成了至高之神；但随之而来的新秩序却是新的律法和原则，一个新的宗教和信仰：一次科学上的倒退、一次用占星术替代天文学的倒退——甚至连女人的地位也下降了。

　　难道事情不得不这么发展吗？难道这次毁灭性的剧变仅仅是因为故事主角有着雄厚的野心吗——因为是阿努纳奇，而不是人类，领导着事情的发展？抑或是命中注定，无可避免，还是说，要进入一个新的黄道宫位时而产生的某种力量（真实的或是想象的）过于强大，迫使帝国必须瓦解，宗教必须更替，律法和习俗和社会组织都必须被推翻？

　　让我们重温一遍这第一次已知的剧变，也许我们能够找到很好的答案。

※

　　在我们的编年史中，这发生在大约公元前 2295 年。马杜克离开巴比伦，先去了矿井之地，接着去了在美索不达米亚中没有说明的区域。他离开的时候曾相信，他安置在巴比伦的仪器和其他"奇迹造物"是会被仔细照看的；但实际上，在马杜克离开之后不久，奈格尔／伊拉就违背了自己的诺言。也许是出于好奇，也有可能是心怀恶念，他进入了禁区基角拉，这是除马杜克之外禁止入内的秘密房间。他在里面移去了这座房间的"光芒"；于是，正如马杜克警告过的，"白昼变为了黑暗"，灾难降临到了巴比伦和它的人民身上。

　　这个"光芒"是否是一种发光的核能设施？它究竟是什么还不是很清楚，但我们明确地知道，它的危害席卷了整个美索不达米亚。其他的神对奈格尔的做法极为愤怒；甚至是他的父亲都训斥了他，并命令他返回他的非洲地盘，库德城。奈格尔从命了，但在离开之前，他击垮了马杜克安置好的所有东西，并留下很多战士，以确保能压制住在巴比伦的马杜克的追随者。

　　马杜克和奈格尔先后离开，让这个地区毫无防备地摆在了恩利尔的面前。首先采取行动的是伊南娜（伊师塔）；她选择了一名萨尔贡的孙子，那拉姆－辛（"辛的最爱"）以登上苏美尔和亚甲的王座；有了他及他的军队作为代理人，伊南娜进行了一系列的征服。她的第一批目标中，有位于雪松山的登陆地，也就是位于黎巴嫩的巴勒贝克大平台。接着她向地中海沿岸的土地发起突袭，占领耶路撒冷的太空航行地面指挥中心，以及从美索不达米亚通往西奈、耶利哥的陆路上的交点。现在，这个位于西奈半岛的太空站本身，已在她的控制之下了。然而，伊南娜还不满意，她想要实现自己统治埃及的愿望——这是一个在杜姆兹逝世时被摔碎的梦想。她指导并怂恿那拉姆－辛，用她"惊人的武器"装备他的军队，准备侵入埃及。

　　文献中提到，在发现她是马杜克的一个公开的对手之后，奈格尔为这次侵略提供了实际的或默默的帮助。然而阿努纳奇的其他领导人对这个事件并没有视而不见。这不仅仅是因为她破坏了恩利尔集团和恩基集团的势力划分，还因为她将太空站收归于自己麾下，而那本是第四区域内的中立圣所。

尼普尔举行了众神大会，诸神商议着如何对待伊南娜的行为。最终，恩利尔提出，追踪并拘捕伊南娜。在听到这个消息之后，伊南娜放弃了她在那拉姆－辛都城阿格达里的神庙，并逃到奈格尔那里躲了起来。她从遥远的地方派出使者向那拉姆－辛传令，发布神谕，鼓励他继续征服及屠杀。为了对抗这一切，其他神祇授权尼努尔塔，从邻近的山地带来忠诚的军队。一部名为《阿格达的诅咒》的文献详细地描述了这一系列事件，以及阿努纳奇许下的要毁掉阿格达的誓言。这个誓言最终成真了，这座城市——曾是萨尔贡王朝和亚甲王朝的骄傲——从世界上抹掉了，它存在的痕迹再也没有被找到过。

相对短暂的伊师塔时代就这么结束了；为了给美索不达米亚及其邻近之地带来秩序和安定，尼努尔塔（苏美尔的王权就是在他的手中开始的）再一次获得了这个国家的指挥权。在阿格达被毁灭之前，它的"领主的王冠，王者的冠冕，赐予统治者及其神庙的王座，被尼努尔塔带了回来"。当时，他的"崇拜中心"是在拉格什，在它的吉尔苏圣域里。从那个地方，乘坐他的圣黑风鸟，尼努尔塔在空中漫游于两河平原及其邻近的山地之上，重建农业和灌溉，恢复秩序和安宁。他对他的妻子巴乌（绰号为古拉，"伟大者"）有着坚定的爱情（见图154），他还是一名孝子，他颁布了道德上的法令和公正的律法。为了促进这些工程快速实施，他指派了人类总督；大约2160年的时候，古蒂亚成了一名总督。

在埃及，因为马杜克的流放，那拉姆－辛的入侵，这个国家陷入了混乱。埃及学家将这个混乱的时代称为埃及历史的"第一个中间期"，是从大约公元前2180年一直到大约公元前2040年。

这个时期，中心位丁孟菲斯和太阳城的旧王国遭到了南方底比斯贵族的进

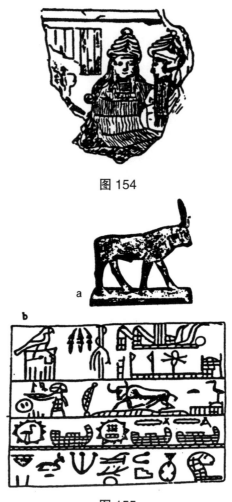

图 154

图 155

攻。其中牵涉到了政治、宗教以及历法。而潜藏在人类的冲突之下的，是公牛和公羊在天上的对抗。

从埃及王朝统治和宗教的一开始，对伟大的诸神所说的最具赞美的话，就是将他们比作天国的公牛。它在地球上的符号圣公牛（见图155a），在太阳城和孟菲斯都受到崇拜。一些最早的图形文字——因其年代过于久远，福林德斯·皮特里爵士在《皇室墓穴》中将它们说成是"零王朝"时代的——它显示的是圣公牛的符号在一艘天船上，它的前面是一位手持仪式用品的祭司（见图155b。福林德斯·皮特里爵士报告的另一幅描绘中，出现了斯芬克斯，说明它早在第四王朝开普隆法老修建它之前，就存在很多个世纪了）。就像后来克里特的弥诺陶洛斯迷宫一样，孟菲斯也修建了一座独特的圣公牛迷宫。在塞加拉，用真牛角装饰的泥制牛头像，被放置在第二王朝的法老陵墓中；而且，众所周知的第三王朝的祖瑟尔法老，在他位于塞加拉的金字塔的宽阔院子里，举行了崇拜天国公牛的独特仪式。所有这些都发生在旧王国时代，这个时期最终结束于大约公元前2180年。

当拉－阿蒙的底比斯的祭司们开始取代孟菲斯－太阳城的宗教和历法的时候，天位描绘上仍然显示出太阳是在天牛上升起的（见图156a），但画面中的天牛是被捆住、被控制住的。后来，当新王国定都底比斯重组埃及，拉被推至霸主地位的时候，天牛的描绘变为了被穿刺，如一个漏气的气球一样（见图156b）。公羊开始占据着天空，出现在大型建筑的艺术中，而拉被给予了"四风之公羊"这个称号，并通过这个称号来表明他是地球四角和四个区

图 156

图 157

域的主人（见图 157）。

在第一个中间期的时候，当大公羊和它的追随者在天上和地下赶走公牛及其拥护者的时候，透特在什么地方？没有任何迹象表明他试图要在一个分崩离析的埃及重掌政权。那个时候，他并没有放弃他在新大陆的领地，他在那里干着他最精通的事情——建立圆形观测台，并在各地教导当地居民"数字的秘密"和历法的知识。将史前巨石阵一期加以扩建，史前巨石阵二期和三期都是在那段时间里进行的。如果能把传说也看作是对历史事实的传颂的话，那么有关非洲人前来修建史前巨石阵这个圆形巨石圈的故事，就能被解释为，是透特，别名奎兹尔科亚特尔（羽蛇神），为了这项扩建工作，带来了他的一些奥尔梅克追随者，他们后来自然也就成了中美洲蛮石建筑的专家了。

这些事迹的缩影，是尼努尔塔邀请他前往拉格什，帮助设计、定向和修建新的埃尼奴。

这仅仅只是一件他喜爱的工作，还是有着更为复杂的原因呢？

比特丽斯·高夫在《美索不达米亚的史前符号》记录下了埃尼奴的建筑工程："时间是在当天上和地下的命运被制定的那一刻。"这座被修建的神庙要在一个特定的时间才能开工，同样也必须在一个特定的时间才能进行开幕仪式，她说，这都是"当命运被制定之时，就预先制定好的计划的一部分；古蒂亚被授权也是一个巨大计划的一部分"。她指出，"这种设定不仅仅是艺术和仪式，同时还运用到神学，如同在宗教里一样这是必不可少的"。

在大约公元前 2200 年的时候，的确有一个"天国和地球的命运被制定"的时刻，因为它是一个新时代，大公羊时代替代旧时代——天牛时代的一刻。

※

虽然马杜克／拉还在某个地方被流放着，但出现了对人类信仰的争夺，因为"诸神"已经越来越依靠人类国王和人类武装来达到他们的目标了。许多资料表明，马杜克的儿子那布交叉往来于这众多土地——后来被称为圣经之地，为他的父亲寻找支持者。他的名字那布，与《圣经》中一位真实的牧师的名字有着一样的含义，且同出一源，那位牧师叫作纳比，后者得到了神圣言词和神圣符号，并依次将它们传授给人民。那布口中的神圣符号就是天国的剧变；新年和其他崇拜日已经不再出现在它们本该出现的时候了。那布的武器，是代表着马杜克利益的历法……

有人会问，是谁在观测或测定这些本就不清不楚的事物呢？事实上，哪怕是现在，没有谁可以肯定地说什么时候是一个时代的结束，什么时候又是另一个时代的开始。这是主观的，可以这么认为，因为使用数学方法，将25920年一个周期的岁差大循环划分为12个星宫，每一个宫位或时代就会持续2160年。这是六十进制系统的数学基础，神圣时间与天时间之间的比例10∶6。但是没有谁，没有任何一名天文祭司，活着见证一个时代的开始和它的结束，因为没有哪个人可以活上2160年。那么，这若不是诸神说的，那就是对天的观测。但由于黄道宫大小不一，而且不排除太阳会在里面多停留一会儿，或少停留一会儿。这个问题在白羊宫时特别严重，因为它的天弧小于30度，而靠近它的金牛座和双鱼座却扩大超出了它们该有的30度。所以，如果诸神不同意，他们中的一些（例如，马杜克，他的父亲恩基赋予了大量的科学知识；还有那布）可以说：2160年已经过去，时间已经到了。但其他神（如尼努尔塔、透特）就会说：那你看看天上吧，你发现了什么改变吗？

历史记录，比如详细的古代文献和现代考古学的证明都指出，这个策略成功了——至少成功了一小会儿。马杜克继续流亡，而在美索不达米亚，局势已经缓和了下来，来自山地的军队也可以撤回了。在被当作军事总部持续"91年零40天（古代文献中的记载）"之后，拉格什又能成为尼努尔塔的民用中心了。大约在公元前2160年的时候，在古蒂亚统治的时代，开始了对新埃尼奴的修建。

尼努尔塔的时代持续了大约一个半世纪。在那之后，因对局势颇为满意，尼努尔塔离开去很遥远的地方执行一次任务。恩利尔指派了他的另一个儿子兰纳／辛取代尼努尔塔的位置，来看管苏美尔和亚甲，而兰纳／辛的"崇拜中心"乌尔成了这个新生帝国的首都。

这是一个超越了政治和等级意义的协定，因为兰纳／辛是"月神"，他被提升至这个最高位置，表明拉／马杜克的纯太阳历已经被取缔了，而尼普尔的日月历法才是唯一真实的——不论是宗教上还是政治上。为了确保能够坚持贯彻日月历法，一位精通天文学和天象预示的大祭司，从尼普尔的神庙派到乌尔进行合作。他的名字叫作德拉，和他一同赶来的还有他 10 岁的儿子，亚伯。

在我们的编年体系中，这一年是公元前 2113 年。

特拉和他的家庭的到来，与拥有 5 位连续统治者的乌尔第三王朝是一个时期。他们及亚伯拉罕在接下来的这个世纪中，见证了苏美尔文明的顶峰；它的缩影和标志是为兰纳／辛修建的大塔庙——一个奇迹般的巨型建筑，虽然在废墟中沉寂了近 4000 年，但它的广阔、稳定及复杂的结构，至今仍震撼着每一位过往的行人。

在兰纳及其妻子宁加尔的带领下，苏美尔的艺术和科学、文学及城市，工农业及贸易都进入了一个更高的阶段。苏美尔成了圣经之地的粮仓，它的羊毛和服装工业在世界处于鹤立鸡群的地位，它的商人被称为著名的乌商。然而，这仅仅是兰纳时代的一方面而已。另一方面，笼罩在这一盛世美景之上的，是被时间注定的命运的阴云——太阳的位置正一点点地移出古德安纳宫，移出天国公牛的范围，越来越靠近大公羊，库玛尔宫。这种毫不留情的变迁，从一个新年到下一个新年……

自从被给予了祭司职位和王权，人类就明白自己的位置和所扮演的角色。"诸神"是主人，用来崇拜和敬重。存在一种注定的等级制度，法定仪式和神圣之日。诸神是严格却善良的，他们的法令是苛刻却公正的。千年以来，诸神督管着人类的兴衰，时刻与人类划出清晰的界限，只和大祭司在独特的日子接触，与国王在幻想中或通过神谕来交流。但所有这些，就要毁于一旦了，因为诸神开始了争执，传出不同的神谕和一个变化中的历法，不断导致国与国之间的"圣"战，和以"神圣"为名义的屠杀。而处于迷惑状态的人类，不断说着"我的神"和"你的神"，甚至对神的可靠性产生了怀疑。

在这样的环境中，恩利尔和兰纳小心翼翼地为这个新王朝选择了第一位统治者。他们选择了乌尔南模（意思是"乌尔的愉悦"），他是一位半神，母亲是宁松女神。毫无疑问，这是一次精打细算后的行动，这意味着诸神想要唤起人们对往昔的荣耀和"美好过去"的回忆，因为宁松是著名的苏美尔王吉尔伽美什的母亲，她是当时的史实故事和艺术描绘中被传颂的人物。这位以利国王曾获得了既看见位于黎巴嫩雪松山里的登陆点，又看见位于西奈的太空站的特权；而且，在过了7个世纪之后，选择宁松的另一个儿子，意味着这些极为重要的地方，将再一次成为苏美尔的继承物，成为它的应许之地。

乌尔南模的任务是将跟随错误神祇的人民"带离邪恶之路"。他的努力可以从重修和重建这片大地上所有的主要神庙——很明显除了巴比伦的马杜克神庙——的行为中看出。下一步是征服改信马杜克的"邪恶城市"。在最后，恩利尔为乌尔南模提供了一个"神圣武器"，用它可以"在敌方领地将叛军都堆成一堆"。强制执行恩利尔集团的天时间是一个主要目的，这在一部文献中可以看出来，这是恩利尔指导乌尔南模使用这个武器时说的：

像一头公牛

踏碎外邦土地；

像一头雄狮

猎捕那些罪人；

摧毁邪恶的诸城，

清理这些崇高者的阻碍。

分点的公牛和至点的雄狮是被支持的对象；所有崇高者的敌手都必须被猎捕、被踏碎、被摧毁。

乌尔南模并没有将这场被要求的军事行动带向胜利，反而得到了一个耻辱的结果。因为激烈的战斗，他的战车陷在了泥里，他跌了下来，被压死在了自己的车轮下。这次悲剧因将他尸体运回苏美尔的船的沉没而更为恶化，所以这位伟大的国王根本就没有得到安葬。

当消息传到乌尔的时候，人民悲痛万分不愿相信。为什么"主兰纳没有出手抱住乌尔南模"，为什么伊南娜"没有用高贵的手护住他的头"，为什么乌图没有帮助他？为什么阿努"收回了他神圣的话语"？人们坚信，他们被诸大神出卖了；这是因为"恩利尔食言改变了既定命运"才发生的。

乌尔南模的悲惨逝世以及乌尔对恩利尔集团诸神的不信任，导致特拉和他的家人搬迁到了哈兰，这是一座位于美索不达米亚西北部的城市，是美索不达米亚与安纳托利亚居民——赫梯人之间的枢纽之地；显然，在眼下的骚动年月里，只有在这么一个有着和乌尔几乎相同的兰纳／辛神庙的地方，才最适合传承这一皇家祭司的血脉。

在乌尔，乌尔南模与一位女祭司（在兰纳的安排下他们结婚）的一个儿子舒尔吉，继承了王位。他曾经寻求着尼努尔塔的宠爱，在尼普尔为他修建了一座圣坛。这个行动有着实际意义；因为随着西部各省越发难以管辖——虽然舒尔吉进行了和平访问——他打算从埃兰得到一支"外援军团"，那里是尼努尔塔的领地，是苏美尔东南部的山地。运用他们来进行这次对付"罪恶诸城"的军事行动，他自己却在奢侈品和美女堆中寻求慰藉，成了伊南娜的一个"最爱"，还在以利的阿努的神庙中举行盛宴和狂欢。

虽然这次军事行动第一次将埃兰武装，带到了西奈半岛和它的太空站的入口，但是他们未能胜利地镇压由马杜克和那布激起的"叛军"。在他统治的第四十七年，也就是公元前 2049 年，舒尔吉执行了一个铤而走险的计划：他沿着苏美尔西部界限修筑了一堵防御墙的建筑。对恩利尔集团的诸神来说，这相当于是放弃了有着登陆地和太空航行地面指挥中心的重要地区。所以，因为"他并没有贯彻神圣规则"，恩利尔赐之死刑，这名"罪人的死"，是在次年。

从西部的撤退，以及舒尔吉的死触发了两件事情。我们从一部传记体文献中读到，马杜克解释了他的行为和动机，就是在那个时候，他打算通过抵达赫梯而重返美索不达米亚附近。于是，这表明亚伯也该动一动了。在舒尔吉 48 年的统治中，亚伯在哈兰从一名年轻的青年成长为了一位 75 岁的长者，拥有大量知识，并在当地主人赫梯人的帮助下进行了军事培训。

> 耶和华对亚伯说：
>
> "从那个国家出来
>
> 从你的出生地出来
>
> 从你父亲的房子里出来，
>
> 去到那我将为你显示的地方。"

接着，亚伯就按照耶和华的指示离开了。

《创世记》第十二章讲得很清楚，这个目的地就是迦南这个极为重要的地方；他必须尽可能快地前进，并和他的精锐骑兵在迦南西奈边界的内盖夫停留。我们在《众神与人类的战争》中详细地说明过，他的任务是保护通往太空站的门廊。他绕开迦南的"罪恶城市"抵达了那里；之后不久他去了埃及，从孟菲斯王朝的最后一位法老那里，得到了更多的军队和骆驼。回到内盖夫的时候，他已经准备好履行保卫太空站通路的使命了。

这次预料之中的冲突，在舒尔吉的继承者阿马尔辛（"被辛看着"）的统治到达第七年的时候到了高潮。哪怕是在现代，这也足够称得上是一场国际性的大战了。东方4位国王的联盟，从美索不达米亚派兵进攻迦南的5位国王的联盟。《创世记》第十四章记录了这场战争，带领这次进攻的是"阿拉菲尔，示拿国王"，而且很长一段时间，人们都相信他是巴比伦国王汉穆拉比。事实上，我们自己的研究显示，他是苏美尔的阿马尔辛，这场国际冲突的故事同样被记录在了美索不达米亚的文献里，如现存放于大英博物馆的斯帕托利藏品的碑刻。将这些互补的片段整合在一起，这些讲述这个故事的美索不达米亚碑刻收藏，被称为《赫多拉奥莫尔文献》。

在辛的旗帜下，在伊南娜／伊师塔授予的神谕下，这些盟国的军队——也许这也是有史以来最为强大的人类军队——进攻着一个又一个西部的土地。为辛夺回幼发拉底河和约旦河之间的所有土地，他们围绕在死海周围，把西奈半岛的太空站设为了他们下一个目标。然而，亚伯挡住了他们的去路；于是他们向北回撤，准备进攻迦南人的"邪恶诸城"。

与其坐以待毙，不如先发制人。迦南联盟主动进军，与侵略者在西丁河谷展开了战斗。《圣经》和美索不达米亚的文献记录对这场会战的结果都不太明确。"邪恶诸城"并没有被除去，虽然有两名国王逃跑了（后来死了），他们是索多玛和蛾摩拉的国王。这导致那里遭到搜刮，战利品和囚犯被带走了。在来自索多玛的囚犯中，有亚伯的侄子罗得；当亚伯收到这个消息时，他的骑兵队追击了这群侵略者，在靠近大马士革（现在叙利亚的首都）的地方追上了他们。罗得、其他囚犯和战利品都被送回了迦南。

当迦南国王出来迎接他们和亚伯的时候，他们打算将战利品赠送给他作为答谢。但他拒绝了，"哪怕一根鞋带"都不能拿。他解释说，他既不是美索不达米亚联盟的敌人，也不打算接受迦南国王的支持。只有对"耶和华，至高无上的神，天国与大地的拥有者，我才会举起我的手"，他陈述道。这场不成功

的军事行动让阿马尔辛很是失落和迷惑。按照后来的时间表，在公元前 2040
年，他离开乌尔和，对兰纳／辛的崇拜，使之成了埃利都的一名祭司，那里是
恩基的"崇拜中心"。他在公元前 2039 年去世了，据推测是被毒蝎刺死。公
元前 2040 这一年，在埃及更值得纪念；孟图赫特普二世，底比斯诸王的首领，
击败了北方法老，将拉－阿蒙的统治扩散到了整个埃及，上至西奈边界。这
场胜利带来了被学者们称为中王国的 11 和 12 王朝，这一直持续到了公元前
1790 年。在这个新的王国里，当白羊宫时代的所有力量和意义开始在埃及起
作用的时候，这场公元前 2040 年的底比斯人的胜利，标志着在非洲大地上天
牛时代的结束。

※

如果从历史学角度来看，大公羊时代的到来是不可避免的，同样不可避
免的还有，它将在这个特殊的时代成为主要的事件和对抗。在迦南，亚伯撒退
到了一个靠近希伯伦的山地要塞。在苏美尔，阿马尔辛的一个兄弟，新的国王
舒－辛，加强了西部的防御墙，和与特拉一起驻扎在哈兰的尼普尔人建立了
联盟，并建造了两艘巨大的船舰——可能是用作防御的，也可以用作随时撤离
之需……在一个与公元前 2031 年 2 月的一个夜晚相同的一个晚上，苏美尔发
生了一次月全食；它被看作是一个不祥之兆，象征着月神本身就快要"消失"。
然而，第一个牺牲品，是舒辛；因为在之后的一年，他不再是国王了。

随着这个有关月亮消失的天相预言散布到整个古代近东，各省的总督和执
政官的效忠宣告，从西到东停止了。

在乌尔的下一个（也是最后一个）国王，伊比辛统治的一年中，由那布组
织马杜克支持的一次从西方来的侵略，与美索不达米亚大门的埃兰雇佣军发生
了激战。在公元前 2026 年，德利赫姆的（在泥板上）对风俗的编排突然停止了，

它曾是乌尔第三时期苏美尔的一个主要贸易枢纽，这指出，外来的贸易已经停滞了。苏美尔自身成了一个被包围的国家，它的版图不断缩减，它的人民挤在防御墙的后面。这个曾是古代世界粮仓的地方，承受着大麦、油、羊毛等各种必需品的短缺问题。

在苏美尔和美索不达米亚的历史长河中，预言处于一个很高的地位。从人类行为的记录中可以看出，这是源于对未知的恐惧，对到达更高的权力或智慧的引导的追寻。但在那个时候，对于观测天上的预言有着一个明确的原因，那就是大公羊的时代已经渐渐地到来。

从那个时代留传下来的文献证实，将要发生在地球上的事件的过程，与天相是紧密相连的；对抗中的双方都不断地观测着天相。由于各位大阿努纳奇都在黄道十二宫和太阳系的 12 名成员中有着天体对应物，这些天体的位置和运行，与地球上谁是主角之间的联系是最重要的。月亮是乌尔大神兰纳／辛的对应物；太阳是兰纳儿子乌图／沙马氏的对应物；金星是辛的女儿伊南娜／伊师塔的对应物；土星和火星分别是尼努尔塔和奈格尔的对应物。这些天体在乌尔和尼普尔是重点观测对象。除了这些对应，苏美尔帝国的各片土地，也被认为是属于特定的黄道宫的：苏美尔、亚甲和埃兰的符号和守护星座是金牛座，西部是在白羊座之下。由此，行星联系和黄道宫位的联系，有时会和月亮（明亮，暗淡、牙状等）、太阳和能够预示吉凶的行星一同出现。

一部被学者们定名为《文本 B》的文献，其原本是写于尼普尔的苏美尔记载，详细解释了这些天相是如何被翻译为有关这场即将到来的劫数的预言的。虽然已经破损了，但仍然保留着对这场宿命般的事件到来的预言：

> 如果火星很红、很明亮……
> 恩利尔将对伟大的阿努说。
> 苏美尔之地将遭掠夺，

亚甲之地将被……

……在全国……

一个女儿将向她的母亲关闭房门，

……朋友之间自相残杀……

一个男人将出卖另一个男人，

一个女人将出卖另一个女人……

……一位国王之子将……

……一场严重的饥荒将发生……

有一些预言直接与行星到白羊宫的位置相关：

如果木星将进入白羊宫

当金星进入月亮，

观察将结束。

悲哀、困境、迷惑

坏事会在大地上发生。

人们会为钱出卖自己的孩子。

埃兰国王将被包围在他的宫殿里：

……埃兰及其人民的毁灭。

如果公羊和行星会合起来……

……当金星……和……

……可以被看见的诸行星……

……将会反抗国王，

……将篡夺王位，

整片大地……将在他的指挥下缩减。

在对立的阵营里，天上的信号同样被观测着。有一部文献，被学者们从五花八门的泥板中辛苦地整理出来，竟是一部惊人的《马杜克自传》，记录他流亡的岁月，痛苦地等待着正确的天相预兆，并最终夺得了他认为是他的统治权。就像是年老的马杜克写下的"回忆录"，他在里面向他的后世透露了他的"秘密"：

> 哦，伟大诸神，来看我的秘密
> 当我束紧腰带，我重拾了我的记忆。
> 我是圣马杜克，一位大神。
> 因我的罪过我遭到流放，
> 流放到我曾去过的山地。
> 我在诸多土地上都是一个流浪者；
> 我从日出之地走到日落之地。

在这样从地球一边走到另一边之后，他得到了一个预兆：

> 因一个预兆我去了哈提之地。
> 在哈提之地我于一个神谕之地询问
> 有关我王座和我统治权的事。
> 在它的中间我问："要到何时？"
> 我在它中间居住了24年。

大量那个时期的天文学文献，为马杜克所关心的这个预兆向我们提供了一条线索。在那些文献中，和被学者们称为"神话文献"的一样，都将马杜克联系到了木星。我们知道，马杜克在实现他的抱负，将自己立为巴比伦至高无上的神之后，诸如《创世史诗》等诸多文献都被改写，将马杜克对应到尼比鲁，这颗阿努纳奇的母星。然而在那之前，所有的迹象都表明，木星才是"太阳之子"马杜克的天体对应物；而且有提议（近两个世纪以前提出）认为——木星在巴比伦的作用就像天狼星在埃及的作用一样，是历法循环的"同步器"，在这里是相当中肯的。

在1822年，一位名叫约翰·兰西尔的古物研究员在大英皇家学会发表演讲，虽然考古学资料还不齐全（后来齐全了），但他仍然展示了对古代时间的惊人理解。比其他人早了很久，作为一个不被接受的观点的持有人，他断言"迦勒底人"比希腊人早知道岁差现象上千年。把这些古老的时代称作"当天文学还是宗教"的时代，他断言历法是联系到金牛宫位的，而且到白羊宫的转变是联系到"在复杂的天的大圈剧变下，一次白羊宫迹象下太阳和木星神秘的会合"。他相信，希腊神话和传说将宙斯／木星联系到大公羊和它的金羊毛，反映了到白羊宫的转变。他还计算出，在金牛宫和白羊宫交界处的木星和太阳的会合，是在公元前2142年。

木星与太阳会合也许充当了一个播报员的角色，一个白羊宫时代的使者；这个观点能够从巴比伦的天文学泥板上推测出来，其上的内容被罗伯特·布朗于1893年记录在了数页的《伦敦圣经考古学会会议记录》里。布朗主要针对两个天文学泥板（现存放于大英博物馆，收录编号为K.2310和K.2894），指出其上讲述的是，在一个与公元前2000年7月10日的夜晚相同的一个午夜，从巴比伦看到的恒星、星座和行星的位置。很明显，引用了那布有关他的《地球王子的行星的公告》——大概是木星——出现在一个"发生在白羊宫迹象下的视觉例子中"，这些文献被布朗翻译为一幅"星图"，其中显示木星与白羊宫最明亮的恒星（阿拉伯名字为哈玛尔）并且刚好离开春分点，就是黄道带与行星带相交会的那个地方（见图158）。

关于美索不达米亚文献上记录的从一个时代到另一个时代的变迁，许多

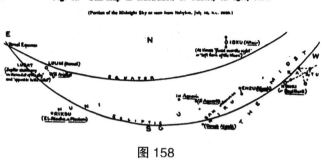

图158

亚述学家（当时他们的称谓）——如弗兰兹·卡萨维尔·库格勒，著有《神秘巴比伦》——指出，双子宫转移到金牛宫的时候被相对精确地探知了，而从金牛宫到白羊宫的变迁则不太确定。库格勒相信，以春分点为新年直到公元前2300年仍处于金牛座，并注意到，巴比伦人推算过这个时代，一个新的黄道时代将在公元前2151年起作用。

同样的时期标志着在埃及对天国描绘的重大变革，不太可能只是巧合。按照古埃及天文学课题上的一部著作，由O.纽格伯尔和理查德·A.帕克尔编写的《埃及天文稿》，按照其中的说法，在大约公元前2150年的时候，36个黄道十度分度被画到了棺盖上面——这与混乱的第一个中间期的时间相符，当时底比斯人开始向北推进，取代孟菲斯和太阳城，也是马杜克／拉读到他想要的预兆的时候。

随着时间的推移和白羊宫时代的真正到来，棺盖上清晰地描绘出了新的天时代，如同在靠近底比斯的一座坟墓上的图案所显示的（见图159）。四首公羊占据着天国和地球的四个角落；天国公牛被一支矛或者叉刺穿；而黄道十二宫，按照在苏美尔设计的顺序和符号排列着，白羊宫被精确地置于正东，换言之，被置了于太阳在分日升起时的位置。

如果马杜克／拉得到的预兆是木星和太阳将在白羊"宫位"里面会合，而且又正如约翰·兰西尔所料，它发生在公元前2142年的话，那么这就和黄道

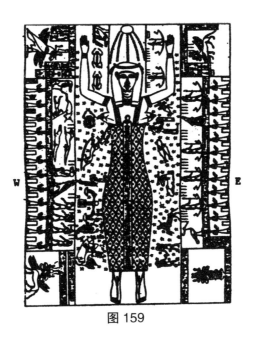

图 159

切换的理论时间2160年差不多了。然而，这表明到白羊宫的切换，比春分点在公元前2000年进入白羊宫（如那两个泥板上宣称的）早了一个半世纪。这种差异可以解释——至少可以解释一部分——阿努纳奇在天相观察孰真孰假这个问题上面出现的分歧。

※

如《马杜克自传》所承认的，哪怕是告诉他流亡结束并去到哈提之地（小亚细亚的赫梯人的领地）的预兆，都是在他的下一步行动之前24年发生的。但是这和其他的那些天相预兆，在恩利尔集团也同样被观测到了；虽然这头大公羊还没有彻底占据伊比辛时代的处于春分日的新年，但神示所的祭司们同样将这些天相视为灾难的前兆。在伊比辛统治的第四年（公元前2026年），神示所的祭司们告诉他，按照天相的预言，"那位称自己是至高无上的，如同胸部涂抹圣油的那位，将第二次从西方到来"。有了这样的预兆，苏美尔城市在第五年停止了向乌尔的兰纳神庙用动物献祭。同一年，祭司们预言说，"当第六年到来，乌尔的居民将被诱捕"。接下来，在第六年，有关毁灭的预言变得越发紧迫了，而美索不达米亚本身，这块苏美尔和亚甲的心脏地带，遭到了入侵。题词记录道，在第六年，"敌对的西方人进入了平原，进入了国家内陆，将所有的大要塞一个个拿下"。

当在赫梯人的领地上停留到第二十四年的时候，马杜克接收到了另一个预言："我流亡的日子结束了，我流亡的年月结束了"，他在回忆录中写道。"出于对我的城市巴比伦的渴望，我定下了路线，通往我的被重建为山的神庙埃萨吉拉，重建我永恒的住所"。这块部分破损的泥板，接着描述了马杜克从安纳托利亚（小亚细亚）返回巴比伦的路线；各城市名字指出，他首先南下到了哈玛（《圣经》中的哈玛特），然后在马里穿过幼发拉底河，他的确是从西方回来的，如同预言中所说的那样。

那一年是公元前 2024 年。

在他的自传回忆录里，马杜克描述了他是多么期待重返巴比伦成为成功者，为它的人民开启一个富足安康的新时代。他设想要建立一个新的皇家王朝，并认为新国王的第一个工作将是按照一个新的"天地蓝图"——按照白羊宫——重建埃萨吉拉，那是巴比伦的塔庙：

我朝着巴比伦抬起了脚跟，

我跋山涉水到了我的城市；

一位巴比伦的国王将创造荣耀，

在它的中间是我高耸朝天的如山神庙。

他将翻新如山般的埃萨吉拉，

天国和大地的蓝图

他将为这山般的埃萨吉拉画下，

他将更改它的高度，

他将抬升它的平台，

他将改善它的顶部。

在我的城市巴比伦

他将定居于这富足之地；

他抓住我的手，

向我的城市和我的神庙埃萨吉拉

因我将步入永恒。

毫无疑问，他记住了尼努尔塔在拉格什重建并装饰了的新神庙，马杜克也开始展望起自己的新神庙，埃萨吉拉（意思是"高耸头颅之屋"）将用明亮珍贵的金属来装饰："它将覆盖着浇铸的金属，它的阶梯将覆盖着绘图的金属，它的边墙将填满明亮的金属"。当所有这些要完工的时候，马杜克沉思着，天文祭司将走上塔庙的阶梯并观测天空，证实他理应得到的至高无上：

知预兆者，开始工作，

将要登上它的中部；

左和右，在相对的两边，

他们将分开站立。

接着国王将走近前来；

埃萨吉拉的天命之星

将被他观测，光耀大地。

当伊萨杰尔真正开始修建的时候，所按照的是一个非常详细和精确的图纸；它的朝向、高度，各个阶梯都是如此，它的顶部直指伊库星（见图 33）——白羊宫的最主要的恒星。

然而，马杜克的美丽愿望并没有立即实现。在同一年，他在由那布组织的西部支持者队伍的最前面，开始向巴比伦前进，一场最为恐怖的灾难降临在了古代近东——这是一场无论是人类还是地球本身都不曾经历过的灾祸。

他期待的是，一旦当这个预兆变得清晰的时候，诸神和人类都将承认他的至高无上，都不会抵抗他。"我号召诸神，所有的，来注意我"，马杜克在回忆录中写道。"我号召我队伍里的人民，'将你的贡品带到巴比伦'"。然而，他遇见的却是一次"焦土政策"：管理牲畜和谷物的诸神离开了，"他们去了天国"，管理啤酒的神祇"让心脏地带出现疾病"。之后的前进变得暴力和血腥。"兄弟自相残杀，朋友刀剑相向，人的尸体堵住大门"。整个大地一片凄凉，野兽捕猎人类，野狗将人咬死。

当马杜克的追随者继续前行的时候，其他诸神的神庙和圣坛被毁坏亵渎了。尼普尔的恩利尔神庙是被亵渎得最厉害的。当恩利尔得知，就连神庙圣域都未能幸免，"圣域的遮幕都被撕毁"的时候，他火速回到美索不达米亚。"当他从天上下来的时候，他发动一道闪电般的光芒；在他前面的是披挂光辉的诸神"。看到眼前的景象，"恩利尔对巴比伦的痛恨导致了这个计划"。他命令抓住那布将他带到众神议会，这个任务被交给了尼努尔塔和奈格尔。但他们发现，那布已经从他在博尔西巴的神庙中逃掉了，躲藏于他在迦南和地中海岛屿的追随者之中。

众神议会里，阿努纳奇的领导者商讨着应对策略，"昼夜不息"。恩基将这归结于他的儿子，说："现在马杜克王子崛起，人民第二次举起他的旗帜"，他为什么又要反抗呢？恩基训斥是奈格尔加害过他的兄弟；但奈格尔"昼夜不息地站在他（恩基）的面前"，反驳说天相预兆被误读了。"让沙马氏（太阳神）解读这些信号并告诉人民"，他说；"让兰纳（月神）观测他的信号并传授给这片大地"。针对一个现在尚无明确鉴别的星宫里的恒星，奈格尔说，"在天国诸星之中有狐星向他闪烁光辉"。他还看了其他预兆——"持剑的夺目诸星"——划过天际的彗星。他想要知道这些新预兆是什么意思。

当恩基和奈格尔之间的交流越发尖锐之时，奈格尔"怒气冲冲地走掉了"，并宣称有必要"启动放射光热之物"，用这种方法"毁灭掉邪恶的人"。

只有一种方法可以阻止马杜克和那布，那就是动用"惊天七武器"，它们被隐藏在非洲，具体位置只有奈格尔知道。这种武器能够在大地上卷起"巨型烟尘"，导致"山崩地裂"，在海洋"卷起狂澜，灭绝众生"，还"杀人如麻，逝者的灵魂化为乌有"。对这类武器的描述，只能得出一种结论，那就是核武器。

伊南娜指出，就快没有时间了。"直到时间到了，一切就来不及了！"她告诉正在争吵中的诸神；"所有人都听着"，她说，建议他们私下再继续他们的讨论，免得攻击计划泄露给了马杜克（大概是怕恩基这么做）。"闭嘴吧"，她告诉恩利尔和其他神，"要说私下再说！"在伊美什拉姆神庙的密室里，尼努尔塔说："时间正在流逝，快要来不及了"，他说，"开启通道让我领路！"

死亡已经注定了。

在各种现存的讲述这场宿命般毁灭的资料中，最重要且最完整的一个是《埃拉史诗》。它极为详细地描述了这场讨论，其中提到了诸神的争执，以及诸神对马杜克控制了太空站及其辅助设施的恐惧。还有一些泥板上，如《楔形文献牛津版》也记录了一些细节内容。它们都描述了这场不详的毁灭性的事件，我们还能在《创世记》第十八章和十九章中看到：索多玛和蛾摩拉及诸邪城的"大毁灭"，"这些城市所有居民，及所有在那里生长的"都被毁灭了。

将这些邪城从地球上抹去仅仅只是整件事的一个插曲而已。毁灭的主要目标是位于西奈半岛的太空站。"它上升朝向阿努发射"，美索不达米亚文献记录道，尼努尔塔和奈格尔"让它枯萎；他们褪去了它的表面，他们让它的地方变得荒芜"。那一年是公元前2024年；证据是——西奈中部的巨大坑洞和断裂线，周围那片覆盖着变黑的石头的广阔平原，死海南方的放射物残留，死海的新形状和尺寸——4000年之后都还在那里。

这件事留下的后遗症是深刻而持久的。核爆及随之而来的光芒和地震影响，在遥远的美索不达米亚既没有被看见也没有被感觉到。然而，这次本是试图挽救苏美尔的行动，事实上却给了苏美尔和苏美尔文明一个悲剧性的结束。

苏美尔及其壮丽的城市文明的悲剧结尾，在大量的悲剧文献中都有着记录，许多长诗哀叹着乌尔、尼普尔、乌鲁克、埃利都和其他著名或不太著名的城市的悲剧。其中具有代表性的一部是描述乌尔毁灭的长诗，被称作《乌尔悲歌》，它一共有440行诗文，在这里我们引用一小段：

> 城市化为废墟，
>
> 人民受尽苦难……
>
> 是它的人民，而非碎陶器，
>
> 填满大峡谷……
>
> 在它的高耸大门中，不是嬉戏的人
>
> 而是沉寂的尸体……
>
> 人们一堆一堆地
>
> 躺在曾是庆典举办的地方……
>
> 孩子躺倒在母亲的大腿上
>
> 像鱼离不开水……
>
> 这片大地的顾问已然不在。
>
> 这片大地上储物颇多的储存仓，
>
> 却大火熊熊……
>
> 无人照料牛棚里的牛，

牧人已走……

无人看管羊圈里的羊，

羊倌没有回来……

沙尘堵住城里的河。

它们成为狐穴……

城里的田地里没有庄稼，

农夫早已走掉……

棕榈树丛和葡萄园，本应满是蜜酒，

现在却一片荆棘……

珍贵的金属和石头、天青石，

被到处乱扔……

乌尔的神庙

在风中飘摇……

歌唱变为了哭泣……

乌尔在眼泪中沉没。

　　很长一段时间，学者们都认为这些悲剧诗歌，描述的是苏美尔城市因为遭到来自西方、东方和北方的外族侵略，从而连续而独立地被毁灭。但是，我们在《众神与人类的战争》中指出，事实并不是这样；这些诗文所讲述的是一个全国性的大灾难，是一场非同寻常的浩劫，一次突如其来的、没有任何防御任何准备的毁灭。这个观点，如今正在被越来越多的学者们接受；同时还需要接受的是，我们提到过，这场灾难的表现有"邪恶诸城"及西方太空站的"大崩塌"。随之而来的一次大气真空，发展成一个无法预期的结果：它制造出一个巨大的旋风和风暴，将这些含有放射性物质的云带向东方——朝向苏美尔。

　　不仅是这些悲剧诗集，还有各种其他文献，都明确地提到了，这场灾难是一场无法停止的风暴，一阵邪风，并很清晰地将它指认为是在靠近地中海沿岸的一次核爆的结果：

> 那一天，
> 当天空被撕破
> 大地被重击，
> 大旋涡横扫它的表面——
> 当天空变黑
> 阴影笼罩——
> 在那一天，那里出现了
> 一场来自天国的巨大风暴……
> 一场毁灭大地的风暴……
> 一阵邪风，如狂奔的洪流……
> 一股炽热加入了发狂的暴风……
> 它夺走了照耀白昼的太阳，
> 夜晚星辰也不再闪耀……
> 恐惧的人民就要窒息；
> 邪风掐住了他们，
> 不让他们看见第二天……
> 嘴浸在血里，头在血水中沉浮……
> 邪风让脸变得苍白。

这场死亡风暴继续前进，"在风暴离开这座城市之后，这座城市变得荒芜"：

> 它让城市变得荒芜。

> 它让房屋变得荒芜，
>
> 它让畜栏变得荒芜，
>
> 羊圈空无一物……
>
> 它让苏美尔的河水变得苦涩；
>
> 它的耕田长起杂草，
>
> 牧草地上长出怪草。

这是一种连诸神都畏惧的死亡风暴。这些诗集中讲述道，所有城市的神祇都不得不遗弃他们的住所、神庙和圣坛——绝大多数再也没有回去。其中一些神急忙逃离了这场接近中的风暴，"像一只鸟那样飞走"。伊南娜急急忙忙地航行到了一个安全港。后来还抱怨说，她不得不留下她的珠宝和其他物品。然而，这个故事并不是在每个地方都一样的。在乌尔，兰纳和宁加尔拒绝放弃他们的追随者，并恳求恩利尔做任何能够阻止这场灾难的事，但是恩利尔却说，乌尔的毁灭已无从改变。这对神的情侣在乌尔度过了噩梦般的一个夜晚："他们没有逃离那个夜晚的风暴"，"如白蚁"躲在地下。但到了早晨，宁加尔发现兰纳／辛备受折磨，"急忙穿上衣服"，与痛苦的伴侣离开了心爱的乌尔。在拉格什，没有尼努尔塔陪伴的巴乌独自待在吉尔苏中，这位女神无法说服自己离开。"她为她的神圣神庙，为她的城市哭泣"。这种耽搁险些要了她的命："那一天，风暴赶上了她，这位女主人。"

（的确，一些学者相信，后续的经文所描述的，的确是在说巴乌失去了她的生命："巴乌，似乎是一位凡人，让风暴抓住了她。"）

邪风吹向了恩基的城市埃利都。我们发现，恩基躲到了这个风暴路线之外，但并不是太远，在云层离开之后还能返回城里。他看见的是一座"窒息的死寂，一片废墟"的城市。但在各处还有幸存者，恩基带领他们向南去往沙漠。那里是一个"不友好之地"，无法居住；但有着恩基的科学才能，他——就像500

年后耶和华在西奈沙漠上的所为一样——奇迹般地"为那些离开埃利都的人"造出了水和食物。

如命中注定，巴比伦，位于这股邪风的波及宽度的北面边缘处。它是所有美索不达米亚城市中受影响最小的城市。在接到父亲的警告和建议之后，马杜克驱使城市里的人民离开并慌忙地向北进发；就像《圣经》中罗得和他的家人接到天使的建议离开索多玛那样，马杜克也告诉那些逃难者"不要转身也不要回头"。如果无法逃离，他们被告知要"进入地下室，进入地下的黑暗房间"。一旦邪风经过，他们将不触碰这座城市里的任何食物和饮料，因为它们已经被"鬼魂触碰过了"。

※

当空气最终变得清新的时候，整个美索不达米亚南部都瓦解了。"风暴撕裂了大地，毁掉万物……没有人再走在街上……在底格里斯河和幼发拉底河的河岸，只有怪草生长……果园和花园没有什么生长，很快一片荒芜……草原上的牛变得稀缺……羊圈被风卷走。"

生命的复苏仅仅过了7年。效忠尼努尔塔的埃兰人和古提人回来了，一个看上去很有组织的社会重返苏美尔。在70年之后——与耶路撒冷神殿重建的间隔时间一致，位于尼普尔的神庙才被重建。但"确定命运的诸神"，阿努和恩利尔，却看不出有任何复苏到过去那样的意愿。如同恩利尔告诉兰纳／辛的：

> 乌尔被授予了王权——
>
> 却没有被授予永恒的统治。

最终获胜的是马杜克。在几十年内，他曾经的梦想——重建城市，升起高大的塔庙埃萨吉拉实现了。在一个不太顺利的开始之后，巴比伦第一王朝得到了想要的权力和保障。汉穆拉比曾记录说：

> 崇高的阿努，众神之主
>
> 从天国来到大地，
>
> 恩利尔，天地之主
>
> 确立大地的命运。
>
> 为马杜克，恩基的长子确定吧，
>
> 让他成为诸神中的伟大者。
>
> 让巴比伦之名变得崇高，
>
> 让它成为世界之最；
>
> 并为马杜克建立，
>
> 一个永不停息的王权。

在埃及，没有受到核云的影响，白羊宫时代在底比斯获得胜利，中王国王朝登基之后就开始了白羊宫时代。当与尼罗河的上涨同一时间的新年庆典，被调节至一个新时代的时候，献给拉－阿蒙的赞美诗开始了：

> 噢，明亮者
>
> 他昂起他的头颅举起他的前额：
>
> 他即公羊，天生之物中最伟大的。

在新王国的带领下，神庙的通道两侧都安放着公羊雕像；而且，在卡纳克的拉－阿蒙的大神殿中，在一个于冬至点才开放，让太阳光束顺着通道射进圣域的秘密观测塔里，有着为天文祭司写下的如下指导性题词：

一人走向叫作天之地平线的大堂。

一人爬上阿哈（"威严灵魂的孤独之地"），

这个观察公羊在天域航行的高房间。

在美索不达米亚，白羊宫时代慢慢开始占支配地位，这从历法和星辰列表的改变上就可以看出来。这些列表，曾经是开始于金牛座，现在则开始于白羊座；而且尼散月，这个春分和新年月，被写入了白羊宫而不是金牛宫。我们之前讨论过的那个巴比伦星盘就是一个例子（见图 102）。其上很清楚地记录着伊库星是指定第一个月尼散月的天体。伊库星就是"阿尔法"，或者是白羊宫里的代表恒星；它至今都被称作它的阿拉伯名字哈玛尔，意思是"公羊"。

新时代到来了，在天上，也在地上。

它控制着之后的两千年，天文学作为"占星术"被传到了希腊。在公元前第四世纪的时候，亚历山大开始相信自己有权利获得永生——如 2500 年前的吉尔伽美什——因为他的生父竟是埃及神祇阿蒙，他前往这位神祇于埃及西部沙漠的神示所去证实。在得到证实之后，他敲响了刻有他装饰着公羊角形象的银币（见图 160）。

几个世纪之后，公羊让位给了双鱼。但无论如何，这足以构成一段历史。

图 160

结语

诸神远去或一神教的崛起

为了建立在地球上的霸权，马杜克首先开始在天上建立霸权。一个重要举措就是修订所有重要的新年庆典。这种举措的目的，不光是要告诉当地居民基本的宇宙起源论、进化论和阿努纳奇的故事，同时还要建立并恢复人与神之间最基本的宗教信条。

《创世史诗》则是一个有用且威力无穷的传输工具；在马杜克最早的一些举动中，他编订出了有史以来最强大的伪经：在巴比伦版本的《创世史诗》中，用"马杜克"这个名字替换掉原版中的"尼比鲁"。由此将马杜克吹捧成一个来自外层空间的天神，大战提亚马特，用它的碎片创造出"打造出的手镯（小行星带）"和地球，重新布置太阳系，并成为一位轨道"像一个环"那样包围其他所有天神（行星）的地位最高的大神。所有随后的天站、轨道、天体周期和天文现象都是马杜克的杰作：是他用自己的轨道确定出神圣时间，通过黄道十二宫制定出天时间，再通过地球公转自转确定出地球时间。是他，夺取了原是提亚马特主卫星金古的独立轨道，并将之变为地球的卫星月球，在各月份显示出阴晴圆缺。

在对天国的重新排列中，马杜克并没有忘记加入一些个人的元素。过去的尼比鲁，作为阿努纳奇的母星，是阿努的住所并与阿努对应。在将尼比鲁变为自己之后，马杜克将阿努降级到了一个低级的行星——天王星。马杜克的父亲恩基，还是月亮；现在马杜克给予了自己成为"第一"行星的荣誉——最外层的，我们叫作海王星的行星。为了隐藏伪造的痕迹，让所有人都相信这本来就是如此，《创世史诗》的巴比伦版本（即《伊奴玛·伊立什》）使用了这些行星名字的苏美尔术语，将这颗行星称为努迪穆德，意思是"技艺高超的创造者"——这完全是恩基的埃及称呼：公羊神克努姆的含义。

马杜克的儿子那布还需要一个天体对应物。于是，原本是对应恩利尔小儿子伊希库尔／阿达德的水星被对应到了那布身上。萨尔班尼特，将马杜克从大金字塔里释放出来的女神，也是他的妻子，也需要一个天体作为对应。顺便向伊南娜／伊师塔报仇，马杜克夺去了原属于她的行星，也就是我们所称的金星，并将这颗行星转交给了萨尔班尼特（当这些发生以后，从阿达德到那布的转换部分，保留在了巴比伦天文学里，但用萨尔班尼特来替代伊师塔几乎没有保留下来）。

因为恩利尔太过强大无法被推翻，预期挑战他的天位（第七个天体地球之神），马杜克盗用了原本是恩利尔的 50 衔位，成为仅次于阿努的 60 的高阶（恩基的衔位是 40）。这记录在了《伊奴玛·伊立什》的第七个也是最后一个泥板上，其中提到了马杜克的 50 个名字。由他自己的名字"马杜克"开始，结束于他的新的天体名称，"尼比鲁"。每个名字旁边都附有这个称号的赞美含义。当在新年庆典上诵读完这 50 个名字之后，没有任何功绩、创造、仁慈和至高无上是被遗漏了的……史诗的最后两行记录道："伟大的诸神宣称他有这 50 个名字；他们用 50 的称号让他成为至高无上的。"由文职祭司添加的一段后记，让这 50 个名字在巴比伦需要被牢记且诵读：

将它们牢记心中，

让长者解释它们；

让智者聚在一起

讨论它们；

让为父的诵读它们

并将它们传授给儿子。

马杜克对天国霸权的夺取，伴随着宗教在地球上的改变。其他神，阿努纳奇的领导者——哪怕是他的直接对手——既没有被处罚也没有被除掉。相反，他们被宣布地位均在马杜克以下，马杜克通过各种手段宣称，他们手中的权力和属性已经转化给了他自己。如果尼努尔塔是农业之神，通过整理山地，挖灌溉沟渠为人类带来了农业——那么这种能力现在属于马杜克了。如果阿达德是雨和风暴之神，那么马杜克现在就成了"雨的阿达德"。这个清单，现在只部分存在于一个巴比伦泥板上，开始为：

尼努尔塔＝锄头的马杜克

奈格尔＝进攻的马杜克

扎巴巴＝近身格斗的马杜克

恩利尔＝统治权和顾问的马杜克

纳比母＝数字和计算的马杜克

辛＝夜之照明者的马杜克

沙马氏＝审判的马杜克

阿达德＝雨的马杜克

一些学者推测，将所有大权集于一身，马杜克采用了单一大神的观点——这朝《圣经》的一神论靠近了一步。但是，这种对全能大神的信仰在马杜克的宗教体系中是很容易混淆的，因为他只是比其他诸神地位更高而已，这只是一种一位神统治其他神的多神论。用《伊奴玛·伊立什》的话来说，马杜克成了"诸神的恩利尔"，他们的"主"。

马杜克／拉他不再住在埃及了，他成了阿蒙。尽管如此，为他而写的埃及颂歌仍然提到了一个新的理论，那就是称他为"众神之神"，"比其他众神强得多"。其中有一套这样的颂歌，创作于底比斯，写于《雷登草莎纸》的上面，它们的章节开头都是一段描述，讲述在"地中海中部岛屿"，认识到他的名字是"崇高强大且威力无穷"之后，"山地国家"的人民，"在惊奇中下山来到你的面前；每一个抗命的国家都充满了对你的恐惧"。在列出将信仰转变到阿蒙－拉的诸国之后，第六章继续讲述这位神祇抵达了诸神之地——到这里，每位读者都能猜到，这里所指的是美索不达米亚——并开始在那里建造阿蒙的新神庙——正如你的猜想，它是埃萨吉拉。这里读起来就像是古蒂亚的陈述，从远近各地运来稀有的建材："山地为你生产出石块，用作你的神庙的大门；船舰还在海上，在码头上，正引领和运载到你的面前。"每一片土地，每一个人，都送来了讨好马杜克的贡品。

然而不只是人类向阿蒙表示崇敬；其他诸神也是一样。这里有一些来自接下来的章节中的经文，它表明阿蒙－拉是众神之王：

> 从天国来的诸神集合在你的面前，说道：
> "光荣大帝，主之主……他是统领！"

> 这位全球之神的敌人被打倒了；
> 在天地中已不再有他的敌人。

> 你胜利了，阿蒙－拉！
>
> 你是比众神都强的大神
>
> 你是唯一的。
>
> 全球之神：
>
> 你的底比斯比所有城市都要强大。

　　他很明智地选择了控制并超越其他大阿努纳奇，而非除掉他们。最后，埃萨吉拉圣域被修建得极为壮观，马杜克邀请其他神祇来到巴比伦，住在分别为他们修建的、在这个圣域里面的独特圣殿中。巴比伦版本的史诗在第六块泥板上陈述道，当马杜克自己的神庙住所完工之后，当为其他阿努纳奇而建的圣殿也完工之后，马杜克邀请了所有神前来赴宴。"这就是巴比伦，是你们的家！"他说道，"在它的圣域里尽享欢乐吧。"应他的邀请，诸神前往巴比伦。这让人想到巴比伦这个名字的含义："众神的门廊"。

　　按照这个巴比伦版本，马杜克坐在一个高台上，诸神则坐在这个高台的前面。其中有"命运七神"。在盛宴和所有仪式之后，在核实"行为准则已按照所有的预兆规范"之后：

> 恩利尔举起了弓，他的武器，
>
> 将它放在诸神面前。

在认识到这是恩利尔集团的领导人发表的"和平共处"宣言之后，恩基说：

> 愿我们的儿子，复仇者，变得崇高；
>
> 让它的统治卓越超群，
>
> 无人能比。

　　愿他带领人类走到时间的尽头；

　　人人铭记于心，欢呼他的道路。

　　在所有的崇拜节日，人们在马杜克及诸神的荣光下，于巴比伦履行这职责，恩基对其他阿努纳奇说：

　　至于我们，如他的各名字所宣称，

　　他是我们的神！

　　现在，我们来宣读他的 50 个名号！

　　宣读他的 50 个名号——给予马杜克本属于恩利尔和尼努尔塔的 50 衔位——马杜克成了众神之神。不是一神论中的单一神祇，而是一位受其他各神朝拜的神。

　　如果这个巴比伦的新宗教开始了通往一神论的道路，学者们（尤其是在 19 世纪 20 世纪之交）激烈地讨论着，在巴比伦是否出现了三位一体的神（如《圣经》中的圣父圣子和圣灵合而为一）。可以被发现的是，巴比伦的这个新宗教强调了恩基 – 马杜克 – 那布这个血统，而且儿子的神性是从一位神圣父亲那里得来的。我们可以看到，恩基称他为"我们的儿子"，他的名字，马杜克 MAR.DUK，意思是"纯洁之地之子（语出 P. 延森）""宇宙山之子（语出 B. 梅斯勒）"，"光明日之子（语出 F.J. 德里斯奇）"，"光之子"（语出 A. 戴莫尔），或简单的"真正的儿子"（语出 W. 保路斯）。所有这些位居高位的亚述学家都是德国人，这是由于德意志东方协会——这是一个同时还要从事政治和情报收集的德国考古学协会——曾在巴比伦领导了一系列不间断的挖掘行动，从 1899 年一直到第一次世界大战快要结束，伊拉克败给不列颠的时候，也就是 1917 年。古巴比伦（虽然绝大多数遗迹都是来自公元前 7 世纪的）的出土，助长了当时正在不断增强的认为《圣经》创世神话是起源于美索不达米亚的观点，也让狂热的学者开始了对巴别和拜别之间的讨论，即巴比伦和《圣经》，接着就是神学上的讨论。马杜克是基督的原型吗？维托德保路斯的一个用这个疑问命名的研究，及很多其他研究都这么问道，当然这是在人们发现马杜克成为统治神之后的事了。

这个问题从来就没有得到解决，而且还因为一战之后的欧洲——特别是德国——承受着更大的问题而逐渐离开了人们的视线。能够确定的是，马杜克和巴比伦在大约公元前 2000 年的时候开创的新时代，将自身放入了一个新的宗教中，这是一个多神教，一位大神统领着所有其他神。

纵观美索不达米亚 4000 年的宗教史，托尔基德·雅克森（著有《黑暗的宝藏》）将之看作是在公元前第二个千年开端之时的主要改变，民族或国家之神出现，代替了之前 2000 年的世界性的神祇。对之前的多元的神圣权力(属性、能力等)，雅克森写道，"需要有辨别、评估和选择的能力"，这不仅仅是在神祇之间，还要在善与恶之间进行。在推算过所有其他神祇的权力之后，马杜克废除了这种选择。"马杜克的民族性"，雅克森写道(详见《朝向杜姆兹的形象》)，创造出一个条件，在这个条件下 "宗教和政治变得更加紧密相连"，而这种条件下的诸神，"通过预兆和符号，积极地带领着他们国家的政治"。

※

通过 "预兆和符号" 来带领政治和宗教，的确是新时代的一个重要举措。在认识到天相符号和预兆是确定这次黄道改变，并决定谁能成为地球上最高者的主要角色后，就不会因这种现象感到惊奇了。几千年来都说有 7 位确定命运者，阿努、恩利尔和其他阿努纳奇领导人，他们的决策影响着阿努纳奇；在人类出现很久之前，恩利尔就是指挥之主了。现在，由天上的符号和预兆来制定这些决策。

在《预言文卷》中，主要的神祇都是处于天相预兆的框架中的。在新时代，这些天相预兆——行星会合、日月食、月晕，等等——自己就已经足够了，不再需要任何神的解读或参与：让天独自决定命运。

巴比伦以及诸多邻国的来自公元前 2000 年和 1000 年的文献，记录了很多这样的预兆和解释。一门科学，如果有人愿意这么称呼它的话，随着时间的推移发展起来，祭司们用特殊的贝鲁（最好的翻译是"天机透露者"）来解释观察到的天文现象。它开始于乌尔的第三王朝，最初这些预言关注的是国家大事——国王和这个王朝的命运、大地的命运：

> 当一个光晕包围月球和木星的时候
>
> 阿哈鲁的侵略军
>
> 会站在里面。
>
> 当太阳到达天顶且黑暗的时候，
>
> 这片土地上的不义将落空。
>
> 当金星靠近天蝎的时候，邪风将
>
> 降临大地。
>
> 在息汪月，金星将出现
>
> 于天螃蟹，国王将无人匹敌。
>
> 当一个光晕包围太阳，开口
>
> 向南，将吹起南风。
>
> 如果南风吹在没有月亮的一天，
>
> 天上将降雨。
>
> 当木星出现在一年的开端，
>
> 那这一年将是谷物的丰年。

行星进入黄道宫位的"入口"被认为是非常重要的，如同对各行星影响（好的或坏的）的强化。各行星在黄道宫位中的位置用曼扎鲁（即"站点"的意思）这个词来表达，希伯来复数词马扎洛斯（见《列王纪》）就是从这个词演化而来的，而马扎（意思是"幸运，命运"）也由此而来。

由于不止有星宫和行星与众神相连，月份也与众神相对应——其中有一些，在巴比伦时代与马杜克是相敌对的——所以天文现象是非常重要的。很多预兆与天文现象有关，例如："如果月球在阿亚鲁月的第三次观测时发生月食"，其他行星也在指定的位置时，"埃兰国王将死于自己的剑下……他的儿子不会继承王位；埃兰的王座将呈空闲状态。"

在一个被划分为 12 节的很大的泥板（编号为 VAT-10564）上，有一段巴比伦的文献，其中的内容包括了在各个月份应该和不应该做的各项事务："只有在舍巴特和阿达尔月，一位国王才能修建神庙或重建圣地……在尼散月，一个人应该回到自己的家里。"这部文献，被 S. 郎顿（著有《巴比伦日历和闪族历法》）称为"伟大的巴比伦教会历法"，其中列出了与各项行为（比如娶新娘等）相关联的吉月和凶月，有些还具体到了吉日凶日，甚至半日。

当这些预兆、预言和行为建议越来越接近人的属性时，它们也越来越接近占星术了。一个特定的人，不一定要是国王，会从一种疾病中康复吗？一位怀孕的母亲会生出一个健康的小孩吗？如果有时或有些预兆是不好的，一个人要怎样才能躲避厄运呢？后来就有了专门应对这些事情的咒语和符咒；例如，一部文献提供了避免男人胡须变得稀松的方法，就是以指定的发音向"送来光芒的星星"祈祷。这些内容都是紧接在讲述护身符的文段后面的。再后来，护身符（大多数都是作为项链挂在脖子上的）的材料也分了种类。如果是用赤铁矿制作的，一段文献上说，那么"男人将失去他所得到的"，相反，用天青石制作的附身符，可以让"他获得权力"。

在著名的亚述王亚述巴尼波的图书馆中，考古学家们发现了超过 2000 个泥板，其上的文献都有关于预兆。其中大部分都是与天文现象有关，但有些不是。其中一些与梦兆有关，其他的则解释了"油与水"的符号（将油倒入水上时所呈现的图案），甚至还有在献祭之后动物内脏所呈现的状态所给出的预兆。曾经的天文学变为了占星术，而占星术则用于预言、占卜和巫术。R. 加布勒·汤普森将一个预言文献集命名为《尼尼微及巴比伦的魔法占星师记录》，他也许是对的。

为什么这个新时代带来了这些东西？比特丽斯·高夫在《史前美索不达米亚的符号》一书中认为，这是因为构成之前千年中社会的神—祭司—国王体系的瓦解而导致的。"没有贵族，没有祭司，没有知识阶层"，来阻止"把一切生活琐事都紧紧地绑在'魔法'上"这一现实。天文学变为占星术，这是因为，随着旧神离开了他们的"崇拜中心"，人们就只有自己摸索着，在困难时期寻找天上的符号和预兆了。

的确，哪怕天文学本身也不再是它原本的样子。虽然在公元前 5 世纪左右，希腊人拥有的"占星术"天文学极负盛名，但它却是一个残缺的天文学，是来自苏美尔的。而苏美尔原本的天文学是现代天文学很多方法、概念的源头。"在对这一时期的普遍观念和从对资料的详细研究中慢慢显示出的结果之间，存在着一个巨大的鸿沟"。O. 纽格伯尔在《远古科学》中写道："它是存在的，数学理论在巴比伦天文学中占有重要角色，重要性堪比观测本身。"这种"数学理论"，在巴比伦的天文学泥板上可以发现，是一排一排的数字行，它们印——我们故意使用这个动词——在泥板上，好像是用电脑打印出来的一样！图 161 就是这些泥板中的一个；图 162 是转化为现代数表后的一个泥板的内容。

很像玛雅人的天文抄本，一页又一页地记录着有关金星的情况，但却没有什么迹象是基于玛雅观测台的，而是沿用的一些之前的资料。巴比伦对太阳、月亮和可见的行星极其详细和精确的位置预测表也是如此。然而，在巴比伦，

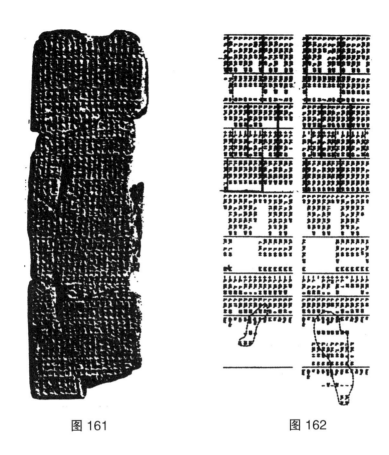

图 161   图 162

这些天位列表（被称作"伊非美利德"）在附带的泥板上附有步骤文本，其中讲到了计算星历表的每一步；它们包括了，例如，通过从记录着日月速度，和其他所需要素的数表中取出所需资料，放入"数据库"，来计算未来 50 年的月食。但是，O. 纽格伯尔在研究后指出："很不幸，在这些步骤文本所提到的方法中，并不包含能够被我们称作是'理论'的东西。"

然而"这样一种理论"，他指出，"肯定是存在的，因为如果没有一个非常详细复杂的蓝图，就无法设计出一个高端复杂的计算方法"。这些整洁的笔记和仔细安排的数字列表，很明显，纽格伯尔说，这些巴比伦泥板是对之前就已经存在的，有着同样安排、同样整洁的资料的一丝不苟的复制。其上的数字序列是基于苏美尔的六十进制系统的，而所使用的术语则纯粹是苏美尔语——例如黄道十二宫、月份名字，以及超过 50 个天文学术语。毫无疑问，巴比伦资料的来源是苏美尔资料；巴比伦人所知道的对这些数表的所有使用方法，都是从翻译为巴比伦语的苏美尔"步骤文本"中得来的。

直到公元前 8 世纪或公元前 7 世纪的时候，被称作新巴比伦阶段的天文学才重新开始了切实的观测。这些被记录在学者们——例如 A.J. 萨克斯和 H. 亨格尔，著有《来自巴比伦的天文学日记和有关文献》——称为"天文学家的日记"的文献里。他们相信希腊、波斯和印度的天文学及占星术，是从这些记录中分支出去的。

※

天文学的衰落是整个科学、艺术、法律和社会构架衰退的征兆。

人们很难发现有什么是巴比伦"首创"的，或是巴比伦在文化和文明上有任何超越，或仅仅是等同于苏美尔的地方。六十进制系统和数学理论被继承了，却没有得到任何改进。医药学倒退到了只比巫术稍好一点的地步。无怪乎很多研究这一阶段的学者都认为，苏美尔天牛的旧时代让位给巴比伦大公羊的新时代，是一个"黑暗时代"。

巴比伦人，如同亚述人和其他后来的人那样，继承了——直到差不多希腊时代——苏美尔时代（如我在《重返创世记》一书中所说的，是基于先进的几何和数学理论）设计出的楔形文字。但与改进相反，古巴比伦泥板上的字迹更为潦草凌乱。许多苏美尔时代存在的学校、老师、作业等教育措施，在之后的数个世纪里荡然无存。同时消失的还有苏美尔人的文学创作传统，包括"英明"文献、诗歌、格言谚语、寓言故事，特别是所有提供了太阳系、天地、阿努纳奇、造人有关资料的"神话"故事。这里需要指出，这样的文学体裁，是在千年之后的希伯来圣经中才再次出现的。一个半世纪以来，对巴比伦原创文献和统治者题词的挖掘发现，其中鼓吹的是各种各样的胜利和征服，抓了多少犯人，砍了多少头——而苏美尔国王（例如古蒂亚）在他们的文献中鼓吹的，却是修建神庙、挖掘运河，以及制造出了美丽的工艺品。

用野蛮和粗暴代替了之前的仁慈和高贵。巴比伦国王汉穆拉比，巴比伦第一王朝的第六任统治者，名声显赫，是因为他的著名法典《汉穆拉比法典》。然而，这只是一个罪行和惩罚的列表——1000年以前的苏美尔国王颁布的法典中包含了社会的公正，他们的法典要保护寡妇、孤儿、弱者，并宣布"你无权拿走一位寡妇的驴"，或"你不能拖延一位临时工的薪水"。再一次，苏美尔人的法律观念，纠正人类行为而非专门惩治他们的错误，也是在6个世纪之后的圣经十诫中才再次出现。苏美尔统治者珍爱着恩西这个称号，它的意思是"正直的牧人"。由伊南娜选择来统治亚甲，被我们称为萨尔贡一世的统治者，事实上拥有着舍鲁-金这个称号，意思是"正直之王"。巴比伦国王（以及后来的亚述王）称他们自己为"四区域之王"，并自吹要成为"万王之王"，而不是一名人民的"牧人"（朱迪亚最伟大的国王大卫王是一名牧师，是很有象征意义的）。

新时代出现了爱的匮乏。这在一长串的恶化中听上去似乎是最无足轻重的一项；但是我们相信，这是思维方式的体现，从马杜克自己开始，上梁不正下梁歪。

苏美尔的诗歌包括了大量的有关爱情和做爱的诗歌。其中有着讲述关于伊南娜／伊师塔和她的新郎杜姆兹的关系的诗歌。其他的则是国王献给神圣情侣的赞歌。还有描写普通的情侣、老公和妻子、父母之爱和怜悯之爱的（再一次，这些内容只在几个世纪后的希伯来圣经中才再次出现，这可以在《雅歌》中看出）。在我们看来，在巴比伦时代，这些诗歌的缺失并不是巧合，而是女性和女性地位降低所带来的后果之一。

在生活各方面体现出的苏美尔和亚甲妇女引人注目的角色，以及在巴比伦崛起之后的急剧下降，是在前不久才被重新审视并划入特殊研究及一些国际商讨会的，例如"奥斯丁得克萨斯大学近东学特约演讲"，以及后来于1986年召开的第三十三届亚述国际漫谈会，它的主题是"古代近东的妇女"。收集到的证据显示，在苏美尔和亚甲，妇女不仅仅是一名从事纺织、编织、挤奶、照顾家庭的主妇，同时还是"技能娴熟"的医生、助产士、护士、管理员、教师、美容师和发型师。近来从已发现的泥板碎片中搜集到的文本证据，描绘了妇女们从有史记载开始就从事着各类工作，例如歌手、乐师、舞者和宴会主持。

妇女在商业和金融领域同样有着卓越的表现，有记录显示，妇女管理家族的土地并看管它们的耕作，并监管着随之而来的对农产品的贸易。这在王室的"统治家族"里尤其明显。王室的妻子管理着神庙和巨大的庄园，王室的女儿们不仅是女祭司（分三个等级）甚至还是大祭司。我们已经提到过恩杜安娜，她是萨尔贡一世的女儿，曾为苏美尔的大塔庙创作了一系列引人注目的赞美诗。她在乌尔的兰纳神庙中履行大祭司的职责（李奥纳德·乌利爵士，在乌尔发现了一个圆形牌匾，其上描绘恩杜安娜在进行酒祭）。我们还知道，古蒂亚的母亲加图姆渡，是拉格什的吉尔苏的大祭司。在整个苏美尔历史中，还有其他女性在神庙和圣域中担任大祭司的职位。但在巴比伦却没有类似的记录。

王室女子的地位也没有什么区别。在希腊的资料中，人们可以找到一个统治巴比伦的皇后（不同于仅作为国王配偶的皇后）的记载——赛弥拉米斯传奇。按照希罗多德的说法，她"掌管着巴比伦的王座"。学者们的确发现她是一名历史上的人物，沙姆－拉马特。她的确统治过巴比伦，但这完全是因为她的丈夫，亚述王沙师－阿达德，在公元前811年的时候征服了这座城市。她在她的丈夫死后摄政5年，直到他们的儿子阿达德－尼拉里三世能够承担王座之职为止。"这位女士"，I.H.W.F.撒格斯在《伟大巴比伦》中写道，"很明显是非常重要的"，因为"对一名女性来说这太反常了，她竟然和这位国王一起被写进了献词中"。

皇后的摄政在苏美尔也是常有的事情。然而苏美尔同时还是拥有第一届真

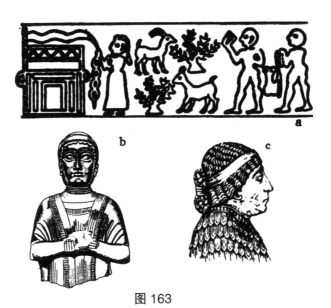

图 163

正女皇的地方，她的名字叫作库巴巴；她有一个称号叫作卢伽尔（意思是"伟大的人"），意味着"国王"。她在苏美尔国王列表中被记载为"巩固基什的基础的人"，并领导着基什的第三王朝。在整个苏美尔时代也许还存在着其他的女皇，但学者们还不确定她们的地位究竟有多高（例如，她们是真正的女皇还是摄政的皇后）。

值得注意的是，哪怕是在最为古老的苏美尔描绘中，男人都是裸体的，女人则穿着衣服（见图 163a 是一个例子）；对于性交的描绘是例外，他们都是裸体的。随着时间的推移，女人的服饰变得更为复杂和精致，如同她们的头饰一样（见图 163b、c），这反映出了她们的地位、受教育程度以及高雅的行为举止。研究古代近东文明这些方面的学者们注意到，在苏美尔的 2000 年中，女人通过图画和造型艺术——成百的描绘单个女性肖像的雕像和雕塑——来描绘她们自己，而在巴比伦帝国的后苏美尔时期，此类艺术作品可以说完全消失了。

W.G. 兰伯特将他在亚述学漫谈会上的文章命名为《众神体系中的女神：

社会中女性地位的体现》，我们相信事实也许刚好相反：女性的社会地位反映出女神在神系中的地位。在苏美尔众神系里，女性阿努纳奇从一开始就与男性阿努纳奇一起担任着领导角色。如果恩利尔是"指挥之主"，他的妻子宁利尔则是"指挥的女主人"；如果恩基是"大地之主"，那他的妻子宁基则是"大地女士"。当恩基通过基因工程创造出原始人工人的时候，宁呼尔萨格充当了助手的角色。在古蒂亚的题词中，也列出了很多在新神庙建设过程中发挥了重要作用的女神。同样要指出的是，马杜克的第一批行动中就将尼撒巴的写作之神这个角色转移给了男性那布。事实上，所有苏美尔神系中的女神都有自己独特的知识和能力，但在巴比伦神系中都被降低甚至抹去了。当提到女神的时候，她们只被作为是男性神祇的伴侣。这同样就表现在了神祇之下的人类身上：当提到女人的时候都被认作只是男人的妻子或女儿，而在大多数时候，她们都是在包办婚姻中被"给予"的。

我们推测，这种情况反映了马杜克自己的偏见，宁呼尔萨格，"神人之母"，同时还是他在争夺地球霸权中最大的敌人尼努尔塔的母亲。伊南娜／伊师塔是导致他差点被困死在大金字塔中的女神。主管艺术和科学的很多女神协助修建了拉格什的埃尼奴，这是对马杜克宣称他的时代来临的蔑视。他还有什么理由保持这些女神的高位以及对她们的尊敬？她们在宗教和崇拜中的降级，导致了在后苏美尔社会中女性地位的普遍下降。

在继承权规则上的一个明显改变，也是很有意思的一点。恩基和恩利尔之间冲突的源头在于，恩基是阿努的长子，恩利尔却是法定继承人，因为他的母亲是阿努的一个同父异母的姐妹。而在地球上，恩基不断地试图让宁呼尔萨格为他生一个儿子，但她却只为他生下了女儿。尼努尔塔是地球上的法定继承人，因为他是宁呼尔萨格和恩利尔的儿子。在这样的继承权规定下，亚伯拉罕和他的同父异母姐妹萨拉的儿子艾萨克成了继承人，而非长子以实玛俐（以赛玛俐）。以利国王吉尔伽美什，有三分之二是神圣的（并非只有一半），因为他的母亲是一位女神；而其他苏美尔国王试图宣称，是女神为他们提供的母乳来提高他们的地位。而当马杜克取得霸权的时候，所有的这些母系血统全部失去了意义（在第二神殿之时，父系血统在犹太人中再次成为主导）。

※

在公元前 20 世纪的新时代，承受了国际战乱、核武器攻击、高度统一的政治文化系统的瓦解，用一个拥有众神之神的宗教替代诸神宗教的古代世界到底经历了什么？身处 20 世纪末的我们，也许能发现这是可以想象的，因为我们也目睹了两次世界大战，核武进攻，一个巨大的政治和意识形态的体系的瓦解，以及激进的民族主义的崛起。

成千上万的战争导致的流亡人口是一方面，另一方面还导致了世界人口的重新分布，这是 20 世纪的代表性症状，与公元前 20 世纪有着异曲同工之处。

美索不达米亚地区第一次出现了蒙拉图图这个词，它字面上的意思是"来自毁灭的流亡者"。用我们 20 世纪人的经历来说，它可以被更好地解释为"迁移走的人"——用数位学者的话来说，他们是"被分离者"，他们不仅失去了他们的家园、财产和生活圈，同时还失去了他们的祖国，从此成为"无国籍流亡者"，在其他国家寻求宗教庇护和人身安全的避难所。

随着苏美尔的消亡，它的人民的残余部分——用汉斯·鲍曼的话说，详见其《乌尔之地》一书——"四处逃散。苏美尔医生和天文学家、建筑师和雕刻家、图章工人和文员，成了其他大地上的老师。"

在那么多的苏美尔的"第一次"中，它们甚至还包括了这个文明的苦涩结局：第一次大逃散……

可以肯定，他们的迁移将他们带到了早期移民去的地方，例如美索不达米亚与安纳托利亚接壤的哈兰，这个特拉和他的家族曾到达的地方，这里当时就以"乌尔之外的乌尔"而闻名。他们毫无疑问地在那里停留了数个世纪，并且人丁兴旺，因为亚伯拉罕在曾经的亲戚中，为他的儿子艾萨克寻找新娘，艾萨克的儿子雅各也是一样。他们的分布毫无疑问地，还跟随着著名的乌尔商人的脚步，他们的商队到达了海上和陆地上的诸多远近之地。的确，人们可以通过观看一个接一个兴起的异地文明，就能得知苏美尔的流亡者去过哪些地方——那些文明使用楔形文字，语言中包含苏美尔"外来词"（特别是科学术语），神系是苏美尔神系，哪怕神的名字是当地名字，他们的"神话"也是苏美尔"神话"，而英雄故事所讲述的也是苏美尔英雄（例如吉尔伽美什）。

这些苏美尔流民走了多远呢？

我们知道，在苏美尔文明瓦解后的二至三个世纪中，他们的确去了那些新文明兴起之地。当阿姆鲁（"西方人"），这些马杜克和那布的追随者，涌进美索不达米亚，并提供组成马杜克巴比伦第一王朝的统治者的时候，其他民族和部落开始了永久改变近东、亚洲和欧洲的大型人口迁移。他们导致了北方的亚述，西北方的赫梯王国，西方的胡里特米坦尼，分布在高加索山脉的印欧语系诸国，以及南方的"沙漠民族"和东南方的"海陆民族"的紧急情况。如我们从后来的亚述、赫梯、埃兰、巴比伦的记录，和他们与其他地区的协议中所得知的那样，苏美尔的伟大众神放弃了马杜克让他们来巴比伦，并定居在巴比伦圣域里的"邀请"；相反，他们大多数成了新民族或重组民族的当地神祇。

苏美尔流民正是在这些土地上找到了安身之所，并慢慢地将他们所处之地转化为现代化且繁荣的国家。然而，肯定还有一些人去到了更为遥远的地方，可能是自己迁移去的，但更为可能的是，随着离开的神一同迁移的。

向东是广阔的亚洲。雅利安人（或印度－雅利安人）的移民潮曾受到过很多讨论。他们朝着里海西南部的某个位置，迁移到了曾是伊师塔的第三区域，印度河流域，并在那里繁衍复兴。关于诸神和英雄的吠陀语故事，是苏美尔"神话"的重述版本；时间及其测量和周期的概念也是源于苏美尔的。我们相信，在雅利安移民中一定混入了苏美尔流民，这是完全可以肯定的；我们说"完全可以肯定"，是因为那里是苏美尔人到达远东的必经之地。

研究者们普遍认为，在两个世纪以内，从公元前 2000 年开始，中国发生了一次"神秘突变"；在没有任何渐变的情况下，这片大地从原始的村落变为了"有着高墙的城市，它们的统治者拥有青铜武器和战车，还拥有写作的知识"。所有人都同意，这一切的原因是西方来的移民——苏美尔瓦解后的流亡者。

这个"神秘突变"后的新文明，在大约公元前 1800 年的时候出现在中国，这是大多数学者的观点。国土的巨大以及最早时代证据的稀少让学者很难下结论，然而普遍观点认为，书写是与王权一起在商朝的时候被引入的；它的目的是引人联想的：在动物骨头上记录预兆。这些预兆通常都联系着向神秘的祖先寻求指引。

文字是单音节的，字体为象形文字（与之有着亲缘关系的中国汉字是它们演化而成的某种"楔形文字"，见图 164），这都带有苏美尔文字的烙印。19 世纪对中文字体和苏美尔字体之间相似点的观察是 C.J. 博（著有《中文与苏美尔文》）的一项主要研究工作，是在牛津大学的赞助下完成。它提供了无可辩驳的证据，显示苏美尔象形文字（后来演化为楔形文字）和中国古文之间的相似点。

博同时还解决了另一个难题，那就是，两个毫不相干的文明，是否能够对

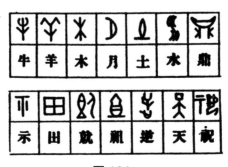

图 164

同一事物产生相同的印象，并用相同的手法将其描绘为相似的图形文字，例如将一个人描绘为人形，将一条鱼描绘为鱼形。他的发现所显示的是，这些图形文字不仅看上去相似，甚至就连发音都是一样的（大量的例子可以证明）；其中包括了很多重要词汇，例如 An 这个音代表"天"和"神"，En 这个音代表"主人"或"首领"，Ki 这个音代表"土地"或"大地"，Itu 代表"月份"，Mul 代表"明亮／闪耀（行星或恒星）"。甚至，当一个苏美尔符号有着不止一个意思的时候，相对应的中国象形文字也设有与苏美尔相同的各种意思。图 165 中复制了博的上百个实例插图中的一些。

前不久的语言学上的研究，由前苏联的学者带头，将苏美尔的纽带衍生到了整个中亚和远东，或中国西藏语言中。这样的纽带关系，只是众多能够联系到苏美尔的科学和"神学"领域中的一个方面。前者的联系极为紧密，例如

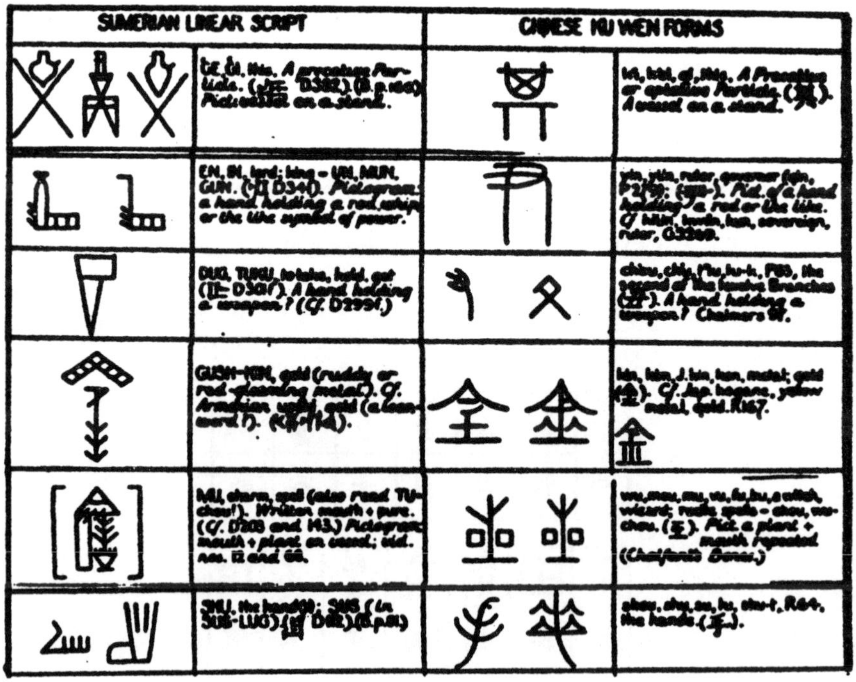

图 165

12 个月的历法，将一天分为 12 个时辰（双小时）来计算时间，对黄道的纯主观划分，以及天文观测的传统，这些都是起源于苏美尔的。

"神学"联系散布得则更为广阔。整个中亚的干草原，以及从印度到中国再到日本，宗教都提到了天地众神，提到了一个名叫须弥（Sumeru，而苏美尔是 Sumer）的地方，那里是地球之脐，有着天地之间的纽带，天地就像两个顶端相对的金字塔，如一个沙漏一样连接起来。日本神道教相信他们的皇帝是太阳之子下凡，这是有可能的，不过不能把这里的太阳认为是地球围绕的那颗恒星，而是乌图／沙马氏，就很符合逻辑；因为随着他曾管理的西奈太空站的毁灭，而黎巴嫩的登陆地又落入了马杜克手中，他只有带着他的追随者去到遥远的亚洲。

正如语言学和其他证据所指出的，苏美尔的蒙拉图图同样向西进入了欧洲，通过两条路：一条穿过高加索山脉围绕黑海，另一条途经小亚细亚。理论上，走第一条道路的苏美尔流民经过了现在的格鲁吉亚（曾经是苏联的加盟共和国），这是因为当地居民的奇怪语言很倾向于苏美尔语；然后顺着伏尔加河前行，建立了萨马拉（现在被称为古比雪夫）古城，而且按照某些研究者的说法，他们最终到达了波罗的海。这就能解释为什么芬兰语除了和苏美尔语相似之外，并不与另外的任何一种语言有较为显著的相似（有一些人认为这是源于爱沙尼亚语）。

其他路线中，考古学发现都支持了语言学资料，苏美尔流民沿着多瑙河前行，这由此还证明了匈牙利人的深刻且坚定的信仰——他们相信他们独特的语言只可能是源于苏美尔的。

那么苏美尔人是否的确走过这条路呢？这个答案可以在一个来自古代的困扰学者的遗物中找到。我们能在曾经是凯尔特 - 罗马的达西亚（现在是罗马尼亚的一部分）省中，多瑙河进入黑海的地方找到这些遗物。在一个被叫作萨尔米赛切都扎的遗址里，有一系列被学者们称为"历法神庙"的建筑，其中

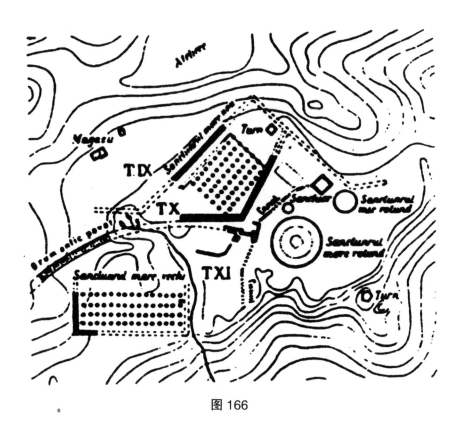

图 166

包括了能够被称为 "地中海的巨石阵" 的建筑。

　　修建在数个人造梯台上，各种各样的建筑被设计为构成整体的各个部分，用以组成为一台完美的石木时间计算机（见图 166）。圆形 "石瓣" 被打磨为短圆柱，组成数排，被整齐地安置于由精确设计的小石头边对边组合成的矩形中。两个较大的矩形分别包括了 60 个石瓣，一个（古大圣域）呈 4 排每排 50 个，另一个（新大圣域）呈 6 排每排 10 个（见图 167）。

　　这座古代 "历法城" 有 3 个圆形附属品。最小的一个是由 10 个部分组成的石碟，每个部分中镶入小石头以描绘部分圆周——每部分 6 个小石头，总共为 60 个。第二个圆形建筑，有时被称作 "小圆圣域"，包括了一个用石块组成的正圆，每一个石块都经过了完全一致的精确塑性，分为 11 组，其中 9 组

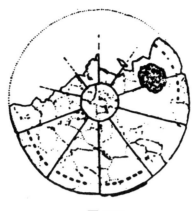

图 167

每组 8 个, 以及一组 7 个的和一组 6 个的; 更宽且形状不同的石块, 总共 13 个, 放置在这里以分割开其他组别的石块。这个原圈内肯定还曾有过其他杆子或柱子, 用于观测和测算, 但都不能确定。一些研究, 例如由哈德兰·戴科维奇所带领的萨尔米赛切都扎历法神庙考察, 显示出这个建筑是用作一个日月历法表的, 能够进行各种计算和预报, 包括通过每隔一个周期即加入一个 13 月, 用来在太阳年和月亮年之间进行合适的置闰。这与常出现的数字 60 (苏美尔六十进制的基数), 带领研究者们找到了紧紧连接到古代美索不达米亚的纽带。这些相似之处, H. 戴科维奇幽默地写道: "既不可能是巧合, 也不可能是巧合。" 对这一地区历史的考古学和人种学研究普遍指出, 在公元前 2000 年伊始, 一个青铜时代的 "有着优秀社会组织的游牧人" 文明 (官方旅行指南上称其为罗马尼亚), 抵达了这个区域, 直到那时, 这片区域才被 "一群简单的手耕农夫" 定居。这个时间和描述都很符合苏美尔流民的特点。

这个历法城最引人注目也是最奇怪的部分是第三个圆形 "庙"。它由两个包围着一个 "马蹄铁" 的同心圆组成 (见图 168), 这与位于不列颠的史前巨石阵有着极为突出的相似。外层的圆圈, 直径有 96 英尺。104 个装饰过的安山岩石块组成一个环, 环内紧挨着的, 是一个由经过精心打磨塑型成完美长方

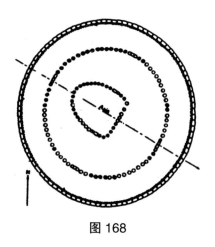

图 168

形的石块组成的内圈，它们顶端都有一个正方形的"挂钩"，好像要用来承受一个可移动的标志物。这些直立长方形石块被安排为 6 个一组；每一组由平放的精心塑形过的石头来隔开，一共有 30 个。一共加起来，外层环有 104 个安山岩，包围着有着 210（180+30）个石块的内圈。

第二个圆圈，介于外层和马蹄铁之间，由有着 68 个柱坑——与史前巨石阵的奥布里坑洞类似——被分为 4 组，用平放的石块隔开：东北部和东南部每边放 3 个，西北部和西南部每边放 4 个，为这个巨石阵提供了一条西北—东南主轴线，以及与之垂直的东北—西南轴线。这 4 个成组的标志物，人们能够欣然注意到，对应着史前巨石阵的 4 个站点石。

最后一个与史前巨石阵有着明显相似的，是最内层的"马蹄铁"；它由 21 个柱坑排列成的椭圆组成，用两个平放的石头分隔开来，它们所呈的形状毫无疑问地表明，这里的主要观测对象是冬至点的太阳。H. 戴科维奇，去掉了一些木柱以求得一个更为简洁的形象，描绘出了这个"神庙"的假想图（见图 169）。注意到这些柱子都覆盖着一层赤土"外套"，罗马尼亚国家学院的瑟尔般·博班库和其他研究者发现，这些柱子"有一个巨大的石灰岩石块作为它的基础，这种现象毫无疑问地显露出这个圣域数字上的构造，并证明它的修建

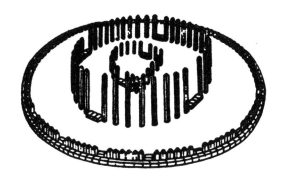

图 169

者希望它能够一直矗立数个世纪乃至上千年"。

最近的研究者指出,"古庙"原本由仅仅 52(4×13 而非 4×15 的布局)个石瓣组成,而且事实上,在萨尔米赛切都扎着两个相互连接的历法系统:一个是有着美索不达米亚根源的日月历法,另一个是被调整来适合 52 的"仪式历法",这与中美洲有些相似,并且比起日月历法,它有着更强的星体特征。他们指出,"星纪元"由 4 个 520(是中美洲神圣历法中的 260 的两倍)年组成,而这部历法的最终目的,是测量一个长达 2080(4×520)年的"纪元"——白羊宫时代的大致长度。

谁才是设计这一切的数学及天文学天才,他这么做又是为了什么?

这个诱人的答案,同样能够解决羽蛇神以及他所修建的圆形观测台的奥秘,这位神在中美洲传统中最后离开了,越过海洋回到东方(并许诺还会回来)。会不会不仅是恩利尔集团的诸神带领着流亡的苏美尔人,同时还有透特/宁吉什西达(别名羽蛇神),这位 52 游戏之神?

而且是否所有苏美尔、南美洲、中美洲和不列颠群岛,以及黑海沿岸上的"巨石阵",不仅是为了计算地球时间,同时还——根本目的——为了计算天时间,计算黄道时代呢?

当希腊人将透特奉为他们的神赫尔墨斯的时候，赠予他赫尔墨斯·特里斯美吉斯特的称号，意思是"三重伟大的赫尔墨斯"。可能他们是认识到了，在对一个新时代的开始的观测上，他曾指引人类向金牛宫时代、白羊宫时代和双鱼宫时代的三次转换。

对那些时代的人而言，那是时间的开始。

后记

　　这本书的主题——时间——不仅是对读者原有观念的挑战，也是对作者本人的挑战，因为它既是微观的，也是宏观的；既是有限的，但似乎又是无限的；既是我们地球，也是全宇宙。然而，能够读懂这本书的人可以发现，其中的话都"经过了时间的检验"，因为书中陈列的那些来自过去的真理是极为可信的。因此，它对未来的惊人结论，的确可以被视为先知先觉。

　　一步一步地陈列出那些来自远古的证据，并逐一分析，《地球编年史》丛书一直致力于弄明白"星际殖民"这个最为困难的问题——各行星的轨道时间并不相同；这种不同给了我们物理上、精神上、实践上与智力上的挑战。生命周期学（包括冬眠现象）在它的物理问题方面有着影响；由于阿努纳奇的星球和地球之间的绕日轨道时间比例为3600∶1，所以它们看上去就像拥有着不死之身，所以也才有了《吉尔伽美什史诗》中的星际旅行。

　　在实践方面，阿努纳奇用天时间作为调和尼比鲁神圣时间和人类地球时间的枢纽，比例为3600∶2160或者10∶6——数学、建筑学和艺术中的"黄金比例"。而更广为人知的是黄道时间，它支配着地球上诸神的事务以及地球人祈求神圣指引的事情。后者至今仍以星宫占卜的方式存在着，而有关前者的证据，则能在这个星球的每个角落为记录黄道时间而修建的圆形建筑中找到，其中最著名的便是英格兰的史前巨石阵。

　　的确，人们可以将史前巨石阵称为"诸神的天宫图"。它修建于当阿努纳奇还在争执当时处于哪个黄道年代的时候，这些巨大的石圈成了一次核战争的无声的见证者。它发生在公元前21世纪；那么，生活在21世纪的人们肯定还会猜测麦田圈现象——它们就出现在史前巨石阵附近——到底象征的是什么。

好了，《当时间开始》是在为时间的终结提供线索吗？当你们继续阅读《地球编年史》，你们将会找到这个答案。

附录：中英文对照表

A

奥古斯丁	Augustine
奥丁	Odin
阿布·雷韩·阿尔－比鲁尼	Abu Rayhan al-Biruni
埃文河	River Avon
阿布迪拉	Abdera
奥德修斯	Odysseus
昂	On
阿布希尔	Abusir
阿希雷姆	Ahiram
阿特卢斯宝库	Treasury of Atreus
安达哥达	An Dagda
阿特拉－哈希斯	Atra-Hasis
奥古斯特·温斯切	August Wiinsche
A.肖伯格	A. Sjoberg
阿基提	Akit
阿当·弗尔肯斯坦	Adam Falkenstein
《埃及考古日志》	*Journal of Egyptian Archaeology*
阿姆苏	Amsu

《埃及众神》	*The Gods of the Egyptians*
阿纳克西曼德	Anaximander
阿呼暂	Ahuzan
奥古斯特·马丽特	Auguste Mariette
艾尔	El
阿舍拉	Asherah
阿何利亚伯	Aholiab
A.法尔肯斯坦	A. Falkenstein
《埃及方尖塔》	*The Egyptian Obelisk*
阿福雷德·耶利米亚斯	Alfred Jeremias
埃森	EZEN
爱德华·米耶尔	Edward Meyer
《埃及编年史》	*Agyptische Chronologic*
《埃及远古史及宗教》	*Urgeschichte und dlteste Religion der Agypter*
阿瑟娜思	Assenath
阿道夫·厄尔曼	Adolf Erman
《埃及和居住在古代的埃及人》	*Aegypten und Aegyptisches Leben im Altertum*
阿雅尔	Ayar
《安第斯历法》	*The Andean Calendar*
阿矛塔	Amauta
《安第斯考古天文学》	*Andean archaeoastronomy*
艾夫莱姆·乔治·斯奎尔	Ephraim George Squier
A.斯图贝尔	A. Stubel

安东尼·维斯特	Anthony West
阿兹特－兰	Azt-lan
安尼·C.罗斯福	Anne C. Roosevelt
安纳托利亚	Anatolia
安卡拉	Ankara
爱奥尼亚	Ionia
安梯基齐拉	Antikythera
阿基米德	Archimedes
安得列斯	Antilles
阿塔瓦尔帕	Atahualpa
阿帕扎德	Arpachshad
《阿格达的诅咒》	*The Curse of Agade*
《埃及天文稿》	*Egyptian Astronomical Texts*
A.戴莫尔	A. Deimel
阿哈鲁	Aharru
阿亚鲁月	Ayaru
阿达尔月	Adar
A.J.萨克斯	A. J. Sachs
阿达德－尼拉里三世	Adad-Nirari Ⅲ
艾萨克	Issac
阿姆鲁	Amurru
阿布辛	AB.SIN

B

《圣经》	*The Bible*

巴比伦尼亚	Babylonia
《宾夕法尼亚大学的巴比伦远征考察》	*The Babylonian Expedition of the University of Pennsylvania*
《不列颠列王纪》	*Historia regum Britanniae*
伯罗奔尼撒半岛	Peloponnesus
比布鲁斯城	Byblos
本本石	Ben-Ben
伯示麦	Beth-Shemesh
布鲁格·恩古萨	Brug Oengusa
巴尔月	Bul
比特雷斯	Bit-Resh
比特·阿基图	Bit Atiku
巴拉加尔	BARAG.GAL
比特·马哈扎特	Bit Mahazzat
巴尔	Baal
比撒列	Bezalel
波提法拉	Potiphera
巴思－示巴	Bath-Sheba
比尔－示巴	Beer-Sheba
伯克利	Berkeley
《波图里尼古抄本》	*Codex Boturini*
波塞冬尼欧斯	Posidonios
巴塔哥尼亚	Patagonian
《巴哈利亚》	*Bahariyeh*
保罗·德尔·波佐·托斯卡内利	Paulo del Pozzo Toscanelli

《博得里抄本》   *Codex Bodley*

《波波乌》   *Popol Vuh*

巴克顿   baktun

比特丽斯·高夫   Beatrice Goff

B.梅斯勒   B. Meissner

巴别   Babel

拜别   Bibel

《巴比伦日历和闪族历法》   *Babylonian Menologies and Semitic Calendars*

波罗的海   Baltic Sea

C

《创世史诗》   *The Creation Epic*

查尔斯·H.哈普古德   Charles H. Hapgood

《朝向杜姆兹的形象》   *Toward the Image of Tammuz*

《重返创世记》   *Genesis Revisited*

C.J.博   C. J. Ball

D

《地球编年史》   *The Earth Chronicles*

德鲁伊人   Druid

迪奥多罗斯·西库鲁斯   Diodorus Siculus

大艾弗伯里石圈   great Avebury Circle

黛儿拜赫里   Deir-el-Bahari

底比斯   Thebes

杜尔安基	DUR.AN.KI
黛克兰娜	DAM.KLANNA
待得	Ded
丹德拉赫	Denderah
D.O.艾扎德	D. O. Edzard
大吉木	Dagim
迪尔加	Dirga
代赫舒尔	Dahshur
《大英百科全书》	*Encyclopaedia Britannica*
蒂亚瓦纳科	Tiahuanacu
D.S.迪尔伯恩	D. S. Dearborn
《蒂亚瓦纳科——美洲人的摇篮》	*Tiahuannacu : The Cradle of American Man*
德里克·德·索拉·普莱斯	Derek de Sola Price
德利赫姆	Drehem
《地球王子的行星的公告》	*proclamation of the planet of the Prince of Earth*
达西亚	Dacia
杜布	DUB

E

《恩基和世界秩序》	*Enki and the world order*
恩古萨	Oengus
恩铁美那	Entemena
E.伯格曼	E. Bergmann

E.艾柏林	E. Ebeling
E.A.沃利斯巴吉	E. A. Wallis Budge
《恩麦杜兰基和相关元素》	*Enmeduranki and Related Material*
《恩基给尼撒巴的祝福》	*The Blessing of Nisaba by Enki*
E.C.克拉普	E. C. Krupp
E.A.W.巴吉	E. A. W. Budge
恩西	EN.SI
恩杜安娜	Enheduanna

F

冯·德克德	von Dechend
梵天王	Brahma
福林德斯·皮特里	Flinders Petrie
弗莱德·霍伊尔	Fred Hoyle
弗里德里希·凡·比兴	Friedrich von Bissing
《法老的圣域》	*Das Re-Heiligtum des Konigs Ne-Woser-Re*
《腓尼基人的世界》	*The World of the Phoenicians*
F.特鲁－丹金	F. Thureau-Dangin
菲洛	Philo
费尔南多·蒙特希罗斯	Fernando Montesinos
费利佩·加曼·坡玛·德·阿维拉	Felipe Guaman Poma de Avila
福利亚·博纳蒂诺·德·萨哈冈	Friar Bernardino de Sahagun
弗利兹·巴克	Fritz Buck
《菲丽尔维尼古抄本》	*Codex Fejervary*

弗雷德里克·威勒四世瀑布	Frederik Willem IV Falls
佛罗伦萨	Florence
弗坦	Votan
福林德斯·皮特里爵士	Sir Flinders Petrie
弗兰兹·卡萨维尔·库格勒	Franz Xavier Kugler
F.J.德里斯奇	F. J. Delitzsch
伏尔加河	Volga River

G

《光明来自东方》	*Ex Oriente Lux*
冈特·马提尼	Gunter Martiny
G.马提尼	G. Martiny
古风时期	the Archaic Period
G.A.瓦恩莱特	G. A. Wainwright
刚努	GUNNU
《古近东之光下的〈旧约〉》	*The Old Testament in the Light of the Ancient Near East*
《古埃及历法》	*The Calendars of the Ancient Egyptians*
《古埃及天文学》	*Ancient Egyptian Astronomy*
《古埃及人的宗教》	*Religion of the Ancient Egyptians*
《古埃及的宗教和神话》	*Religion und Mythologie der alten Aegypter*
《古代秘鲁的印提瓦塔纳（观日台）》	*Die Intiwatana (Sonnenwarten) im Alten Peru*

《古代秘鲁高山上的蒂亚瓦纳科遗址》	*Die Ruinenstaette von Tiahuanaco im Hochland des Alten Peru*
格哈特·克雷默	Gerhard Kremer
《古代海王的地图》	*Maps of the Ancient Sea Kings*
格鲁吉亚	Georgia
古比雪夫	Kuibyshev
古安纳	GU.ANNA
古	GU

H

豪尔赫·路易斯·博尔赫斯	Jorge Luis Borges
黄金时代	the Golden Age
哈里发	Caliph
H.V.希尔普雷奇特	H. V. Hilprecht
赫卡泰俄斯	Hecataeus
H. 吉斯	H. Kees
哈特谢普苏特	Hatshepsut
赫克堂	Hekhal
亨利·弗兰克夫	Henri Frankfort
黄金支柱	golden supporter
赫姆	Khem
赫菲斯托斯	Hephaestus
赫尔曼·基斯	Hermann Kees
海亚	Haia
霍金斯	Hawkins

乎什	HUSH
红塔	Red Pyramid
亨里奇·布拉格思琪	Heinrich Brugsch
霍恩斯	Horns
《呼吸之书》	*Book of Breathings*
赫门努	Khemennu
赫尔墨普里斯	Hermopolis
海勒姆·冰汉	Hiram Bingham
荷属圭亚那	Dutch Guiana
哈图萨斯	Hattusas
亨德	Hind
何尔木	Holmul
哈姆族	Hamite
何塞·阿吉里斯	Jose Argiielles
浩尼布特	Hau-nebut
《皇室墓穴》	*Royal Tombs*
《赫多拉奥莫尔文献》	*Khedorla omer Texts*
哈提之地	Hatti-land
哈玛尔	Hamal
《黑暗的宝藏》	*The Treasures of Darkness*
H.亨格尔	H. Hunger
汉斯·鲍曼	Hans Baumann
哈德兰·戴科维奇	Hadrian Daicoviciu
赫尔墨斯·特里斯美吉斯特	Hermes Trismegistos

I

I.H.W.F. 撒格斯   I. H. W. F. Saggs

J

迦太基   Carthage

护持神   Vishnu

迦梨   Kali

贾布奈   Jabneh

加马列   Gamliel

杰弗里   Geoffrey

吉拉劳斯山   Mount Killaraus

《巨石阵,一座给予不列颠德鲁伊的神庙》

Stonehenge, A Temple Restor'd To The British Druids

《巨石阵之谜》   *The Enigma of Stonehenge*

杰拉尔德·S.霍金斯   Gerald S. Hawkins

《巨石阵上有月光》   *Moonshine on Stonehenge*

《巨石阵的奥秘补遗及它的天文和几何意义》

Supplement to the Enigma of Stonehenge and its Astronomical and Geometric Significance

《金字塔铭文》   *Pyramid Text*

《旧约外典及伪经》   *The Apocrypha and Pseudepigrapha of the Old Testament*

伽拉力母   Galalim

吉尔加   Gilgal

加利利   Galilee

《近东星官学的最早历史》	*The Earliest History of the Constellations in the Near East*
《近东学期刊》	*Journal of Near Eastern Studies*
加西拉索·维嘉	Garcilaso de la Vega
基多	Quito
金	kin
加图姆渡	Gatumdu
吉尔塔布	GIR.TAB

K

奎师那	Krishna
卡巴拉	Kabbalah
克尔苏斯	Cursus
柯林斯运河	Corinth Canal
康沃尔	Cornwall
卡迪夫学院	University College in Cardiff
康斯坦丁	Constantine
卡法耶	Khafajeh
科什	Kesh
奎特	Qetesh
科沙尔－哈西斯	Kothar-Hasis
卡卡布	Kakkab
克乎努	khunnu
康斯坦丁	Constantine
库尔特·瑟斯	Kurt Sethe

卡尔·R. 莱普修斯	Karl R. Lepsius
科里堪查	Coricancha
科洛尔	Coyllor
奎拉鲁密	Quillarumi
克莱门·马克汉姆爵士	Sir Clemens Markham
《库斯科和利马：秘鲁的印加人》	*Cuzco and Lima;the Incas of Peru*
《库斯科，天之城》	*Cuzco, the Celestial City*
肯克	Kenko
克洛维斯	Clovis
《科学杂志》	*Science magazine*
卡罗雷德蒙特	Carol Redmount
K.L. 高里	K. L. Gauri
《科学》	*Science*
圭亚那	Guyana
卡拉卡兰克	Karakananc
克立萨斯	Croesus
克劳迪亚斯·托勒密	Claudius Ptolemy
开兰	Kainam
坎波拉	Cempoala
《卡克其奎尔记录》	*Annals of Cakchiquels*
喀利俞佳	Kaliyuga
克努姆	Khnum
库巴巴	KuBaba
凯尔特－罗马	Celtic-Roman
库玛	KU.MAL

L

拉比·哈姆努那	Rabbi Hamnuna
理查德·J.C.阿特金森	Richard J. C. Atkinson
梨俱吠陀	Rigveda
路德维格·波尔查特	Ludwig Borchardt
洛斯·米拉雷斯	Los Millares
莱克尔·博格	Rykle Borger
罗马儒略历	Julian Calendar
理查德·A.帕克尔	Richard A. Parker
勒母	Khnemu
罗尔夫·穆勒尔	Rolf Muller
L.E.维卡赛尔	L. E. Valcarcel
罗伯特·M.修齐	Robert M. Schoch
《洛杉矶时报》	*Los Angeles Times*
吕底亚	Lydia
《来自希腊的齿轮》	*Gears from the Greeks*
罗德	Rhodes
拉苏亚	Rasueja
勒特鲁	Neteru
罗伯特·布朗	Robert Brown
《伦敦圣经考古学会会议记录》	*Proceedings of the Society of Biblical Archaeology, London*
理查德·A.帕克尔	Richard A. Parker
《雷登草莎纸》	*Leiden Papyrus*

《来自巴比伦的天文学日记和有关文献》

Astronomical Diaries and Related Texts from Babylonia

李奥纳德·乌利   Leonard Woolley

M

玛德琳·布里斯金   Madeleine Brishkin

米鲁丁·米兰科维奇   Milutin Milankovitch

墨东   Meton

蒙特祖玛   Moctezuma

蒙默思郡   Monmouth

梅林   Merlin

墨东年   year of Meton

孟图赫特普一世   Mentuhotep I

梅迪内－哈布城   Medinet-Habu

迈克尔·J.欧克利   Michael J. O'Kelly

《美国新标准版圣经》   *The New American Bible*

敏   Min

马丁·艾斯勒   Martin Isler

米利都   Miletus

美索萨拉姆   Methosalam

美思利姆   Mesilim

美鲁克哈   Melukhah

摩尔吉尔塔博   mul GIR.TAB

曼扎鲁   Manzallu

马扎洛   Mazalot

孟图赫特普二世	Mentuhotep II
马扎洛斯	Mazzaloth
马扎	Mazal
蒙拉图图	Munnahtutu
马西塔巴	MASH.TAB.BA

N

《纽约时报》	*New York Times*
尼散	Nissan
努迪穆德	NUDIMMUD
诺尔曼洛克耶	Norman Lockyer
纽塞拉	Ne-user-Ra
纽格莱奇古墓	Newgrange
《纽格莱奇：考古学、艺术和传说》	*Newgrange : Archaeology, Art and Legend*
拿单	Nathan
尼内波	Ninib
尼特努	Neteru
《诺亚书》	*Book of Noah*
尼撒巴	Nisaba
宁度波	Nindub
宁图德	Nintud
宁娜	NIN.A
宁摩尔摩尔拉	NIN MUL.MUL.LA
尼尔	Ner

尼努	NE.RU
纽汉	Newham
尼西亚议会	Council of Nicaea
尼诺菲尔赫卜塔	Ne-nofer-khe-ptah
奈兰普	Naymlap
尼德·吉东	Niede Guidon
纳比	Nabi
纳比母	Nabium

《尼尼微及巴比伦的魔法占星师记录》

The Reports of Magicians and Astrologers of Nineveh and Babylon

O

欧多克斯	Eudoxus
O.纽格伯尔	O. Neugebauer

P

普里塞利山脉	Prescelly Mountains
破译巨石阵	Stonehenge Decoded
普鲁塔克	Plutarch
皮安吉	Pi-Ankhi
盘帕德安塔	Pampa de Anta
帕查库提	Pachacuti
皮萨克	Pisac
佩德罗·尼昂	Pedro Leon
佩德拉·富拉达	Pedra Furada

帕罗特兰	Panotlan
平塔达洞穴	Pedra Pintada
帕卡赖马	Pacaraima
帕拉卡司港	Bay of Paracas
皮里·雷斯地图	Piri Reis Map
皮兹吉	Pizingi
《皮博迪博物馆的文卷》	*Papers of the Peaboby Museum*
P.延森	P. Jensen
帕比尔	PA.BIL

Q

齐利亚·努塔	Zelia Nuttal

R

柔哈尔经	Zohar
R.J.C.阿特金森	R. J. C. Atkinson
《日月及伫立的巨石》	*Sun, Moon and Standing Stones*
日月，人与巨石	Sun, Moon, Men and Stones
日之高室	High room of the Sun
R.H.查理斯	R. H. Charles
R.E.怀特	R. E. White
R.T.祖德玛	R. T. Zuidema
热那亚	Genoese
R.加布勒·汤普森	R. Camblell Thompson

S

十字行星	Planet of the Crossing
桑德拉纳	Santillana
神圣经书	Sacred Book of Verses
莎拿	Shanah
莎图	shatu
撒母耳	Samuel
《神的面罩：东方神话》	*The Masks of God : Oriental Mythology*
索尔兹伯里	Salisbury
《史前巨石阵和它的奇迹邻居们》	*Stonehenge and Neighbouring Monuments*

《史前巨石阵和其他的不列颠石制奇迹》

Stonehenge and Other British Stone Monuments

塞西尔·A. 纽汉	Cecil. A. Newham
《史前巨石阵：新石器时代的计算机》	*Stonehenge : A Neolithic Computer*
《史前巨石阵：天食预言家》	*Stonehenge : An Eclipse Predictor*
赛德节	Sed Festival
圣舞	sacred dance
圣彼得广场	St. Peter's Square
莎巴提诺·摩斯卡梯	Sabatino Moscati
索尔国王	King Saul
沙姆式－伊鲁纳	Shamshi-Iluna
沙鲁尔	Sharur
萨尔班提	Sarpanti

瑟歇塔	Sesheta
《神圣之书》	*Divine Books*
舒格拉姆	Shugalam
苏萨	Susa
撒迦利亚	Zechariah
索罗巴伯	Zerubbabel
三古西姆	Sangu Simug
塞加拉	Sakkara
塞缪尔·N.克拉默	Samuel N. Kramer
《苏美尔诗歌的宗教环境》	*The Cultic Setting of Sumerian Poetry*
斯奈夫鲁	Sneferu
索西吉斯	Sosigenes
S.甘兹	S. Gandz
《萨特尼哈摩伊与木乃伊的冒险》	*The Adventures of Satni-Khamois with the Mummies*
赛特尼	Satni
斯奎尔	Squier
斯坦布里·哈加尔	Stansbury Hagar
萨拉妈妈	Sara Mama
圣海伦那海角	Cape Santa Helena
撒布塔里木	Sabtarem
苏里南	Suriname
圣保罗	Sao Paulo
萨迪斯	Sardis

苏丹	Sultan
莎尔玛尼瑟	Shalmaneser
S.K. 罗斯罗普	S. K. Lothrop
舒兰	Shushan
圣赫勒拿岛	St. Helena
舒安纳	SHU.AN.NA
《神秘巴比伦》	*Im Bannkreis Babels*
舍巴特	Shebat
S. 郎顿	S. Langdon
《史前美索不达米亚的符号》	*Symbols of Prehistoric Mesopotamia*
赛弥拉米斯	Semiramis
沙姆－拉马特	Shammu-ramat
沙师－阿达德	Shamshi-Adad
萨马拉	Samara
萨尔米赛切都扎	Sarmizegetusa
瑟尔般·博班库	Serban Bobancu
苏忽尔马什	SUHUR.MASH

T

特里同	Triton
《天体运行》	*De revolutionibus coelestium*
《塔穆德》	*Talmud*
提斯利月	Tishrei
天时间	Celestial Time
天带	sky band

泰坦女神	Titaness
《天文学的黎明》	*The Dawn of Astronomy*
太阳神殿	Solar Temple
泰纳	Tainat
提格拉特 – 皮勒赛尔一世	Tiglat-Pileser I
图库提 – 尼努尔塔一世	Tukulti-Ninurta I
特左哈尔	Tzohar
特左霍拉伊姆	Tzohora'im
特兹鲁	tzirru
特祖鲁	tzurru
特肯	Tekhen
塔利	Taleh
《探寻远古天文学》	*In Search of Ancient Astronomies*
塔严特呢特尔提	Ta ynt neterti
特忽提	Tehuti
T.G. 平切斯	T. G. Pinches
坦普 – 塔科	Tampu-Tocco
托利恩	the Torreon
土拔 · 塔鲁卡	Tupa Taruca
托马斯 · L. 杜比奇	Thomas L. Dobecki
特洛奇提特兰	Tenochtitlan
特洛奇提斯	Tenochites
托提克斯	Toltecs
《太阳之子》	*Die Sohne der Sonne*
推罗	Tyre

特鲁希略	Trujillo
特诺奇提特兰	Tenochtitlan
托尔基德·雅克森	Thorkild Jaobsen

W

瓦尔哈拉殿堂	Valhalla
沃登	Woden
《往世书》	*Puranas*
《文明之源》	*The Roots of Civilization*
沃尔提根	Vortigen
威廉·史塔克利	William Stukeley
威赛科斯人	the Wessex People
万宝路丘陵	Marlboro Downs
乌夏丝	Ushas
乌德萨尔阿努幕恩利拉	UD.SAR.ANUM.ENLILLA
瓦尔特·安德雷	Walter Andrae
乌拉姆	Ulam
乌拉姆木	Ulammu
乌力加鲁	Urigallu
《乌鲁克考古手记》	*Archaische Texte aus Uruk*
《乌鲁克地理》	*Topographie von Uruk*
W.G.兰伯特	W. G. Lambert
乌利尔	Uriel
乌拉什	Urash
乌伦米亚	Urnmia

威廉·W.哈罗	William W. Hallo
威利·哈特纳	Willy Hartner
《亡灵书》	*Book of the Dead*
W.奥斯帮	W. Osborn
瓦斯加	Huascar
乌鲁般巴	Urubamba
乌诺土波瀑布	Wonotobo Falls
乌尔萨那比	Urshanabi
《文本B》	Text B
《乌尔悲歌》	*Lamentation Over the Destruction of Ur*
W.保路斯	W. Paulus
《伟大巴比伦》	*The Greatness That Was Babylon*
《乌尔之地》	*The Land of Ur*
乌尔古拉	UR.GULA

X

希波	Hippo
西尔布利山	Silbury Hill
星室	Star Room
西尔布利山	Silbury Hill
香柏	Cedar
《楔形源头里来的文学》	*Texts From Cuneiform Sources*
希尔	Shor
西里斯	Siris
《希伯来数学及天文学研究》	*Studies in Hebrew Mathematics and Astronomy*

《禧年书》	*Book of Jubilees*
西比灵	Sibylline
信德	Sind
《西班牙史学家描述的印加宝藏》	*Inca Treasure as Depicted by Spanish Historians*
西丁河谷	Valley of Siddim
《楔形文献牛津版》	*Oxford Editions of Cuneiform Texts*
息汪月	Siwan
辛穆马	SIM.MAH

Y

约翰·威尔金斯	John Wilkins
约翰·罗伯·维尔福特	John Noble Wilford
《伊奴玛·伊立什》	*Enuma Elish*
伊奴玛	Enuma
亚历山大·马斯哈克	Alexander Marshack
伊克特门	Euctemon
约瑟夫·坎贝尔	Joseph Campbell
雨哥·温科莱	Hugo Winckler
约翰·奥布里	John Aubrey
雅克塔·霍克斯	Jacquetta Hawkes
约翰.E.伍德	John. E. Wood
亚历山大·索恩	Alexander Thorn
伊呼尔萨格卡拉玛	E.HURSAG.KALAMMA
耶西	Jesse

《英皇钦定本圣经》	*King James Version*
《英国新标准版圣经》	*The New English Bible*
伊塔尼姆月	Etanim
伊坦	Etan
伊加尔	E-gal
伊巴巴尔	E.BABBAR
亚述拿色波	Ashurnasirpal
伊里比特	Eribbiti
依库星	Iku-star
伊利加尔	Irigal
伊兹·帕什舒里	Itz Pashshuri
《伊诺克书》	*Book of Enoch*
《伊诺克秘密之书》	*The Book of the Secrets of Enoch*
亚历山大港	Alexandria
伊度巴	E.DUB.BA
以利什	Eresh
以利什吉加尔	ERESH.KI.GAL
《约书亚书》	Book of Joshua
伊乎什	E.HUSH
伊	E
伊奴玛盘	Enumadish
《伊奴玛·伊立什》	*Enuma Elish*
亚比米勒	Abimelech
伊丽莎白	Elizabeth
印提瓦塔纳	Inti-huatana

亚蒙大神殿	Great Temple of Amon
《印加日月观测台手记》	*Inca Obseravations of the Solar and Lunar Passages*
伊拉里	Illa-Ri
亚瑟·波尚南斯基	Arthur Posnansky
英属圭亚那	British Guiana
伊安纳	Eanna
伊斯坦布尔	Istanbul
约翰·W.威浩特	John W. Weihaupt
《伊拉史诗》	*Erra Epos*
伊哈安基	E.HAL.AN.KI
伊卡鲁姆	Erkallum
约翰·兰西尔	John Landseer
伊美什拉姆	Emeslam
预言文卷	prophecy texts
《远古科学》	*The Exact Sciences in Antiquity*
伊非美利德	Ephemerides
《雅歌》	*The Song of Songs*

Z

朱利叶斯·恺撒	Julius Caesar
《诸神的黎明》	*Dawn of the Gods*
钟杯人	the Beaker People
《自然，巨石阵》	*Nature and On Stonehenge*
中王国时代	Middle Kingdom

扎巴拉姆	Zabalam
《诸神与王权》	*Kingship and the Gods*
《驻埃及美研究中心日志》	*Journal of the American Research in Egypt*
斋普尔	Jaipur
长者普利尼	Pliny the Elder
《自然之上》	*Upon Nature*
Z. 扎巴	Z. Zaba
乍缝山	Mount Zaphon
左哈尔	Zohar
《宗教和神学》	*Religion und Mythologie*
《诸神传奇》	*Legends of the Gods*
中王国	Middle Kingdom
扎巴巴	Zababa
《中文与苏美尔文》	*Chinese and Sumerian*
兹巴安纳	ZI.BA.AN.NA

其他

7 哈瑟尔	Seven Hathors

FONGHONG

凤凰联动出品